同济大学本科教材出版基金资助

环境现代仪器分析实验

主编　陈　皓　李明利　刘海玲　肖乾芬

同济大学出版社
TONGJI UNIVERSITY PRESS

内 容 提 要

本书为环境仪器分析实验指导用书，全书共7章。前3章重点介绍了仪器分析实验基础，内容包括仪器分析在环境样品分析中的应用、实验室常识、分析方法的选择及分析方法评价指标。后4章为实验部分，共29个实验。实验内容涵盖环境样品无机组分分析、有机组分分析、结构和性质表征及微生物鉴定技术4个部分，每一部分都对样品采集、保存、预处理及仪器分析技术进行了详细介绍，可操作性强。每一个实验都针对仪器原理、仪器结构、实验步骤、数据分析及处理、问题与讨论、注意事项等进行了完整的表述，便于师生在实验课及科研实验中使用或参考。本书还在附录中汇总了生态环境部发布的环境监测技术规范中基于仪器分析技术的相关标准，以便查询。

本书内容符合社会发展对环境监测技术提升的要求，适应专业发展对学生培养的需求，既可作为本科生和研究生的实验课程教材，也可作为学生在本科毕业论文及研究生学位论文研究中实验方法的指导用书，可供环境科学、环境工程、给水排水、环境化学、环境管理、环境监测、环境分析化学、安全环境、海洋环境化学、资源与环境等专业师生使用或参考。

图书在版编目(CIP)数据

环境现代仪器分析实验/陈皓等主编. --上海：同济大学出版社，2020.8

ISBN 978-7-5608-9226-9

Ⅰ.①环… Ⅱ.①陈… Ⅲ.①环境监测-仪器分析-实验 Ⅳ.①X830.2-33

中国版本图书馆CIP数据核字(2020)第059643号

环境现代仪器分析实验

主编 陈 皓 李明利 刘海玲 肖乾芬

责任编辑 张 莉 **助理编辑** 任学敏 **责任校对** 徐春莲 **封面设计** 陈益平

出版发行 同济大学出版社 www.tongjipress.com.cn
(地址：上海市四平路1239号 邮编：200092 电话：021-65985622)
经　　销 全国各地新华书店
排　　版 南京月叶图文制作有限公司
印　　刷 江苏凤凰数码印务有限公司
开　　本 787mm×1092mm 1/16
印　　张 12
字　　数 300 000
版　　次 2020年8月第1版 2020年8月第1次印刷
书　　号 ISBN 978-7-5608-9226-9
定　　价 38.00元

前　言

随着人们对环境保护认识的深入，用于环境物质进行定性及定量分析的现代仪器也倍受关注。为满足日益提高的环境管理需要，生态环境部发布了一系列基于仪器分析技术的分析测试方法规范，在原来基础上新增了逾百项标准方法，其中涉及水、土壤、大气、固体废物等不同监测类别。相比传统方法，仪器分析技术具有选择性强、灵敏度高、自动化程度高、测试结果稳定等特点，是环境监测的重要手段。环境监测方法的更新换代对监测技术人才提出了更高的要求，亟须掌握环境领域相关知识又具备仪器分析技能的人才，开设相应实验课程可满足相关专业高等教育培养目标的要求。

为了更好地帮助学生掌握环境样品的先进监测技术，编者特编写了《环境现代仪器分析实验》。教材十分注意环境学科特色，从结构体系、内容统筹、实验设计等多方面将仪器分析技术与环境学科紧密融合。本书内容紧扣环境类专业特点，针对环境样品的多元性和复杂性，根据分析对象及样品基体的不同分别介绍相应的预处理方法和分析方法，分析项目均涉及环境监测重点及环境管理的关注热点，学生、教师和其他相关人员都可以参考本书实验内容完成相应样品的分析。

全书共7章，前3章重点介绍了仪器分析实验基础，内容包括仪器分析在环境样品分析中的应用、实验室常识、分析方法的选择及分析方法评价指标。后4章为实验部分，共有29个实验。实验内容涵盖环境样品无机组分分析、有机组分分析、结构和性质表征及微生物鉴定技术4个部分，每一部分都对样品采集、保存、预处理及仪器分析技术进行了详细介绍，可操作性强。每个实验的教学项目都针对仪器原理、仪器结构、实验步骤、数据分析及处理、问题与讨论、注意事项等进行了完整的介绍，便于师生在实验课程及科研实验中使用或参考。本书还在附录中汇总了生态环境部发布的环境监测技术规范中基于仪器分析技术的相关标准，以便查询。参与本书编写的人员（按姓氏拼音排序）有陈皓（第1章、第2章、第3章、第4章）、付小花（第7章）、李明利（第5章）、刘海玲（第6章）、孙雅洁（第4章、第6章）、王虹（第7章）、肖乾芬（第5章）、张华（第4章、第5章）、周磊（第5章、第6章）。陈皓、徐雅倩对附录中的监测方法进行了整理。陈皓对全书进行了审核与定稿，李明利、刘海玲、肖乾芬、杨超对全部书稿进行了文字校对和形式统稿。

本书出版得到了同济大学出版社张莉女士的大力支持，在此表示深深的谢意。

限于水平和经验，书中可能还存在疏漏之处，敬请读者指正。

编　者

2019年12月

目　　录

第1章 绪 论

1.1 仪器分析在环境样品分析中的地位和作用

环境监测是环境管理的基础，随着我国对环境保护事业的重视，我国的环境监测技术随之取得了较大的进步。目前，我国已形成了国家、省、市、县4级环境监测网络，共有专业、行业监测站4 800多个，已开展了环境质量监测、环境质量周报、日报、预报监测污染源监测、污染事故应急监测、污染物总量控制监测、污染源解析监测、环境污染治理工程效果监测等，需监测的污染因子达百余种。

然而随着工业化程度的提高，各种新污染事件的出现，需要监控的污染因子也在不断增多，传统的以总量来表征污染程度的综合性指标如化学需氧量、生化需氧量、溶解性总固体等指标已经不能准确描述污染情况及污染程度。将污染物分门别类，并逐一定性定量分析是现代环境问题发展对环境监测提出的新要求、新挑战。面对如此复杂的监测对象和种类众多的监测因子，先进高效的监测手段和监测技术成为迅速发展的环境科学研究的重要工具。事实上，许多环境问题的解决越来越依靠先进的仪器设备和技术手段，这些技术手段涵盖了常量、微量和痕量污染物的常规监测，污染物形态和价态的监测，污染物结构和结合方式的监测，污染物表面和微区监测。随着相应标准及统一监测方法的建立以及环境保护对分析技术要求的提高，环境样品分析对仪器分析技术开发及应用的需求将快速增长。可以说，仪器分析的技术水平和质量直接影响着环境监测及环境管理工作与国际接轨的步伐。而掌握环境领域相关知识又具备仪器分析技能的人才将会更快适应环境保护对监测技术发展的要求。

1.2 环境污染物类别及其仪器分析要求

环境污染物是指进入环境后使环境的正常组成和性质发生直接或间接有害于人类的物质，是环境监测研究的对象。污染物按其性质的差异可划分为物理、化学和生物的污染物。化学污染物可分为无机和有机污染物；物理污染物可分为噪声、微波辐射、放射性污染物等；生物污染物又可分为病原体、变应原污染物等。其中化学污染物由于种类繁多、性质差异大，长期以来都是监测的重点。

近半个世纪以来，人们对饮用水、食品以及生活环境中微量有机和无机污染物的赋存与污染问题的关注也日益增长。这些微量及痕量物质在环境样品中的含量虽然不高，但对健康和环境的危害却不容小觑。通常饮用水标准限定含量不得超过 1 mg/L 的物质被定义为微量或痕量有毒有害物质。下面介绍几类目前关注较多的痕量污染物。

1.2.1 优先控制污染物

优先控制污染物(Priority Pollutants)是指潜在危险性大(难降解、具有生物积累性、毒性大且可能导致致癌、致畸、致突变问题),在环境中出现频率高,高残留,应优先监测的化学污染物。对于这些污染物应制定优先监测目标,实施优先和重点监测。美国是最早开展优先监测的国家。1976 年,美国国家环保局(EPA)根据当时的筛选原则、数据手册、化学品的样本以及污染物从水中检出的频率,公布了 129 种优先控制污染物,其中包括 114 种有机化合物,15 种无机重金属及其化合物。之后又发布了 43 种空气优先控制污染物名单。

我国在环境优先控制污染物的筛选方面也做了大量的工作,反映我国环境特征的污染物"黑名单"见表 1-1。这份"黑名单"共包含 14 大类 68 种优先控制的污染物。其中有机物 12 类 58 种,包括 10 种卤代烃类,6 种苯系物,4 种氯代苯类,1 种多氯联苯,6 种酚类,6 种硝基苯类,4 种苯胺类,7 种多环芳烃类,3 种酞酸酯类,8 种农药,1 种丙烯腈和 2 种亚硝胺类。其余 10 种优先控制污染物为氰化物和重金属及其化合物。要对这些化合物进行定量分析,必须借助先进的仪器分析技术。目前最常用的有气相色谱法、气相色谱-质谱法、液相色谱法、液相色谱-质谱法、电感耦合等离子体发射光谱(质谱)法等。

表 1-1 我国环境优先控制污染物名单

序号	类别	具体污染物名称
1	挥发性卤代烃类	二氯甲烷;三氯甲烷;四氯化碳;1,2-二氯乙烷;1,1,1-三氯乙烷;1,1,2-三氯乙烷;1,1,2,2-四氯乙烷;三氯乙烷;四氯乙烯;三溴甲烷
2	苯系物	苯;甲苯;乙苯;邻二甲苯;间二甲苯;对二甲苯
3	氯代苯类	氯苯;邻二氯苯;对二氯苯;六氯苯
4	多氯联苯	多氯联苯
5	酚类	苯酚;间甲酚;2,4-二氯酚;2,4,6-三氯酚;五氯酚;对硝基苯酚
6	硝基苯类	硝基苯;对硝基甲苯;2,4-二硝基甲苯;三硝基甲苯;对硝基氯苯;2,4-二硝基氯苯
7	苯胺类	苯胺;二硝基苯胺;对硝基苯胺;2,6-二氯-1-硝基苯胺
8	多环芳烃类	萘;荧蒽;苯并[b]荧蒽;苯并[k]荧蒽;苯并[a]芘;茚并[1,2,3-c,d]芘;苯并[g,h,i]芘
9	酞酸酯类	酞酸二甲酯;酞酸二丁酯;酞酸二辛酯
10	农药	六六六;滴滴涕;敌敌畏;乐果;对硫磷;甲基对硫磷;除草醚;敌百虫
11	丙烯腈	丙烯腈
12	亚硝胺类	N-亚硝基二丙胺;N-亚硝基二正丙胺
13	氰化物	氰化物
14	重金属及其化合物	砷及其化合物;铍及其化合物;镉及其化合物;铬及其化合物;铜及其化合物;铅及其化合物;汞及其化合物;镍及其化合物;铊及其化合物

1.2.2 持久性有机污染物

持久性有机污染物(Persistent Organic Pollutants,POPs)是指在环境中难降解、高脂溶性、可以在食物链中富集放大,能够通过各种传输途径进行全球迁移的一类半挥发性且毒性极大的污染物。由于其污染的严重性和复杂性远超常规污染物,最近数十年成为环境科学研究的热点并成为国家关注的焦点。2001年5月签署的《关于持久性有机污染物的斯德哥尔摩公约》(以下简称公约),标志着人类正式启动了向有机污染物宣战的进程。公约规定的12种POPs——艾氏剂、氯丹、滴滴涕、狄氏剂、异狄氏剂和七氯、六氯苯、多氯联苯、灭蚁灵、毒杀芬、多氯代二苯并-对-二噁英、多氯代二苯并呋喃,被称为“肮脏的一打”(dirty dozen),受到了各缔约国的严格控制与削减。2009年5月在瑞士日内瓦举行的缔约方大会第四届会议决定将全氟辛基磺酸及其盐类、全氟辛基磺酰氟、商用五溴联苯醚、商用八溴联苯醚、开蓬、林丹、五氯苯、α-六六六、β-六六六和六溴联苯等9种新增化学物质列入公约附件A、B或C的受控范围。目前正在进行审查的化学品包括短链氯化石蜡(Short Chain Chlorinated Paraffins, SCCP)、硫丹(Endosulfan)及六溴环十二烷(Hexabromocyclododecane, HBCD)。对于POPs,样品经处理后,大多采用液相色谱-质谱联用(Liquid Chromatograph-Mass Spectrometer, LC-MS)进行分析。

1.2.3 其他新型污染物

随着人们对环境污染问题认识的加深,一些新型环境污染问题进入了环境科研部门和管理部门的视野。这些污染物主要指目前确已存在,但尚无环保法律法规予以规定或规定不完善的、危害生态环境的所有在生产或者其他活动中产生的污染物。

全氟有机化合物是目前最难降解的一类有机污染物,具有疏水疏油的特性,常用于化工、纺织、涂料、皮革、合成洗涤剂、炊具制造(如不粘锅)、纸制食品包装材料等,其代表性化合物有全氟辛烷磺酸(Perfluorooctanesulphonicacid, PFOS)和全氟辛酸(Perfluorooctanoic Acid, PFOA)及其盐类。目前,PFOS已成为全氟辛烷磺酸各种类型派生物及含有这些派生物的聚合体的代名词。当PFOS被外界发现时是以经过降解的PFOS形态存在的。在美国化学文摘登记目录中,有96种不同氟化有机物可在环境中通过降解释放出PFOS,这些物质被称做PFOS有关物质。PFOS可以通过呼吸和食用被生物体摄取,其大部分与血浆蛋白结合存在于血液中,其余则蓄积在动物的肝脏组织和肌肉组织中,对免疫系统能产生抑制作用,对职业性暴露人群存在潜在致癌性。动物实验表明,PFOS对啮齿类动物具有生殖、发育和神经毒性等多种毒性效应,该化合物暴露可能与乳腺、睾丸、胰和肝胆胰腺等肿瘤疾病相关。目前,在世界范围内的海水、地表水和饮用水中都检测到了PFOS的污染,包括北极圈在内的全球生态系统,野生动物体内及人类血清中均广泛存在着PFOS、PFOA污染。欧盟议会已正式通过决议,规定欧盟市场制成品中PFOS的含量不能超过质量的0.005%,这标志着欧盟正式全面禁止PFOS在商品中的使用。我国是全氟化有机化合物生产和使用的大国，我国人体 PFOS 污染水平较高，居世界前列。

医药品和个人护理品(Pharmaceuticals and Personal Care Products，PPCPs)是近十年来受到科学界和公众广泛关注的一类新型化学污染物。这类物质最早由 Daughton 于 1999 年提出，涵盖所有人用与兽用的医药品(包括处方类和非处方类药物以及生物制剂)、诊断剂、保健品、麝香、化妆品、遮光剂、消毒剂和其他在 PPCPs 生产制造中添加的组分，如赋形剂、防腐剂等。PPCPs 的用量巨大，全球仅个人护理品的年生产量就超过 1×10^6 吨，医药品的产量和用量也逐年快速增长。尽管 PPCPs 的半衰期短，浓度低，然而人类活动连续的输入使环境中 PPCPs 呈现一种持续存在的状态，因此其被称为虚拟持久性化学物质。近年来越来越多地在水体等环境中检测到 PPCPs 存在，并怀疑其对野生动物和人体产生类雌激素效应及其他健康影响，因而其对环境和生态安全的影响备受关注并被列为一类新型污染物。PPCPs 的种类繁多、浓度低、理化性质各异，而环境介质又十分复杂，建立高灵敏度、高特异性的多组分同步分析方法成为 PPCPs 研究领域的一个关键问题。目前，较可靠的方法是采用高效液相色谱-质谱联用的方法进行不同结构 PPCPs 的定性定量分析。美国国家环保局发表了针对环境水体、土壤、沉积物和生物固体(如活性污泥)中 PPCPs 的标准分析方法，囊括了四环素类、磺胺类、大环内酯类、喹诺酮类、β-内酰胺类抗生素、兴奋剂等在内的 74 种 PPCPs 物质，该标准全部采用了固相萃取柱富集和液相色谱质谱联用仪检测相结合的分析方法。

消毒是饮用水处理的必要环节，然而消毒剂自身会与水中某些有机物质发生反应产生危害人类健康的消毒副产物(Disinfection Byproducts，DBPs)，如致癌物质三卤甲烷、卤乙酸等。目前已检测到的 DBPs 多达数百种，其中氯仿的致癌作用已为众多研究者所证实。氯、氯胺、二氧化氯、臭氧 4 种主要消毒剂产生的消毒副产物，约可分成 10 大类，包括三卤甲烷(Trihalomethanes，THMs)、卤乙酸(Halo-Acetic Acids，HAAs)、溴酸盐(BrO^{3-})、亚氯酸盐(ClO^{2-})、卤乙腈(Haloacetonitriles，HANs)、致诱变化合物(Mutagenic Compounds，MCs)、卤代硝基甲烷(Halogenated Nitromethane，HNMs)、碘代酸(Iodo Acids IAs)、亚硝胺(Nitrosamines，NMs)以及卤代对苯醌(Halogenated Benzoquinone，HBQs)。N-亚硝基二甲胺(N-Nitrosodimethylamines，NDMA)是水处理领域新近发现的一种消毒副产物，主要产生于氯化消毒和氯胺消毒过程。目前在美国、加拿大以及欧洲等地水厂均有 NDMA 检出的报道。毒理学研究表明，NDMA 产生的慢性毒性作用可引起肝癌、肺癌及神经系统的损伤，其致癌风险远高于三氯甲烷等卤代消毒副产物，当前极受关注。在臭氧消毒过程中，当原水中存在溴离子时，就有可能生成溴酸盐。溴酸盐被国际癌症研究机构定为 2B 级潜在致癌物，许多国家在制定水质标准时已开始关注臭氧消毒副产物溴酸盐，美国国家环保局饮用水标准中规定溴酸盐的最高允许浓度为10 μg/L，期望值是不检出；欧盟规定为 3 μg/L以内。我国现行的《生活饮用水卫生标准》(GB 5749—2006)国家标准亦将溴酸盐的含量限定为 10 μg/L。

溴代阻燃剂(Brominated Flame Retardants，BFRs)是为降低火灾发生频率和危害程度而添加到各种产品中的阻燃型化合物。其中，多溴联苯醚(Polybrominated Diphenyl Ethers，PBDEs)由于其阻燃效率高，热稳定性好，添加量少，对材料性能影响小，价格便宜，因而被广泛用于电子、电器、化工、交通、建材、纺织、石油、采矿等领域。2001 年，全球 PBDEs 的消耗量已经达到 67 440 吨，其中，五溴联苯醚、八溴联苯醚和十溴联苯醚的工业年用量分别约为 8 500 吨、3 825 吨和 54 800 吨，十溴联苯醚占 PBDEs 总产量 80%以上。PBDEs 具有一定挥发性，易通过挥发、渗出等方式进入环境，并随大气、水体的迁移造成大气、水体、沉积物、土壤及生物圈的广泛污染。同时，PBDEs 亲脂性强，化学性质稳定，在食物链中具有生物累积和生物放大作用，一旦被生物吸收就可能在生物体内积累并通过食物链放大几十万倍。目前，PBDES 在水中、空气和人体中都被检出，因此被认为是一类生态环境中普遍存在的新型污染物。经研究证实，PBDEs 是一种环境内分泌干扰物，会干扰甲状腺激素，妨碍人类和动物脑部中枢神经系统以及生殖系统的正常发育。此外，PBDEs 在制备、燃烧及高温分解时会生成剧毒致癌物多溴代二苯并-对-二噁英(Polybrominated dibenzo-ρ-dioxin，PBDDs)及多溴二苯并呋喃(Polybrominated dibenzofuran，PBDFs)。它们与生物体荷尔蒙相似，影响人体及动物的内分泌功能。我国珠江三角洲地区的沉积物中 PBDEs 污染水平较高，为全球报道的高值，特别是在一些电子废弃物污染的地区。2009 年 5 月在瑞士日内瓦举行的斯德哥尔摩公约缔约方大会第四届会议上，已通过了将商用五溴和商用八溴联苯醚列入公约附件 A 的决议，意味着这两类商品将被公约缔约国禁止生产和使用。PBDEs 的化学通式为 $C_{12}H_{(0\sim9)}Br_{(1\sim10)}O$，依溴原子数量不同分为 10 个同系组，共有 209 种同系物。现有的 PBDEs 测定前处理方法建立在多氯联苯(Polychlorinated benzenes，PCBs)测定的基础上。为去除样品中大量的干扰物质，常用凝胶渗透色谱柱(GPC)、硅胶柱、氧化铝柱或弗罗里硅土柱进一步分离纯化。最常用于检测 PBDEs 的是以电子轰击源(EI)或电子捕获负电离源(ECNI)作为检测器的质谱仪。

汽油添加剂甲基叔丁基醚(Methyl tertiary butyl ether，MTBE)作为一种新型的无铅汽油添加剂，因可提高燃烧效率，减少一氧化碳和臭氧、苯、丁二烯等有害物质的排放，其需求量不断增长。20 世纪 80 年代末，学者开始研究 MTBE 毒性，发现其有较强的水溶性，易渗入土壤并以辐射的方式扩散污染水体。受污染的水体不仅有地表水，还有地下水，严重威胁饮用水源的安全。MTBE 很难降解，在地下水系统中需 10 年时间才可降解到不威胁人类健康的水平。MTBE 主要经呼吸道吸收，也可以经皮肤和消化道吸收，动物在高浓度的 MTBE 环境中可致睾丸肿瘤、肾肿瘤、子宫瘤等，其对免疫功能和中枢神经系统也有损害。1996 年，美国圣莫尼卡(Santa Monica)市部分地区饮用水中 MTBE 含量太高，使得这些地区 50%的供水系统关闭，这是首次引起公众关注的 MTBE 污染事件。EPA 推荐饮用水中 MTBE 的质量浓度为 5.2～10.3 μg/L，加利福尼亚州及纽约州等相继立法禁止配方汽油中使用 MTBE。但是迄今为止，欧洲和亚洲尚无禁用 MTBE 的意向，在一定时期内，MTBE 仍将继续成为清洁汽油的主要组分。

铂族金属(Platinum group metals, PGEs)，由贵金属铂(pt)、钯(pd)、铑(Rh)、钌(Ru)、铱(Ir)和锇(Os)组成。为治理汽车尾气污染，世界各国都在采取安装汽车尾气催化转化器(Vehicle Exhaust Catalysts，VECs)等措施，该装置普遍采用 Pt、Pd、Rh 作为催化剂。这种催化转化器虽然可以减少汽车尾气中碳氢化合物、一氧化碳和氮氧化物的排放，但造成了铂族金属元素在路旁尘土和土壤中的含量快速增长，同时也使其进入周围的水体环境中。车辆行驶中铂族金属元素会以纳米甚至微米级颗粒的形式被排放，并附着在道路尘土、路边土壤和植物的表面。水生动物和鸟类内部器官中也发现铂族元素累积的现象。1988—1998十年间,大气中Pt含量增加了46倍,Ru含量增加了27倍。虽然铂族金属元素的排放率相对较低,但就全球汽车保有量和增长量来看,其环境效应值得关注,是目前环境与健康领域关注的新型污染物。近几年的研究也表明PGEs及其化合物是一类高发生率的致敏物,部分PGEs化合物还具有诱导有机体突变的能力,具有致癌效应,能以低含量对微生物产生影响。由于环境样品中PEGs背景值本身较低,且目前排放到环境中的铂族元素的含量也十分有限,环境样品中PGEs的含量属于痕量或超痕量级别,常规的比色法和原子光谱法往往不能满足分析要求。目前,合适的预处理加上电感耦合等离子发射质谱仪测试的方法是PGEs含量分析的最佳选择。

1.3 仪器分析实验内容安排

环境仪器分析实验,是在学生学习掌握仪器分析的基本原理之后,将仪器分析理论与环境样品分析技能融合在一起的重要实践课程。本书将围绕环境科学研究中需重点监测的环境污染物和热点环境问题开展环境样品的仪器分析方法学习。

由于仪器分析在环境科学研究中的应用越来越广泛,分析方法和内容迅速增加,为了帮助相关专业学生能较快理解仪器分析原理,熟悉仪器分析操作,顺利完成环境样品的定性定量分析,本书在编写过程中将目前环境样品分析常用的仪器分析分为无机元素定性定量分析、有机物定性定量分析、结构理化性质表征及微生物提取鉴定四大类。针对每一类分析都有详细的原理介绍并设计了环境污染物分析相关的实验内容,涵盖技术实验、应用性实验和综合性实验等多个层次,旨在培养学生的综合实践能力及现代仪器分析的基本操作技能,提高学生分析实际环境样品的能力。

1.4 实验基本要求

仪器分析在现代环境技术与管理中有重要作用,通过学习仪器分析,了解常用仪器的基本结构、测试原理与部件的功能;学会各类常用仪器使用方法和定性、定量测试方法;掌握与各类常用仪器分析方法相关联的实验操作技术;了解各类常用仪器分析方法的分析对象监测范围;提高误差的分析与判断能力;掌握实验数据的正确处理方法与各类图谱的解析方法。

与理论课程不同,实验课程的特点是学生在教师的指导下自己动手,独立完成实验任务,因此实验课程的要求不同于理论教学。为了使实验课程顺利进行,我们把实验课程分为三个环节,课前预习、课内实验及课后撰写实验报告,每一个环节对于学生实验技能的培养及掌握都至关重要。

1.4.1 课前预习要求

实验课程的预习主要包括两项内容:做什么,怎么做。

所谓做什么就是要明确实验任务,了解实验的目的及全部实验内容。通过预习知道需要使用哪些仪器,能学到仪器的哪些相关知识(包括仪器的基本原理、主要结构与功能)。

怎么做就是要了解实验的详细流程,包括实验试剂的准备、仪器的预准备、实验方法、实验详细操作步骤、注意事项及数据处理或谱图解析的方法(如样品预处理的要求、色谱分离的原理、质谱图应如何解析,等等)。

总之,在实验之前应该认真阅读实验教材,明确实验目的与要求,初步掌握仪器原理与分析方法。由于仪器分析比化学分析更复杂,原理更深奥,可以再阅读一些课外材料,充分了解仪器的功能及应用。然后,在此基础上撰写预习报告,同时思考教材中的思考题,也可针对预习时的内容提出问题以便在后续的课程中解决问题。

1.4.2 课中实验要求

进入实验课堂后,应该做到认真做、仔细看、准确记。

所谓认真做就是认真地听老师讲解、认真地按照操作规范进行样品的仪器分析操作,按要求完成实验内容;在实验过程中应结合预习时对实验的理解,对实验现象或实验结果进行判断、分析,如在预习过程中有不理解的内容也可以结合实验操作加以理解或与指导老师讨论。对于实验过程的每一个操作步骤、实验现象和实验结果都应做到及时、真实、准确而清晰地记录。如遇到异常现象或异常数据,更应及时记录并第一时间与指导老师沟通,分析并找到问题原因。决不允许随意涂改或废弃实验数据和结果!

1.4.3 课后报告要求

实验报告作为实验技能训练的最后一个环节,是实验的总结。与预习报告不同的是,实验报告强调做了什么、怎么做的、结果如何。一份真实、严谨有条理的实验报告是实验的记录和总结的综合反映。撰写实验报告有助于培养提出问题,解决问题的科学态度与科研总结能力,为学生将来进一步进行环境科学研究,撰写科研论文打下基础。

作为环境样品仪器分析实验,实验报告应包括以下几部分内容:

(1) 实验名称、完成时间、地点、实验者信息、同组人员信息;

(2) 实验目的;

(3) 实验原理;

(4) 实验过程中用到的仪器与设备的具体信息,试剂及其配制方法;

(5) 主要实验步骤;

(6) 实验原始数据、现象、处理过程及处理结果,应列出必要的图、表、公式等,如果是表征类仪器分析实验则应附上原始图谱并对图谱上的主要信息进行解析；

(7) 对实验结果进行总结、讨论并完成思考题；

(8) 列出必要的参考文献。

第 2 章　环境样品分析实验室常识

2.1　实验室安全守则及注意事项

教育部《高等学校实验室工作规程》及国务院《危险化学品安全管理条例》是高校各实验室安全管理的基本依据。在此基础上，各院校都制定了系列安全规章制度。

环境样品分析实验室是环境工程与科学相关专业进行教学、科研工作的重要基地。因实验需要，实验室内通常存放有各类化学试剂、高压钢瓶，同时，部分实验可能涉及高温高压反应。因此，建立系统的实验室安全规章制度、完善应急预案、加强师生实验室安全教育与培训，对实验室的安全有效运行具有重要意义。进入实验室工作、学习的所有人员，应事先学习并遵守实验室的各项规章制度，时时、处处、事事都要把安全放在首位。保持实验室内安静整洁，做好准备工作，熟悉实验的各个环节，消除事故隐患，营造一个安全、文明、科学的实验教学环境。

2.1.1　基本安全常识

环境样品涉及水、大气、固体及生物样品，环境实验室试剂、仪器及设备等与化学实验室和生物实验室相似。实验室所用的化学试剂很多是易燃、易爆、有毒且具有腐蚀性的，用的仪器很多是玻璃制品，易发生各种事故。因此，在实验中要严格遵守操作规程，了解安全操作注意事项，避免意外发生。

实验安全方面主要应遵循以下基本原则：①学生进入实验室前应先认真阅读实验室规章制度及安全手册，掌握实验室安全的基本常识及紧急事故的应急处理措施，并在获得管理老师许可的情况下才能进入实验室；②在实验室不能存在侥幸心理，要时刻注意可能存在的危险情况；③保证着装符合实验室要求并使用适当的劳保护具，如使用易挥发性和具有刺激性的试剂时，应在通风橱内操作，并应戴好口罩和护目镜等；④使用有毒有害物质时，应戴好防毒面具和手套；⑤使用恒温鼓风干燥箱、恒温恒湿箱、恒温培养箱等设备时，不能使用纸张、塑料袋、化纤布、棉布等易燃物作垫衬物或包裹物；⑥化学试剂、化学物质、保留样品等的存放应严格按规程执行，严禁将易发生反应的物质放在一起，实验室内所有性质不明的化学物质均应按危险品对待；⑦不得在实验室内吃东西、喝饮料及抽烟，高温、高压、高速、气瓶设备使用时须有专人看守，气瓶附近不能有明火和高温设备；⑧使用有毒、有刺激性药品试剂后应及时仔细地洗手和漱口；⑨严禁往下水口、垃圾道倾倒有机溶剂及有毒、有害废物；⑩实验进行中，操作者不得擅自离开实验室，离开时须有人代管；⑪不得在实验室内喧闹，不得在实验室内或走廊内跑跳；⑫用电注意安全，人体和湿物不得直接接触电器导电部分和电源插座；⑬实验完毕，应及时切断电源，将地面、桌面清理干净，认真进行水、电、火及试剂的安全检查后方可离开。

2.1.2　化学试剂使用常识

在使用化学试剂之前，必须对其安全性能有一个全面的了解，在使用时才能针对性地采取一些安全防范措施，以避免由于使用不当造成对实验人员和实验设备的危害。

化学试剂按其安全性能可分为以下几大类：易燃易爆化学试剂（一般闪点＜25℃）、有毒化学试剂、腐蚀性化学试剂、强氧化性化学试剂及放射性化学试剂。化学试剂使用注意事项：开启、使用剧毒、致癌、腐蚀性试剂时，试剂瓶口不能对人，试剂不能直接接触人体，装过上述试剂溶液的器皿，用完应立即洗净；在取用化学物品时，要轻拿轻放，防止撞击、拖拉和倾倒，用完后一定要将瓶盖拧紧，以免漏气或再拿时滑落，拿瓶的方法要正确，要戴防护手套；实验中使用易挥发、易燃易爆、强腐蚀性、有毒有害的化学试剂时，尽量在通风橱内操作，戴上防酸碱的橡胶手套；实验所用的有毒试剂，必须回收至指定容器，不得随意倒入水池中；实验废液用废液桶或废液瓶收集密封，并在废液瓶上标记出废液成分进行分类保存；严禁试剂入口，不得用嘴吸取酸、碱及毒性药品；严禁用鼻子接近试剂瓶口来鉴别试剂；实验过程中，严禁用明火或电炉直接加热易挥发及易燃有机溶剂；腐蚀性物品不得在烘箱内烘烤，低温保存挥发性有机溶剂须盖紧内盖，密封放置在防爆冰箱中。

2.1.3　典型事故及紧急处理方法

环境样品分析实验室，除了有常规分析实验室的仪器与试剂外，根据科研需要还可能存有各种环境有毒污染物。因此，环境分析实验室除科学规范存放化学试剂外，还应注意预防安全事故的发生。每一个进入实验室的工作人员、教师及学生都应了解实验室典型事故及其紧急处理或救援方法。

被火焰、蒸汽、电热板等高温物体烫伤时，应立即用大量的水冲洗或浸泡烫伤处从而迅速降温以避免余温持续伤害。轻微烫伤可在伤处涂烫伤油膏或万金油后包扎。若皮肤起泡，不宜挑破以免感染，可用纱布包扎后送医院治疗；更严重的烫伤，如伤处皮肤呈棕色或黑色，应用干燥的消毒纱布轻轻包扎好，尽快送医院治疗。

操作人员若不慎吸入有毒、刺激性气体感到不适，立即离开现场，到空气流通的地方，解开衣领及纽扣，呼吸新鲜空气。严重时应立即送医院诊治。

如果皮肤沾染了有毒试剂，先用大量清水冲洗，再按不同情况进行相应处理，必要时到医务室进行处理。酸液或碱液溅入眼中，应立即用大量清水冲洗。若为酸液溅入眼中，水洗后再用 1%碳酸氢钠溶液冲洗；若为碱液，水洗后再用 1%硼酸溶液冲洗。重伤者经初步处理后，急送医务室。皮肤若被酸灼伤，先用大量水冲洗再以 5%碳酸氢钠溶液或 5%氢氧化铵溶液冲洗；若被碱液灼伤，也应先用大量水冲洗，再用 2%～5%醋酸冲洗，最后都用水冲洗，再涂上凡士林；若被溴液灼伤，伤处立刻用石油醚冲洗，再用 2%硫代硫酸钠溶液冲洗，然后用蘸有油的棉花轻擦，再涂上油膏；酚类触及皮肤引起灼伤，应该用大量的水清洗，并用肥皂水冲洗，忌用乙醇。

汞容易由呼吸道进入人体，也可以经皮肤直接吸收而引起积累性中毒。严重中毒的征象是口中有金属气味，呼出气体也有相应气味；流唾液，牙床及嘴唇上有硫化汞的黑色“汞线”；淋巴结及唾液腺肿大。若不慎中毒，应送医院急救。急性中毒时，漱口后可进食富含蛋白质的物质（如牛奶或鸡蛋清），并立即送至医院急救。

溅入口中而尚未咽下的化学试剂应立即吐出来，用大量水冲洗口腔；如吞下，应根据毒物的性质给以解毒剂，并立即送医院急救。

实验中若不慎出现火苗，小火及时用灭火毯盖灭，或用灭火器扑灭，发生大火要立即疏散，及时报告；靠近警铃的人员应及时拉响警铃；控制火源或其他危险源；必要时组织人员急救。

触电时可按下述方法之一切断电路：①关闭电源；②用干绝缘材料，如木棍等，使导线与受害人分开；③使受害人和土地分离。急救时，施救者必须做好防止触电的安全措施，手或脚必须绝缘。

作为实验室老师或管理人员还应做好实验室安全教育及管理工作，规章制度制定完善，管理落到实处。应定期检修水、电、气，防止因管道泄漏、电器老化导致的安全事故。

2.2　分析实验室用水及化学试剂选择

2.2.1　实 验 用 水

环境样品分析实验室用水的原水应为饮用水或适当纯度的水。根据《分析实验室用水规格和试验方法》(GB/T 6682—2008)，分析实验室用水共分三个级别：一级水、二级水和三级水。一级水用于有严格要求的分析实验，包括对颗粒有要求的实验，如高效液相色谱分析、色谱-质谱联用仪分析等；二级水可用于无机痕量分析等实验，如原子吸收光谱分析，其组成类似于通常所说的去离子水；三级水用于一般的化学分析实验。各类水的规格见表 2-1。

表 2-1　分析实验室用水规格

名称	一级	二级	三级
pH 值范围(25℃)	—	—	5.0～7.5
电导率(25℃)/(mS/m)	≤0.01	≤0.10	≤0.50
可氧化物质(以 O 计)/(mg/L)	—	≤0.08	≤0.4
吸光度(254 nm，1 cm 光程)	≤0.001	≤0.01	—
蒸发残渣(105℃±2℃)含量/(mg/L)	—	≤1.0	≤2.0
可溶性硅(以 SiO_2 计)含量/(mg/L)	≤0.01	≤0.02	—

注：① 在一级水、二级水的纯度下，难于测定其真实的 pH 值，因此，对一级水、二级水的 pH 值范围不作规定。
② 在一级水的纯度下，难于测定可氧化物质和蒸发残渣，对其限量不作规定。可用其他条件和制备方法来保证一级水的质量。

表 2-1 中的三级水通常可通过蒸馏或离子交换的方法获得，二级水则可通过多次蒸馏或离子交换的方法制备。蒸馏法是实验室最常用的一种制水方法，耗能、费水、速度慢，但设备便宜，操作方便。蒸馏水能去除自来水内大部分非挥发性的污染物，且新鲜的蒸馏水是无菌的。离子交换法可以去除水中的阴离子和阳离子，但水中仍然存在可溶性的有机物。一级水的制备则需要更复杂的工艺，如经石英设备蒸馏或离子交换混合床处理后，再经过 0.2 μm 微孔滤膜过滤。

目前，市面所售的实验用水种类也很多，有蒸馏水、双蒸水、去离子水、反渗水、超纯水等。其中反渗水是水分子在压力的作用下，通过反渗透膜成为纯水。反渗透技术可以有效去除水中的溶解盐、胶体、细菌、病毒、细菌内毒素和大部分有机物等杂质，但不同厂家生产的反渗透膜对反渗水的质量影响很大。超纯水是指除水分子外，其他各种杂质含量都极低的水，其最主要的一个指标是水的电阻率大于 18 MΩ/cm(25℃)。超纯水在制备上根据实验要求可选择不同工艺，不同工艺制备得到的超纯水总有机碳(Total Organic Carbon, TOC)、细菌、内毒素等指标方面并不相同。对于环境样品分析来说，微生物分析对细菌和内毒素有要求，而高效液相色谱(High Peformance Liquid Chromatograph, HPLC)则要求 TOC 值低，电感耦合等离子体质谱(Inductively Coupled Plasma Mass Spctrometry, ICP-MS)则要求电阻率大。超纯水最好能现制现用，任何方式的贮存及久放，除了会有容器本身造成的污染外，开放条件下灰尘、挥发性有机物、微生物等污染及二氧化碳造成的电导率上升，pH 值下降等引起水质变化是不可避免的。

2.2.2 实验用试剂

我国的试剂规格按纯度划分，有高纯、光谱纯、基准试剂、分光纯、优级纯、分析纯和化学纯等 7 种。其中高纯试剂是在通用试剂基础上发展起来的，是为了专门的使用目的而用特殊方法生产的纯度最高的试剂，杂质含量要比优级试剂低 2～4 个甚至更多个数量级。因此，高纯试剂特别适用于一些痕量分析。目前，除对少数产品制定国家标准外，大部分高纯试剂的质量标准还很不统一，在名称上也有高纯、特纯、超纯、光谱纯等不同叫法。国家和主管部门颁布质量指标的主要有优级纯、分级纯和化学纯 3 种。表 2-2 列出了常用试剂的级别、规格及特点。

表 2-2　常用试剂的级别、规格及特点

级别	英文代号	标签颜色	用途	相近的国外试剂级别
基准试剂	PT		专门作为基准物用，可直接配制标准溶液	
光谱纯	SP		表示光谱纯净	
优级纯	GR	绿色	纯度最高，杂质含量最低，适合于精密的分析工作和科学研究工作	Ultra Pure:超纯
分析纯	AR	红色	略次于优级纯，适合于重要分析及一般研究工作	High Purity:高纯 ACS:美国化学学会标准
化学纯	CP	蓝色	纯度与分析纯相差较大，适用于工矿、学校一般分析工作	Reagent:试剂级

实验过程中,应尽量根据样品特点及所测指标选择合适的试剂。对于环境样品来说,绝大部分持久性有机污染物和有毒有害物质在样品中的含量都很低,为降低分析背景噪音及试剂背景,应尽量选择杂质含量低的试剂,如优级纯试剂。在分析有机氯、有机磷农药或其他农残时,则应优先考虑使用农残级试剂(Pesticide Residue, PR)进行样品处理。农残级试剂在分析过程中不会引入农残方面的污染,可降低试剂背景值。对于一些背景样品(如极地样品等)或超痕量指标(如贵金属等),在测量时更应选择高纯级别的试剂进样进行样品预处理和样品分析。

由于高纯试剂的标准并不统一,比较常见的是按照仪器的使用目的和适用仪器进行分类。试剂规格按用途划分,简单明了,从规格即可知试剂的用途,方便分析工作者选择合适的分析试剂。下面介绍几种在环境样品分析中常用的高纯试剂。色谱级试剂(HPLC级),纯度高、含水量低,紫外(Ultraviolet, UV)背景吸收低,HPLC分析中无干扰峰,挥发残留及固体颗粒含量低,特别适用于HPLC分析及分光光度分析。PR级同样具有高纯度、低挥发残留及固体颗粒含量低等特点,该类试剂在分析过程中不会引入农残方面的污染,适合环境样品中的农残分析、光谱分析、HPLC分析、气相色谱(Gas chromatography, GC)分析等。等离子体发射光谱纯级试剂(ICP Pure Grade),绝大多数杂质元素含量低于1 μg/L,适合等离子体发射光谱仪(Inductively Coupled plasma, ICP)日常分析工作。等离子体质谱纯级试剂(ICP-Ms Pure Grade)中绝大多数杂质元素含量低于0.1 μg/L,适合等离子体质谱仪(ICP - Ms)日常分析工作。除明确标识为等离子体质谱纯级的试剂外,电子级试剂(EIectronicgrade)和金属-氧化物-半导体(Metal-oxide-semiconductor, MOS)试剂为光学与电子学专用,后者为半导体行业专用,都属于高纯化学品,金属杂质含量小于1 μg/L甚至更低,尘埃等级达到0～2 μg/L,都属于高纯化学品。

2.3　实验室气体钢瓶的使用及注意事项

气体钢瓶是储存压缩气体的特制的耐压钢瓶。使用时,通过减压阀(气压表)调节螺杆控制气体放出。由于钢瓶的内压很大(有的高达15 MPa),而且有些气体易燃,易爆或有毒,所以在使用钢瓶时要注意安全。

钢瓶使用的注意事项主要有:压缩气体钢瓶应远离热源、火种,置阴凉通风处,防止日光暴晒;可燃性气体钢瓶必须与氧气钢瓶分开存放,周围不得堆放任何易燃物品;使用时要注意检查钢瓶及连接气路的气密性,确保气体不泄漏;使用钢瓶中的气体时要用减压阀放出气体,各种气体钢瓶的气压表不得混用,以防爆炸;使用完毕按规定关闭阀门,主阀拧紧防止气体泄露;养成离开作业现场时检查气瓶的习惯;禁止随意搬动,敲打钢瓶,经允许搬动时应做到轻搬轻放;不可将钢瓶内的气体全部用完,一定要保留0.05 MPa以上的残留压力(减压阀表压),可燃性气体,如乙炔应剩余0.2～0.3 MPa;各种气瓶必须按国家规定进行定期检验,使用过程中必须要注意观察钢瓶的状态,如发现有严重腐蚀或其他严重损伤,应停止使用并提前报检。

环境分析实验室测试指标复杂多样,涉及仪器种类较多,使用的气体钢瓶种类也较多。

表 2-3 列出了环境样品分析实验室常用仪器及其所使用气体的名称。从表中可见，环境样品分析实验室中气体钢瓶种类较多，在使用和管理过程中除须严格遵守上述注意事项之外，对于特殊气体还应特殊管理。乙炔、甲烷等特种气体极易燃烧、易爆炸，与明火的距离不得小于 10 m，应特别注意日常防漏检查。存放乙炔气体钢瓶的地方，要求通风良好，还要注意防止气体回缩。氢气密度小，易泄露，扩散速度快，易和其他气体混合引起自燃自爆，应单独存放，最好放置在室外专用的通风良好的钢瓶房内，以确保安全，并严禁烟火。氧气是强烈的助燃气体，在高温或高压下纯氧都十分活泼，可以和油类发生剧烈的化学反应，并引发自燃产生强烈爆炸。氧气钢瓶应存放在阴凉通风的地方，防止与油类及其他可燃性气体接触；禁止用盛其他可燃性气体的钢瓶来充灌氧气。

在购买和使用钢瓶气体时除了选择正确的气体种类外，还要选择合适的气体纯度，既要满足仪器分析精度要求，又要尽可能降低分析成本。纯度是确定气体产品等级的指标之一，通常用百分数表示，如 99.5%、99.995%等。习惯上，我们用普通气（工业气）、纯气、高纯气、超纯气来表示气体产品的等级，但由于受气体种类、产品用途、生产能力等因素的制约，不同品种的气体尚无统一的量化标准。国标对高纯氧气合格品的要求是纯度不低于 99.995%，而对高纯氦气合格品的要求则是纯度不低于 99.999%。仪器分析特别是色谱、质谱类仪器大都使用高纯气体，气体不纯往往会直接影响分析结果，甚至会影响仪器使用寿命。

表 2-3　各种气体钢瓶标志及适用仪器

气体类别	瓶身颜色	字样	标字颜色	适用仪器
氮气	黑	氮	黄	GC、LC-MS
氧气	天蓝	氧	黑	GC、TOC、有机硫卤仪、测汞仪
氢气	深绿	氢	红	GC
压缩空气	黑	压缩空气	白	GC、ICP
氩气	灰	氩	绿	ICP、ICP-MS、GFAAS
氨	黄	氨	黑	ICP-MS
乙炔	白	乙炔不可近火	红	FAAS
氦气	棕	氦	白	GC、GC-MS、LC-MS、ICP-MS

注：① GFAAS(Graphite Furnace Atomic Absorption Spectrometry)，石墨炉原子吸收光谱；
② FAAS(Flame Atomic Absorption Spectrometry)，火焰原子吸收光谱。

第 3 章　分析方法的选择及其评价系统

环境样品分析是将少量存在的污染物从大量存在的成分极为复杂的基体中分离出来，并进行定性定量分析的过程。环境样品分析具有以下特点：污染物种类多，成分复杂，样品中存在大量干扰物质；多数待测组分浓度低，处于微量，痕量水平；待测物可能存在多种形态；分析过程复杂，流程长，往往需要多步预处理并使用大型仪器进行最后结果的分析。面对监测对象的多样性和分析过程的复杂性，必须对分析结果进行质量控制和统计处理，确保分析数据准确可靠。

质量保证不仅是技术工作，也是一项实验室管理工作。质量保证工作必须贯穿采样方案、样品采集、样品处理、方法选择、样品分析、实验记录、数据检查、数据统计分析和分析结果表达等整个分析过程的始终。本章将围绕环境样品分析的特点，针对分析结果质量控制的基本评价指标、分析数据的可靠性检验及分析数据的表达等内容展开介绍。

3.1　选择合适的分析方法

选择合适的分析方法是样品分析过程中最重要的一个环节。环境样品的分析方法通常可以从三个层次来选择，分别是标准方法、统一方法和等效方法。

第一个层次是标准方法，不仅包括我国自己建立的标准方法，也包括国际标准方法，这些方法是经过实验确定了精密度和准确度，并由权威机构颁布，既可用于方法对比和仲裁分析，也可用于常规分析，是分析的首选方法。第二个层次是统一方法，该类方法是由监测部门或其他有关部门通过验证建立的实用方法。最后一个层次是等效方法，是主要由地区或行业根据自身特点建立的方法。由于标准方法需要经过层层检验，其建立具有一定的滞后性和时效性，有些污染物，特别是一些新型污染物，当没有可采用的合适标准时，可采用统一方法或等效方法。

选择分析方法时需考虑的因素：①样品本身的性质。重点考虑样品基体的类型及污染物的浓度级别，样品是固体、液体还是气体，液体样品其基体为有机体系、高含盐水相还是普通的水相，所含杂质类型和含量等因素。②对分析准确度的要求。根据分析要求选择合适的仪器分析方法。③实验室现状，如仪器设备、试剂和耗材、人员水平等。例如，常量组分分析，要求结果准确度高，容量法优于重量法。微量重金属元素的分析，主要考虑方法的灵敏度能否满足要求，可选用原子吸收分光光度法、原子发射光谱法等仪器分析方法。测定对象组分复杂，被测组分含量过低，要考虑预分离与富集步骤的联用，如土壤中多环芳烃、雨水中农药残留的测试等。对特殊的样品，样品量很小并难以取样时，则要求筛选消耗试样量少且可靠的分析方法，如先进行无损指标的测试，再进行有损分析。对必须回收的样品还需考虑试样的回收等问题。此外，分析的成本和方法对环境的污染等问题都是必须考虑的。

选择分析方法，不仅应对样品有尽可能多地了解，而且需要熟悉各种分析方法。无论样品分析最终采用了哪种方法，样品类型必须符合方法对检测对象基本性质的要求，样品中目标物质的含量必须落在分析方法的检测范围以内，这是保证分析结果准确可靠的基本条件。

3.2 分析方法类型

环境样品中污染物的分析方法分为定性分析、半定量分析和精确的定量分析三个层次。

所谓定性分析（Qualitative Analysis）就是对研究对象进行“质”方面的分析，即确定样品中“有没有”或“是不是”含有哪一种污染组分的分析方法，用于样品毒性的初步筛查。污染组分包括有毒有害元素、毒性无机离子及有毒有害有机化合物，有时也特指某一化合物或元素的某一特殊形态，如六价铬、三价砷等。定性分析常在定量分析之前进行，为设计或选择定量方法提供有价值的信息。

所谓定量分析（Quantitative Analysis），有时又称为全定量分析。通过与标样信号的比对，对样品中具体污染物进行检测，得到各污染物具体含量，分析结果准确度高。

半定量分析（Semi-quantitative Analysis）是指除需要确定样品中存在哪些污染物外，还需要确定各物质大致含量的分析方法，分析结果往往以某污染物含量的大致数量级来呈现。相对全定量分析，半定量分析准确性稍差，但具有简单、迅速、费用低等特点，常用于以下几种情况：①希望得知污染物的大致含量，以便进一步选择合适的精确定量分析方法；②分析通量大，不要求确定污染物的准确含量；③样品量很少，不能满足全定量分析的需要。半定量分析是样品定量分析之前的有益预分析项，有助于判断样品中所含元素的种类及估算待测物质的浓度范围，利于后续的分析方法选择。

定性分析能确定样品中污染物的名称，如能分析出某废水样品中含有甲苯不含乙苯，但并不能确定乙苯的具体含量。定量分析是在定性的基础上给出准确的数值，比如确定了样品中甲苯含量为 2.15 mg/L。而半定量分析通常是在实现定量分析非常困难时采取的一种折中方法，如确定样品里有甲苯，虽然不知道具体的浓度，但是能确定甲苯的含量大概为 mg/L 级别。

3.3 基本评价指标

环境样品分析是为环境管理和环境质量监控服务的，所得结果必须能反映环境质量或污染排放的真实情况，即环境样品分析应同时保证分析结果的精密度和准确度。

精密度和准确度是反映数据真实性的两个必要条件，缺一不可。图 3-1 为甲、乙、丙、丁四人对同一废水样品中的甲苯进行萃取后气相色谱分析所得的含量结果。四人中，乙的结果准确度和精密度都很高，分析结果准确可靠；甲的结果虽然表观准确度高，但精密度低，其结果也不可靠；丙的结果精密度高，但测量值与真值差距较大，仍不可信；丁的结果既不准确也不精密。可见，精密度高是保证准确度高的前提，然而精密度高，准确度不一定高。

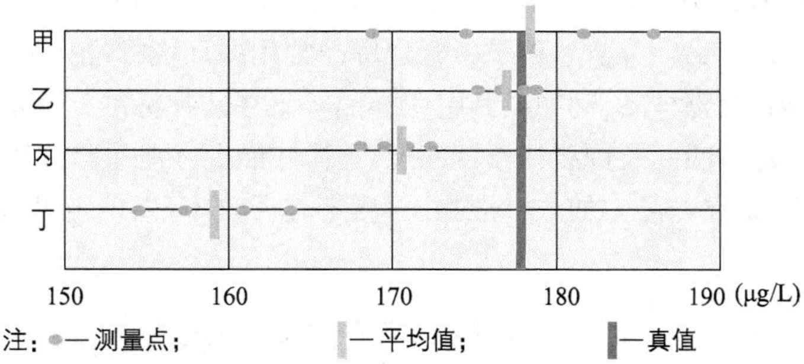

图 3-1　测量数据的准确度、精密度图示

3.3.1　准　确　度

3.3.1.1　概念与评价指标

准确度是用一个特定的分析程序所获得的分析结果(单次测定值或重复测定值的均值)与假定的或公认的真值之间符合程度的度量。准确度通常用绝对偏差或相对偏差来评价。

绝对偏差是指某一测定值(x_i)与多次测量的平均值($\bar{x}$)之差，即：

$$绝对偏差 = 测定值 - 平均值$$

相对偏差是指绝对偏差与平均值之比，常用百分数表示，即：

$$相对偏差(\%) = \frac{绝对偏差}{平均值} \times 100\%$$

3.3.1.2　实验方法

评价准确度的实验方法主要有两种：对照实验和加标回收实验。

对照实验，即对标准物质、标准样品分析或与用标准方法分析的结果相对照；也可以采用不同实验室、不同分析人员分析同一样品进行对照实验。采用与样品相同的预处理及分析方法分析标准样品中的待测物是最常用的对照实验法。

所谓标准物质(Reference Material, RM)是具有一种或多种足够均匀的且具有确定特性值的材料或物质，可以用来校准仪器、评价测量方法和给材料赋值的一种物质。也就是说，采用一种方法对其进行测量，如果测量值与其提供的“参照值”相吻合，则我们就认为该测量方法是可靠的；反之，方法不可行。通常，我们把其提供的量值称为“标准值”，把这种物质称为提供标准值的样品，即“标准样品”。根据标准物质的定义，用作参照物的标准样品应具有足够的均匀性，其标准值具有很好的确定性。目前国内研制单位有国家标物中心、中国计量科学研究院，国外标准物质研制单位有 ARMI(Analytical Reference Materials International)，BS(Brammer Standard Company)，美国加联仪器有限公司、美国标准局等。

由于环境样品基体复杂，预处理过程繁琐，通过对标准样品的分析可以帮助判断方法是否可靠、试剂是否无污染、分析过程是否合理等。常用的环境标准样品有土壤样品(重金属、农药)、海水样品、植物样品、动物及其组织样品等。在选择标准样品的时候应考虑标准样品与待测样品的基体匹配及待测物浓度匹配，这样才能更好地检验方法的准确度。

加标回收实验，即在样品中加入标准物质，测定其回收率，以确定准确度。其计算公式如下：

$$\text{回收率}(\%)=\frac{\text{加标试样测定值}-\text{试样测定值}}{\text{加标值}}\times 100\%$$

显然，回收率越接近 100%，说明该方法越准确。要注意的是，加标量应与样品中待测物质的浓度水平相等或接近，一般为样品含量的 0.5～2 倍，在任何情况下，加标量不能大于样品中待测物质含量的 3 倍。当没有合适的标准样品时，加标回收实验是一种方便、经济、快捷的判断方法准确度的方法，被广泛使用。

3.3.1.3 空白实验

空白实验是指以纯水或其他不含待测物质的介质代替样品，其他所有分析步骤、试剂及分析方法与样品测定完全相同的操作过程，空白实验所得到的响应值称为空白实验值。空白实验值本身并不反映方法的准确度，但其值的大小及重现性全面地反映了一个环境监测实验室及其分析人员的水平及方法误差。

当样品中待测物质与空白值处于同一数量级时，空白值的大小及其波动性对样品中待测物质分析的准确度影响很大，直接关系到测定下限的可信程度。对于环境样品中痕量及超痕量污染物的分析来说，确定方法的空白值对分析结果至关重要。

通常，空白值越低，波动越小越好。若空白值偏大，应分析原因，改进实验条件、实验方法或重新准备实验试剂。影响空白值的因素有：实验用水的质量、试剂的纯度、器皿的洁净程度、计量仪器的性能、环境条件及操作人员的分析水平等。此外，将样品分析结果扣除空白实验值可以消除实验条件对分析结果的影响，使测量值更接近于真值。

3.3.2 精 密 度

3.3.2.1 基本概念

精密度是指用一特定的分析程序在受控条件下重复分析均一样品所得测定值的一致

程度，它反映分析方法或测量系统所存在的偶然误差的大小。

3.3.2.2　实验方法

对于同一实验室进行的同一样品分析的精密度评价可采用平行性实验和重复性实验。所谓平行性是指在同一实验室内，同一分析人员用同一台分析设备对同一样品进行两次或多次平行样测定所得结果之间的符合程度。所谓重复性指在同一实验室内，分析人员、分析设备和分析时间三因素中至少有一项不相同时，用同一分析方法对同一样品进行的两次或多次独立测定结果之间的符合程度。精密度可用极差、平均偏差、标准偏差或相对标准偏差等来评价，后两者最为常用。

标准偏差又称为均方根偏差，表达式如下：

$$s=\sqrt{\frac{\sum_{i=1}^{n}(x_i-\bar{x})^2}{n-1}}$$

式中　s——标准偏差；

x_i——每次测定值，$i=1, 2, 3, \cdots, n$；

$\bar{x}$——平均值；

n——测定次数。

相对标准偏差（Relative Standard Deviation，RSD），也叫变异系数（Coefficient of Variation，CV），即标准偏差在平均值中所占的百分数。

$$RSD(\%)=\frac{s}{\bar{x}}\times 100\%$$

3.3.3　稳　定　性

3.3.3.1　基本概念

所谓稳定性是要求分析结果具有时间上的可重复性，即不同时间采用同一方法对同一样品进行分析时得到的数据相同。对于一个监测单位、科研项目或分析实验室来说，保持数据的稳定性是日常数据有效的基本保证。

3.3.3.2　实验方法

稳定性可以通过对质控样品作质量控制图（简称质控图）来检验。编制质控图时，质控样品的选择十分重要。可选择基体及污染物组成与环境样品相近的标准样品，也可通过在环境样品中加入一定量与待测物质相同的纯物质混合均匀制备而成。

质量控制图的理论依据是偶然误差服从正态分布。质量控制图通常由一条中心线和上、下控制限，上、下警告限及上、下辅助线组成。横坐标为样品序号（或日期），纵坐标为分析结果的统计值。实测值的可接受范围是上、下控制限之间的区域。常用的质量控制图有均数质控图($\bar{x}$ 图)和均数-极差控制图($\bar{x}-R$ 图)。下面简要介绍均数控制图的编制步骤和使用方法。

均数控制图的编制流程为:每隔一段时间进行质控样品的平行分析,对每一组平行样品的结果求平均值,至少积累 20 个平均值数据;以平均值作为测量结果,计算总均值及均值的标准偏差;以 $\bar{\bar{x}}$ 值绘于质量控制图上得中心线(CL);对应置信概率 95%或 99.7%的 $2s$ 或 $3s$,分别绘制 $\bar{\bar{x}} \pm 3s$ 为上、下控制限(UCL, LCL);$\bar{\bar{x}} \pm 2s$ 为上、下警告限(UWL, LWL);再按 $\bar{\bar{x}} \pm s$ 绘制上、下辅助线(UAL, LAL),如图 3-2 所示;将 20 个平均测量结果按测定顺序绘到图上相应的位置上即可完成一张均数质控图。控制图绘制完成后,应标明绘制控制图的有关内容和条件,如测定项目、分析方法、溶液浓度、温度、操作人员和绘制日期等。

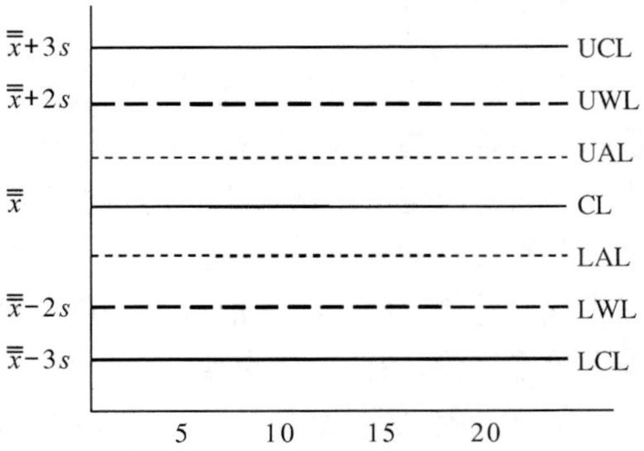

图 3-2 均数控制图

合格的均数控制图中不应有超出控制限的数据点,落在上下辅助线范围内的点数应占总点数的 68%以上,且不应出现连续 7 点位于中心线同一侧。以上条件有一个不符合,则此图不可靠,应重做。

均数控制图编制之后即可用于日常的质量监控。每次测样时或间隔适当时间后,取两份平行的质控样与环境样品同时测定,将控制样品测定结果的平均值依次绘在控制图上,根据下列判断条件,检验分析过程是否处于控制状态。

(1) 数据点位于中心线附近,上、下警告限之间的区域内,表明测定过程处于控制状态,环境样品分析结果有效;

(2) 数据点落在上、下警告限和上、下控制限之间的区域内,提示分析质量开始下降,应进行初步检查,并采取相应的校正措施;

(3) 如有相邻 7 点连续上升或连续下降时,表示测定有失控倾向,应立即检查原因,予以纠正;

(4) 数据点落在上、下控制限之外,表示测定过程"失控",应立即检查原因,予以纠正。

3.4 其他重要指标

3.4.1 灵 敏 度

灵敏度(Sensitivity),待测物浓度或量发生变化时所产生的分析信号的变化,其实质是校准曲线的斜率,反映了方法或仪器的分辨能力。灵敏度可因实验条件的改变而变化,但在一定的实验条件下,灵敏度具有相对稳定性。在实际工作中,可用校准曲线的斜率来衡量灵敏度的高低。

校准曲线分为工作曲线和标准曲线两种。工作曲线即曲线和样品的测定步骤完全一样,标准曲线的测定与样品的测定步骤不一样,直接用标准品分析不需要做预处理。如图 3-3 所示,校准曲线的直线部分代表了被测物质的质量或浓度与分析方法或仪器的响应值(或其他指示值)之间的定量关系。其数学表达式为:

$$A = kc + a$$

式中 A——分析方法或仪器的响应值;

c——被测物质的质量或浓度;

a——截距;

k——斜率,反映该方法(仪器)的灵敏度,k 值越大,灵敏度越高。

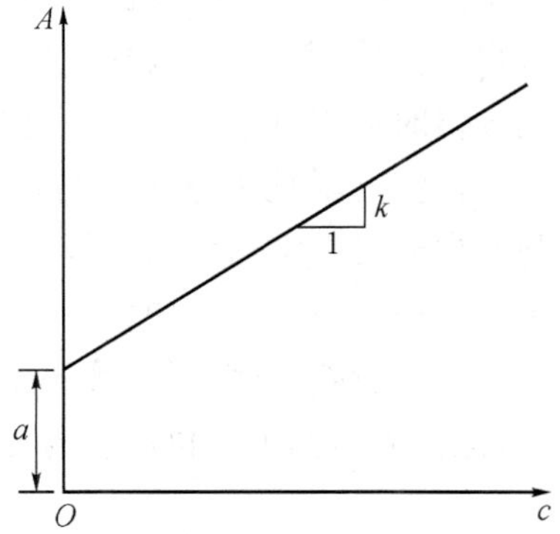

图 3-3 校准曲线

在仪器分析中,分析灵敏度直接依赖于检测器的灵敏度与仪器的放大倍数,采用提高仪器的放大倍数的方法来提高检测器的灵敏度,噪声也会随之增大,而信噪比(S/N)和分析方法的检出能力不一定能得到改善。提高方法灵敏度的方法主要有:选择合适的方法或仪器、优化实验条件、减小空白值、增大进样量和富集待测组分。

3.4.2 检出限与检测限

检出限(Detection Limit),以浓度或质量表示,是指通过特定的分析步骤由检测出的最小分析信号求得的最低浓度或质量。检出限是评价仪器分析性能的重要指标。在环境监测中,检出限常用最小检出量的绝对量来表示,如0.1 μg;也常用最低检出浓度来表示,如0.01 mg/L等。应该注意的是,如果实验操作条件改变(如取样体积改变),则最低检出浓度会产生变化。

检测限(Determination Limit)又称定量限或有效测定范围,为定量范围的两端,指在限定误差能满足预定要求的前提下特定方法的测定下限至测定上限之间的浓度范围,分为测定下限与测定上限。对测量结果的精密度要求越高,相应的最佳测定范围越小。

检测上限指在限定误差能满足预定要求的前提下,用特定方法能够准确地定量测定待测物质的最大浓度或质量。对没有(或消除了)系统误差的特定分析方法的精密度要求不同,检测上限也将不同。

检测下限指在测定误差能满足预定要求的前提下,用特定方法能准确地定量测定待测物质的最小浓度或质量,称为该方法的测定下限或定量下限。检测下限反映了分析方法能准确地定量测定低浓度水平待测物质的极限可能性,条件更加苛刻,所以检测限总是高于检出限。美国 EPASW-846 中规定 4MDL(Multiple Detection Limit)为定量下限,即 4 倍检出限浓度作为检测下限,其测定值的相对标准偏差约为 10%。日本工业标准(Japanese Industrial Standards, JIS)规定检测下限为 10MDL。

检测下限有三种常用的表示方式:①仪器检测下限,指可检测仪器的最小信号,通常通过信噪比来确认,当信号与噪声之比大于或等于 3 时,相当于信号强度的试样浓度定义为仪器检测下限。②方法检测下限，指某方法可检测的最低浓度。通常用低浓度曲线外推法可求得方法检测下限。③样品检测下限，定义为其信号等于测量空白溶液的信号的标准偏差的3倍时的浓度，即相对于空白可检测的样品最小含量。

检测下限是选择分析方法的重要因素。样品检测下限不仅与方法检测下限有关，而且与空白样品中空白含量以及空白波动情况有关。只有当空白含量为零时，样品检测下限等于方法检测下限。空白大小受环境对样品的污染，试剂纯度、水质纯度、容器的质地及操作等因素的影响，其含量往往不等于零。因此，虽然样品检测下限往往比方法检测下限大得多，但样品检测下限仍然较为有用和切合实际。

第 4 章　无机组分的定性定量分析

4.1　无机组分分析概述

环境样品中分析的无机组分成分主要分两大类。一类是金属元素，泛指元素周期表中各种金属，如碱金属、碱土金属、过渡金属元素等，以及类金属元素，如砷、硅、磷等元素，通常采用原子光谱法和原子质谱法分析。另一类为无机阴阳离子，有金属阳离子、NH_4^+ 及常见阴离子，如 Cl^-，Br^-，NO_3^-，SO_4^{2-} 等，其中阴离子可采用离子色谱法进行定量分析。

4.1.1　金属元素分析及预处理技术

4.1.1.1　概述

金属元素，特别是有毒有害重金属元素的分析是环境监测的重点内容之一。金属元素及其化合物的毒性大小与其元素种类、理化性质、浓度及存在的价态和形态关系密切。因此，确定元素的种类、总量和形态是金属元素分析最主要的目的。通过对金属元素种类、总量和形态的认识，帮助研究者评价或预测样品的环境效应、生态效应的元素分析在环境样品分析中起重要作用。

金属元素仪器分析技术发展至今，常用的分析方法包括原子光谱法和原子质谱法等。其中原子光谱法由于技术成熟、成本相对较低，是最常用的金属元素定量仪器分析方法。原子光谱法的理论依据是原子核外电子在基态和激发态之间迁移时引起能量变化从而导致光谱变化，根据原子光谱的特征谱线及其强度可以对金属元素进行定性定量分析。原子光谱包括原子吸收光谱（Atomic Adsorption Spectrometry，AAS）、原子发射光谱（Atomic Emission Spectrometry，AES）和原子荧光光谱（Atomic Fluorescence Spectrometry，AFS）等。原子质谱法（Atomic Mass Spectrometry，AMS）则是利用元素在等离子体中形成的一价阳离子的质荷比及强度来对金属元素进行定性定量分析。

上述仪器分析方法在金属元素定量分析中各有优势。从测量的元素范围来看，AES 和 AMS 适用分析的元素范围较广，可用于分析元素周期表中绝大部分金属元素及部分类金属的非金属元素；从分析灵敏度来看，AFS 对于分析波长小于 300 nm 的元素有更低的检测限，AMS 对大多数元素来说都具有较低的检出限；从标准曲线的动态范围来看，AAS 通常小于 2 个数量级，AFS 为 4～5 个数量级，AES 和 AMS 甚至更宽；此外，从分析仪器的操作应用来看，AAS、AFS 和 AMS 的仪器设备相对简单，易于操作，AAS 和 AFS 运行成本较低，AES 和 AMS 运行成本较高，特别是当 AMS 在超净间中运行时，运行成本会更高。

在环境样品实际分析时，需根据样品性质及监测目的选择合适的仪器分析方法来实现元素含量及形态的定性定量分析。

4.1.1.2 仪器分析对样品的要求

环境样品有气、固、液三种状态，不同状态、性质样品的保存、预处理及分析方法不同。气态样品主要是指室内外空气样品；固体样品主要有风干土壤、垃圾、沉积物、底泥、污泥以及动植物样品等；液体样品主要指水样，水样包括范围很广。常见的有饮用水、地表水、雨水、污废水以及各种处理设施净化后出水等多种。

由于特定仪器构造及分析过程对基体的要求，上机分析的样品需为液体（配备特殊进样系统除外）、样品中有机物和盐的含量尽量低、不含颗粒物等容易堵塞仪器管路系统的物质。

虽然不同状态的样品可以选择不同的进样方法，但目前市面上大多数仪器的配置不支持气态或固态等特殊状态样品的直接进样分析。将液体引入分析仪器（溶液雾化法）仍是应用最广泛、优先考虑的方法。实践也表明，溶液雾化法相对具有较好的稳定性，能获得良好的分析准确度和精密度，操作较易掌握。混浊水样和固体样品则需事先进行预处理，将待测元素转移到水相后再进行检测。空气中的金属元素主要是附着在颗粒物上，测定含量时须先采集颗粒物及尘埃（采样时通常使用滤片收集颗粒物）。采集到的样品连同滤片一起，可参考固体样品方法进行保存、预处理及分析。

样品中的有机物和盐对分析过程的影响主要体现在基体效应和长期稳定性上。基体匹配是外标分析法的基本原则之一。市售常规元素标样的基体为稀酸体系，不含有机物，含盐量也很低，去除样品中的有机物并降低含盐量可以获得较高的分析准确度。此外，有机样品分解时需要更高的能量，容易导致仪器火焰或等离子体熄灭。对于发射光谱和等离子体质谱而言，有机物在分析过程中容易形成积碳，盐分也容易积累在样品通道中，导致分析灵敏度的变化，从而影响分析结果的稳定性。因此，对于含有机物的样品建议先消解处理分解有机物后再进行分析，对于不适合消解的有机样品可考虑选择基体匹配的标准溶液并更换有机进样系统，调整进样条件后再进一步分析。而高含盐样品则应通过稀释、增加系统清洗频率或更换基体匹配的标准溶液等方法提高分析准确度。

仪器的雾化器喷嘴及进样毛细管，由于管径细小，极易被颗粒物堵塞，同时颗粒物也容易造成样品均匀性差，导致结果偏差大等，因此待测样品应事先去除颗粒物。此外，随着环境功能材料的开发，含纳米颗粒的样品也逐渐发展为一类新型的环境样品。纳米颗粒本身十分细小，肉眼不可见，虽然不会堵塞管路，但也需注意样品均匀性及颗粒阻抗等可能导致分析结果不准确的因素。

4.1.1.3 样品的采集与保存

样品采集和保存必须具有足够的代表性且在分析前不受任何污染。对于元素分析而言，主要是从保存的容器和方式两方面避免样品中待测元素的污染和损失。保存容器方面，包括玻璃容器和塑料容器两种，以塑料容器为首选。当被测物是痕量金属或是玻璃的主要成分为钠、钾、硼、硅等元素时，特别要避免使用玻璃容器。水样可存放在塑料瓶中，固体样品可保存在洁净的塑料袋中。塑料器皿相对价格较低，有条件可考虑一次性使用。对于样品处理过程中需重复使用的器皿则应用稀酸和去离子水充分清洁后再使用，以免引起交叉污染。国标推荐的部分元素监测项目的保存方法见表4-1。

表4-1 国标推荐部分元素监测项目样品的保存方法

监测项目	采样容器	保存方法	保存期
Mg, Ca, Be, Mn, Fe, Pb, Ni, Ag, Cd, 总Cr	G, P	加浓 HNO_3 酸化至 pH<2	14 d
As	G, P	加浓 HNO_3 或浓 HCl 酸化至 pH<2	14 d
Se, Sb, Hg	G, P	加 HCl 酸化至 pH<2	14 d
Cu, Zn, B, K, Na	P	加浓 HNO_3 酸化至 pH<2	14 d
Cr(Ⅵ)	P	加 NaOH 调 pH=8～9	24 h

注：① G为硬质玻璃瓶，P为聚乙烯瓶(桶)；② d为天，h为小时。

实验室常用塑料器皿的材质有：高密度聚乙烯(High Density Polyethylene, HDPE)、低密度聚乙烯(Low Density Polythylene, LDPE)、全氟代烷氧乙烯(Perfluoroalkoxene, PFA)、聚四氟乙烯(Polytetrafluoroethylene, PTFE)、聚乙烯(Polyethylene, PE)、聚丙烯(Polyproylene, PP)、聚甲基戊烯(Polymethylpentene, PMP)、聚酯(Polyethylene terephthalate, PET)等。

4.1.1.4 水样的消解

水样预处理的目的是使待测组分达到方法和仪器要求的形态、浓度，消除共存组分干扰。水样大都需要预处理才能上机分析。水样预处理包括消解、富集和分离。消解是最常用的预处理方法。消解处理的目的是破坏有机物，溶解悬浮性固体，将各种价态待测元素氧化成单一高价态，或转变成易于解离的无机化合物。消解后的水样应清澈、透明、无沉淀。

水中金属元素状态分为可溶态和悬浮态两种。为避免管路堵塞，仪器分析一般要求溶液中不含直径在0.45 μm以上的颗粒。因此，通常以能否通过0.45 μm微孔滤膜为区分标志，能通过滤膜的金属形态称为可溶态，被截留的为悬浮态，二者之和为水中金属元素的总量。当水样中含有悬浮颗粒时，测试溶解态金属含量需用滤膜等过滤后测试滤液中的金属含量；而分析金属元素总量时则往往先将水样消解后再测定；若需测定悬浮物中的金属，则需用玻璃砂芯、滤膜或滤纸将新鲜水样抽滤，滤渣在103℃～105℃烘干至恒重，然后进行消解和分析。

1. 消解试剂和装置

消解试剂通常选用无机酸，包括硝酸(HNO_3)、盐酸、氢氟酸(HF)、高氯酸($HClO_4$)、硫酸(H_2SO_4)、磷酸(H_3PO_4)等。硫酸与磷酸介质的黏滞性会在样品的处理中产生影响，且沸点高，难以蒸干，在处理样品时应尽量避免使用。需要特别说明的是HF和$HClO_4$，HF本身易挥发，具腐蚀性，且能分解以硅为基质样品的无机酸，处理样品时常与HCl、HNO_3、

$HClO_4$等同时使用。在用 HF 分解样品时不能用玻璃、石英陶瓷等器皿，经典的是采用以 PTFE 为材料的烧杯、坩埚等器皿。另外，HF 会腐蚀仪器中的玻璃或石英进样系统和炬管等。因此，这类样品在测试之前需先驱赶 HF 酸。$HClO_4$是已知最强的无机酸。经常使用它来驱赶 HCl、HNO_3和 HF。需要特别注意的是，热的浓 $HClO_4$是强氧化剂，会与有机化合物发生强烈(爆炸)反应。因此，对有机样品应先用 HNO_3或 $HNO_3/HClO_4$混合酸处理(HNO_3的用量大于 $HClO_4$用量的 4 倍)，以避免单用 $HClO_4$发生爆炸。

对于仪器分析而言，H_2SO_4 由于易产生分析吸收，选用火焰原子吸收法时一般不用 H_2SO_4 处理水样；H_2SO_4 和 $HClO_4$ 由于基体干扰较严重，在选用石墨炉原子吸收时避免使用，HCl，H_2SO_4，H_3PO_4 等易形成盐的酸在质谱中尽量减少使用或不用。试剂纯度的要求与待测元素的含量及试剂的用量有关。对于浓度在 mg/L 级以上的样品，消解试剂应为分析纯以上；对于 mg/L 级以下的样品，消解试剂应使用优级纯级别或经过提纯后的分析纯。通常，当消解试剂的用量是样品量的 10 倍时，试剂中元素的含量应比样品中元素的含量至少低两个数量级。若消解过程使用酸量较大、酸种类较多或分析准确度要求较高，为避免试剂对待测元素含量的影响，在消解样品的同时应平行制备试剂空白以消除试剂干扰。水中痕量或超痕量元素分析有时需要先预分离和富集，然后再进行含量检测。

金属元素的定性定量分析，特别是痕量分析，比较适合的是惰性材料，如石英聚四氟乙烯或高压聚乙烯制成的器皿。消解常用的容器为硼硅酸耐热玻璃(对含氟样品不适用)或聚四氟乙烯烧杯。所有使用的器皿都要清洗干净，避免器皿对溶液组成的影响导致分析误差。消解过程一般在电热板上进行。为了确保安全，消解应在通风橱中操作。

2. 湿式消解法

湿式消解法有多种，适用于不同性质或测试目的的水样。①硝酸消解法，适用于较清洁水样。具体方法如下：取 50～100 mL 代表性水样置于消解容器，加入 5 mL 硝酸，在电热板上加热蒸发至 5 mL 左右，冷却后将消解液及消解容器润洗液全部转移至容量瓶，定容后待测。②硝酸-高氯酸消解法，适用于含难氧化有机物的水样，但不适用于含铅和银的水样。③硫酸-磷酸消解法，适用含 Fe^{3+} 等离子的水样，磷酸能与 Fe^{3+} 等金属离子络合，有利于消除 Fe^{3+} 等离子的干扰。④硫酸-高锰酸钾(5%)消解法，主要适用于消解含汞水样。对于某些特殊水样还可采用多元(三元以上酸或氧化剂组成的消解体系)消解方法，如处理测定总铬的水样时用硫酸、磷酸和高锰酸钾消解。

若水样经消解后仍含颗粒物，一般为不溶性二氧化硅或其他不溶性杂质。可用 0.45 μm的微孔滤膜过滤后使用。需要特别说明的是，滤膜由于材质或生产过程中的污染，过滤后可能会有杂质(特别是 K、Na 等元素)溶出，引起测量误差。

4.1.1.5 土壤样品制备

土壤样品在进行消解预处理前应经过风干、研磨、过筛等制备过程。

风干是将土样倒在塑料薄膜或瓷盘内在阴凉处慢慢风干，半干状态时压碎土块，除去植物根茎、叶、石块等杂物，铺成薄层，在室温下经常翻动，充分风干，要防止阳光直射和尘埃落入，并防止酸、碱等气体的污染。风干后的样品易混合均匀，分析结果的重复性、准确性都较好。风干后的土样用有机玻璃棒或木棒碾碎后，反复按四分法①弃取，最后留下足够分析用量(重金属测定，可留约 100 g)，再用有机玻璃棒或玛瑙研钵磨细，全部过 100 目尼龙筛。过筛后的样品，充分摇匀，装入塑料袋中，贴上标签做好记录备用。在制备样品时，必须注意不要被所分析的化合物或元素污染。另外，制备后的样品在最终分析前还可进行含水率的测定以获得更高的分析准确度。上述风干、研磨、过筛的方法常用于土壤、沉积物等环境样品的制备，也可扩展到其他类型的固体样品。

4.1.1.6　固体样品消解

目前常用的固体样品预处理方法主要有酸、碱敞开式容器消解法、干法灰化法和微波消解法。酸、碱敞开式容器消解法基本原理及操作程序和水样消解方法类似。干法灰化法是利用高温除去样品中的有机质，灼烧剩余的灰分用酸溶解作为样品待测溶液，该方法不适用于汞、铅、镉、锡、硒等易挥发元素的分析。

微波消解是指利用微波加热封闭容器中的消解液(各种酸、部分碱液以及盐类)和样品，在高温增压条件下使样品快速溶解的湿法消化法。选择合适的消解试剂及消解程序，能更有效地提取各种固体样品中的金属元素。密闭容器反应和微波加热这两个特点，决定了其提取完全、快速、低空白的优点。商用的微波消解仪一般配有电脑控制系统，可以根据需要设定消解功率、温度及时间程序。为避免实验过程中高温高压以及强酸蒸气带来的安全隐患，操作需严格按照厂商提供的说明书进行。微波消解法已被收录在 EPA 及我国环保部的标准方法中，加之商品化的微波消解装置已经相当成熟，使得该项技术成为目前固体样品消解的主流技术之一。

4.1.2　无机离子分析及预处理技术

4.1.2.1　概述

无机离子种类及其含量分析是环境样品分析的重要内容之一。由于原子光谱、质谱的快速发展，针对阳离子总量的分析往往可以用分析样品中金属元素的种类及其含量来替代。而对阴离子而言，常规的容量法、重量法和光度法操作繁琐、易受干扰、能同时分析的离子组分有限，因此快速灵敏的替代方法——离子色谱法(Ion-chromatography，IC)逐渐进入了环境分析工作者的视野，并日渐成为主流方法。

相对常规方法而言，离子色谱法快速高效、灵敏度高、选择性好，可同时测定多组分，是对阴离子含量分析的新突破，而利用离子色谱法分析阳离子含量则是对原子光谱、质谱分析结果的佐证和有益补充。在特定的分析条件下，离子色谱法对环境样品中的 7 种常见阴离子(F^-，Cl^-，Br^-，NO_2^-，NO_3^-，SO_4^{2-}，PO_4^{3-})和 6 种常见阳离子(Li^+，Na^+，NH_4^+，K^+，Mg^{2+}，Ca^{2+})的平均分析时间均小于 8 min。而如果使用超高效快速分离柱，

①四分法：将土样混匀并铺成正方形，画对角线，分成 4 份，将对角线的两个对顶三角形范围内的样品保留，剔除其余土样。如此循环操作，直至达到所需土样量。

上述 7 种最重要的常见阴离子的基线分离只需 3 min，直接进样（25 μL），电导检测，对常见阴离子的检出限小于 10 μg/L，大部分阴离子的检测范围为 μg/L（1～10 μg/L）至数百 mg/L。

对于环境样品而言，离子色谱的应用范围覆盖了各种常见阴离子、阳离子、有机酸和极性有机化合物等，可应用于饮用水、高纯水、矿泉水、雨水以及各种废水的分析。

4.1.2.2 离子色谱样品预处理技术

离子色谱法作为高效液相色谱法的一种，其进样要求与高效液相色谱法相近，样品形态为液态且均匀无颗粒杂质。由于离子色谱的检测对象为离子态物质，淋洗液为酸碱溶液，样品基体通常应为水相。离子色谱通常只接受水溶液进样分析，气态样品要经过吸收，固态样品要先进行提取，将待测离子转移到水相才能进行色谱分析。简言之，只有均匀无固体杂质的水样才能用离子色谱法进行分析。

由于离子色谱柱价格较高，易受污染，最适合分析洁净水样。鉴于环境样品的复杂性和多样性，大多数样品简单地采用稀释、过滤后直接进样无法满足进样及分析质量保证的要求。对于大量复杂基体的样品，有必要选择合适的方法对样品进行预处理。保存和处理样品时还应注意：尽可能避免待测离子发生物理化学变化，防止和减少待测离子的损失和污染；进样前尽可能去除样品中可能导致色谱柱损坏或柱效降低的杂质成分；样品预处理后待测离子的含量应不低于检出限。

下面根据样品的形态对离子色谱法预处理技术进行介绍。

1. 液体样品的预处理方法

(1) 膜过滤法

液体样品中的颗粒态杂质不仅会对分析结果造成影响，还会堵塞进样系统及离子色谱柱。过滤是离子色谱分析最常用的水样预处理方法，离线样品处理常用滤膜过滤法，在线样品处理采用耐压砂芯滤片过滤法。常用的两种滤膜孔径是 0.45 μm 和 0.22 μm，为更好地保护色谱柱，推荐使用 0.22 μm 滤膜。无论滤膜或砂芯均可能含有一定量的无机阴、阳离子，部分环境常量离子可能含量较高，从而对水溶液中痕量的阴、阳离子分析产生正干扰，影响测定结果。痕量离子分析时建议在使用滤膜或砂芯滤片前先用二次去离子水或超纯水对滤膜和滤片进行多次洗涤，并分析空白样品，测定时进行空白背景扣除。

(2) 固相萃取法

固相萃取法（Solid Phase Extraction，SPE）是目前发展较为成熟的离子色谱前处理方法之一，能同时实现待测离子的预富集及样品净化，既可离线操作也可在线自动处理，适用于复杂基体样品。

SPE 柱填料的性质是决定预处理效果的关键。SPE 填料有硅胶填料、螯合树脂填料、聚合物填料、离子交换树脂填料等。常用的硅胶填料有 C_{18}、C_8 及 CN 等，主要用于样品中有机污染物的去除，保留样品中的无机阴、阳离子。螯合树脂填料可利用金属离子与螯合物的螯合反应保留待测元素，去除干扰杂质，常用于复杂基体中痕量镧系金属离子及过渡金属离子的在线浓缩与富集和基体消除。聚合物填料选择不同的聚合物填充可以进行样品中干扰物的选择性去除净化，如用填充聚乙烯吡咯烷酮的 SPE 柱可去除样品中的腐殖酸、酚类、木质素、芳香酸等干扰物质，填充大孔苯乙烯-二乙烯苯聚合物的 SPE 柱可除去样品中的芳香化合物、烯烃和长链脂肪族化合物。以上三种填料主要去除样品中与待测离子性质差异较大的有机干扰物，而离子交换树脂除此作用外，还可以去除样品中的干扰离子。如填充 H^+ 的阳离子交换柱主要用于去除样品中的阳离子；填充 Ag^+ 的阳离子交换柱，俗称银柱，可有效去除样品中的卤化物，特别适用于海水样品及其他高氯样品的预处理；而填充 Ba^{2+} 的阳离子交换柱可有效去除样品中的 SO_4^{2-}。有时，通过离子交换树脂也可以将一些有机物去除，而将离子交换树脂与吸附或反相树脂混合使用，可以同时去除有机物和离子态化合物。鉴于环境样品基体的复杂性，具体前处理柱选择及方法细节需通过实验进行优化，SPE 技术应用示例见表 4-2。

表 4-2　SPE 技术在离子色谱样品前处理中的应用示例

待测离子	基体	SPE 柱	去除杂质
羧酸	饮用水	OnGuard H^+ 等	阳离子
Na^+，K^+，Mg^{2+}，Ca^{2+}，Cl^-，PO_4^{3-}，HCO_3^-，SO_4^{2-}，F^-	富营养化地表水	OnGuard P 等	腐殖酸
F^-，NO_2^-，NO_3^-	地表水	OnGuard Ag、或自制银柱等	Cl^-
溴酸根	地表水	SCX Ag 等	Cl^-
F^-，Cl^-，NO_3^-，SO_4^{2-}	焦化废水	XAD-2，XAD-4 或强酸性阳离子交换柱等	有机物，重金属
卤代乙酸	饮用水	OnGuard Ag 等	Cl^-

（3）高分子膜技术

高分子滤膜由于材料耐腐蚀性和耐压能力都高于常规水相膜，可以在加压甚至加电场的条件下进行样品的预处理，常用的有超滤、渗析及电渗析法等膜分离技术。

超滤（常用醋酸纤维膜）是在压力差的驱动下，阻碍大分子污染物通过滤膜，从而实现分离的目的，方法简单、速度快、回收率高，但滤膜易受污染。渗析则以浓度差为推动力，选择性地让样品中的待测离子透过半透膜的预处理方法。在环境样品中，新近发展起来的一种渗析方法是在聚合物膜上负载离子交换功能基团，可以让离子选择性地透过渗析膜，该方法又称 Donnan 渗析法，用该方法可去除天然水体中有机污染物如腐殖质的干扰，实现天然水体中痕量离子的分析。电渗析法是在电场的作用下进行渗析，该方法可提高前处理的选择性，加快处理速度、提高处理效率。目前，市面上已有一些商品化的电渗析预处理器，成功应用于各种复杂基体的工业废水及生活污水中阴离子的监测前处理。

2. 气体样品的吸收固定

气体样品中离子成分的检测需先将待测离子转移到水相。常用的转移方法有两种：溶液吸收法和膜吸收法。溶液吸收法用于呈气态形式存在的无机成分。根据待测离子的性质，选择合适的吸收液将待测离子转移到液相固定下来，然后再用离子色谱法分析吸收液中的待测离子的含量，如 Na_2CO_3- $NaHCO_3$混合液可吸收固定大气中的硝酸根。膜吸收法用于大气中呈气溶胶状态或以悬浮颗粒物形式存在的阴、阳离子。操作细则可参考大气质量监测的空气样品采集方法，用大气采样器采样，用滤膜截留气溶胶及悬浮颗粒。根据监测目的的不同，还可以选择性地收集不同粒径的悬浮颗粒进行分析。采集到的滤膜根据需要采用不同的方法将待测无机元素转移到水相进行后续分析，具体参考固体样品的处理方法。

无论采用哪种方式采集样品，都应注意吸收液和采样膜引入的误差，需同时进行空白样品的分析。滤膜或多或少含有各种无机元素，不同材质、不同品牌、不同批次滤膜中无机成分的背景值也不同，必须通过实验确定滤膜的离子空白值。有文献报道，玻璃纤维膜的阴离子（F^-，Cl^-，NO_3^-，SO_4^{2-}）的空白值高于聚氯乙烯膜，Whatman 膜空白值中 NO_2^-，NO_3^-，SO_4^{2-} 和 NH_4^+ 含量与 Teflon 膜的空白值相近，但 K^+，Cl^-，Mg^{2+} 和 Na^+ 的含量则比 Teflon 膜高许多。因此，通常选用 Teflon 膜用于无机阴、阳离子和简单有机阴离子的分析，选用石英滤膜常用于水溶性有机物的分析。

3. 固体样品的提取

环境样品中有大量的固体样品，如土壤、沉积物、飘尘、垃圾等，这些样品可以通过将固体样品中的元素转化成溶液中对应的离子，然后用离子色谱测定其元素含量。由于金属元素可用原子光谱和原子质谱的方法分析，在定位上离子色谱法更多地用于测定非金属元素。转化方法从大类上分主要有两种：浸提法和分解法。浸提法是根据分析目的采用适当溶剂，如水、酸、有机试剂等对样品进行浸提后，再对浸提液进行分析。而分解法则是利用化学试剂或通过加热分解样品，将待测离子解离出来。在样品转化中需考虑用酸消化引入的阴离子正干扰及部分待测元素以气体形式逸出导致的负干扰。

溶剂浸提分为普通水浸提和化学试剂萃取两种。模拟自然界雨水或地表水对固体物质的浸提方式是测定固体物质中有效或有害成分的常用方法，用水可以浸出的成分可称为有效成分或有害成分。此外，也可以加入适量的酸、碱、盐或缓冲溶液以提高浸提效率，一般辅以振荡或超声波处理。为了提高溶剂提取的速度和效率，可以采用加热、加压等辅助手段。常用于离子色谱前处理的有效辅助提取手段有加速溶剂萃取（Accelerated Solvent Extraction，ASE）和微波辅助萃取（Microwave Assisted Extraction，MAE）。加速溶剂萃取是将溶剂和样品在加热（50℃～200℃）、加压（10.3 MPa～13.8 MPa）条件下进行快速萃取。如可用 ASE 技术萃取带状海藻中不同价态的 As、油菜籽饼中的植酸以及肉制品中的 NO_3^- 和 NO_2^-。微波辅助萃取与微波消解类似，可用于固体样品中各种有机弱酸或弱碱离子的提取及城市大气颗粒物中的水溶性无机离子 Na^+，NH_4^+，K^+，Ca^{2+}，Mg^{2+}，F^-，Cl^-，NO_3^-，PO_4^{3-} 和 SO_4^{2-} 等的提取。

高温分解法，即借助高温条件，辅以氧化剂、酸或碱等，通过高温及燃烧将其中的非金属元素转化为相应的酸，然后再用离子色谱法进行测定。根据测得的酸根含量，推算出该固体化合物所对应的元素各种形态的含量总和。高温分解法包括碱熔法、氧瓶（弹）燃烧法、燃烧管吸收法、燃烧分解法等。碱熔法适用于部分非金属元素的分析，目前应用最多的是 Si 和 F 的分析。在样品中加入 Na_2CO_3，NaOH 或 KOH 等碱性化学物质，将样品放入马弗炉中高温（>550℃）熔化，冷却后用去离子水提取可得到 Si。同样的方法还可以测定固体样品中微量 F 的含量。氧瓶（弹）燃烧法和燃烧管吸收法可用于分析样品中无机化合物或有机体中元素的组成。这两种方法都是将样品燃烧分解成无机离子，经吸收液吸收再进行分离测定。氧瓶（弹）燃烧法的燃烧装置是氧瓶，而燃烧管吸收法用的则是管式的燃烧炉或燃烧管。该方法可用于动物组织、植物、污泥、油类等样品中的 N，S，F，Cl，Br，I 等元素含量的分析，回收率高、重现性好。目前市场上已有将燃烧管吸收装置和离子色谱仪串联的有机硫卤分析设备，可用于固体或液体样品中 N、S 及卤素元素的分析，全过程自动完成。

4.2　实验内容

实验 4.1　火焰原子吸收光谱法测定水样中的铜

一、实验目的

掌握原子吸收光谱法的基本原理；熟悉火焰原子吸收光谱仪的基本结构与使用方法；能够使用火焰原子吸收光谱仪测定水样中的金属含量。

二、实验原理与仪器结构

原子吸收光谱法是基于待测元素的基态原子吸收共振辐射，产生共振吸收，形成特征原子吸收光谱，根据谱线的减弱程度进行元素定量分析的方法。原子吸收光谱谱线通常位于紫外光区和可见光区。在一定的浓度条件下，基态原子蒸气对共振谱线的吸收符合朗伯-比尔定律，定量时根据样品性质可采用标准曲线法或标准加入法。原子吸收光谱分析干扰少、灵敏度高，但是测定多种元素时需更换相应的空心阴极灯，导致测量效率不高。

火焰原子吸收光谱仪主要由光源、原子化器、单色器和检测器构成。光源发射待测元素的特征谱线；样品在原子化器中吸收燃烧能量，蒸发、干燥、热解形成基态原子，并吸收光源发射的特征谱线；吸收谱线由单色器分离，经检测器检测得到信号值。原子化器和光源是原子吸收光谱仪最关键的组成结构，决定分析灵敏度。原子化器由喷雾器、雾化室与燃烧器组成。大部分实验室都以乙炔为燃气，空气为助燃气，30 余种元素可在此条件下原子化。空心阴极灯是目前应用最为广泛的光源，具有辐射强度大、稳定、使用寿命长等特点，能产生实验所需的锐线光源。火焰原子吸收光谱仪工作原理和结构如图 4-1 所示。

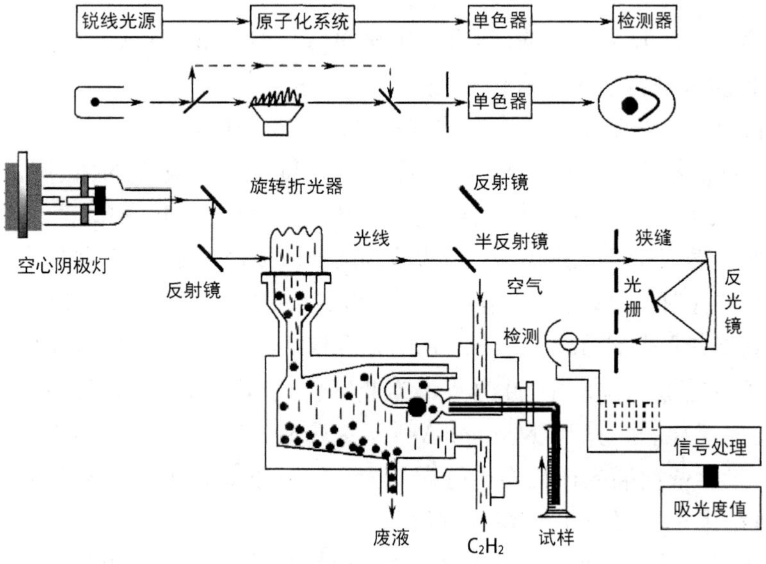

图 4-1　火焰原子吸收光谱仪工作原理与结构

三、实验条件

1. 仪器设备

火焰原子吸收光谱仪(美国 Perkin Elmer,型号 AA－400),铜空心阴极灯(北京有色金属研究院),空气压缩机,稳压电源,乙炔钢瓶。

2. 试剂与样品

Cu 标准储备溶液(1 000 mg/L,市售),浓硝酸(市售,GR),纯水(Millipore),水样若干。

3. 测试参数

以 AA-400 型原子吸收分光光度计为例,吸收波长 324.8 nm;燃烧头高度为默认设置;灯电流 8 mA;狭缝宽度 0.7 nm;乙炔流量 2.5 L/min;空气流量 10 L/min。

四、实验步骤

1. 10%稀硝酸溶液(v/v)制备:使用移液管吸取 10 mL 浓硝酸(市售,GR)置于100 mL 容量瓶中,加蒸馏水稀释至刻度线,混匀备用。

2. Cu 标准溶液制备:

(1) 中间液(Cu, 25 mg/L):准确吸取 2.5 mL Cu 标准储备溶液(1 000 mg/L)置于 100 mL容量瓶中,用蒸馏水稀释至刻度线,摇匀备用。

(2) Cu 标准溶液:分别吸取 0 mL, 1 mL, 2 mL, 3 mL, 4 mL, 5 mL, 10 mL 的中间液(Cu, 25 mg/L)置于 50 mL 容量瓶中,并加入 10 mL 的 10%稀硝酸溶液,用蒸馏水稀释至刻度线。此时,Cu 标准溶液浓度分别为 0 mg/L, 0.5 mg/L, 1 mg/L, 1.5 mg/L, 2 mg/L, 2.5 mg/L, 5 mg/L。

3. 样品准备

取样品若干,根据实际情况选择合适的稀释倍数用去离子水对样品进行稀释(通常可稀释 5～10 倍)。

4. 上机分析

(1) 打开实验室通风系统、稳压电源;打开空气压缩机、乙炔钢瓶总阀门,调整分压阀,使压力在 0.1 MPa 处。

(2) 打开仪器电源开关和电脑,开启工作软件“WinLab32 for AA”,系统自动自检并初始化,待自检通过后,进行下一步操作。

(3) 点击快捷键“Wrkspc”,新建测试方法:“File”→“new”→“method”,选择待测元素 Cu,点击“OK”,依次输入标准曲线范围、标准曲线浓度单位和各点的值、测试重复次数,选择相应的标准曲线类型。设置完毕保存方法:“File”→“save”→“method”。

(4) 在灯架上插入待测元素的空心阴极灯,点击快捷键“Lamps”,将绿色光标移至对应灯位置,点击“Set up”打开该灯。一般情况下,空心阴极灯点亮后预热 15 min。

(5) 样品测试:打开“Flame control”,当“Safety Interlocks”按钮为绿色时,点击“ON”点火。把吸液毛细管放入纯水中,此时火焰为蓝紫色,表示正常,火焰发黄则说明管路中盐类物质较多,要反复冲洗。打开“Manual Analysis Control”,顺序进行测定,先测定空白,再测定标准曲线,最后依次插入样品中进行样品测定。标准曲线可在“Calibration Display”窗口内看到,测试结果可在“Results”窗口内读出。

(6) 分析结束后,用 1%的硝酸和纯水冲洗管路,使火焰呈蓝紫色后,移走吸液毛细管,点击“OFF”熄灭火焰。关闭乙炔气体，点击“Bleed Gases”排空管路残留的气体，最后关闭空气压缩机。记录测试结果。

(7) 退出程序，关闭仪器电源和电脑，关闭稳压电源，排掉空气压缩机内的水分，关闭通风设备。

五、实验结果与数据处理

1. 原始数据记录

记录实验步骤，仪器参数，原始测试结果。

2. 数据处理与讨论

根据稀释倍数及测量结果，计算自来水样品中铜的含量。

六、问题与讨论

1. 简述火焰原子吸收光谱仪的工作原理及其基本结构。

2. 简述在实验中哪些干扰会影响原子吸收的测量结果。

七、注意事项

1. 开机之前请确认房间内通风是否打开，乙炔为危险性气体，一定要在通风良好情况下使用。开机后，请先激活预热空心阴极灯，待灯能量稳定后再进行测量。

2. 测试完毕后，使用蒸馏水或者稀酸溶液(1%，v/v)冲洗管路和燃烧头直至火焰呈现蓝紫色。燃烧头盐分过多时，可用刀片在缝口处轻轻刮除，再用蒸馏水冲洗干净。

3. 保持仪器外光路透镜整洁，当有灰尘时用洗耳球或者软毛刷清理，切记不可用手触摸。

实验 4.2　电感耦合等离子体发射光谱法分析饮用水中常量金属元素

一、实验目的

掌握原子发射光谱的基本原理；了解电感耦合等离子体发射光谱仪(ICP-OES)的基本结构；通过对饮用水中常量金属元素含量的测定掌握 ICP-OES 定量分析的基本过程，学习电感耦合等离子体发射光谱法分析条件的选择与优化。

二、实验原理与仪器结构

处于基态的原子或离子受外界能量激发时，原子核外电子跃迁到高能级的激发态，如激发态电子不稳定，很快返回至基态或其他较低能级，并将电子跃迁时所吸收的能量以光的形式释放出去。不同的元素其原子结构不同，原子和离子的能级状态不同，原子发射光谱的谱线也不同，每种元素都有其特征谱线。在一定浓度范围内，谱线的强度与待测元素的含量呈正相关关系，可用于元素定量。

电感耦合等离子体发射光谱仪是利用氩等离子体产生的高温使样品完全分解，待测元素形成激发态的原子和离子，由于激发态的原子和离子不稳定，外层电子会从激发态向低的能级跃迁并发射出特征谱线。利用检测器检测特定波长谱线的强度可得到待测元素的含量。

电感耦合等离子体发射光谱仪主要由样品引入系统、等离子体发生系统、光学检测系统及数据处理系统构成，如图 4-2 所示。样品引入系统包括自动进样器(选配)，蠕动泵、雾化器和雾化室。样品通过蠕动泵提升、雾化器雾化后，5%～15%(不同厂家及型号的雾化器效率有所差异)的样品呈气溶胶状态在载气的载带下进入等离子发生系统。等离子发生系统是 ICP－OES 的核心部分，包括三层同心圆炬管、线圈、高频发生器、冷却系统等。样品在等离子发生系统中去溶剂，热解，形成气态的原子、离子，被激发后回到基态产生特征谱线。产生的特征谱线由光学系统传递，经检测器检测，最终形成数据由软件进行处理。

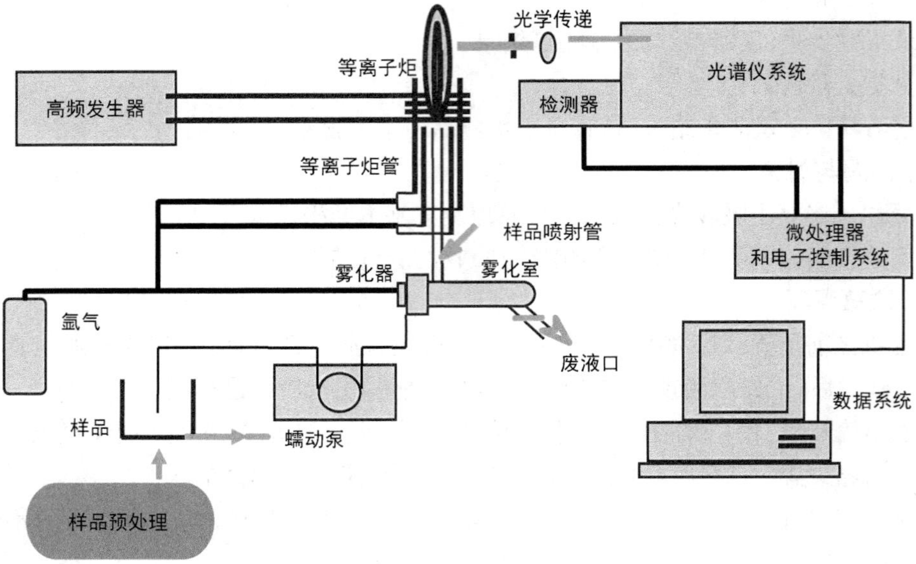

图 4-2　电感耦合等离子体发射光谱仪基本结构

三、实验条件

1. 仪器设备

电感耦合等离子体发射光谱仪(美国 Agilent，5110)，循环冷却水仪(Lebtech)，氩气钢瓶(氩气纯度>99.995%)，抽湿设备，通风设备，上机用 15 mL 聚丙烯塑料离心管等。

2. 试剂与样品

去离子水，硝酸(GR)，纯水(Millipore)，元素标准溶液母液(XCCC-13A 混标，美国 SPEX CertiPrep)含 1 000 mg/L K、Na、Ca、Mg 等常见元素，自来水样品若干。

混标贮备液：取干净的 100 mL 聚丙烯容量瓶，在容量瓶中加入一半左右的去离子水和 4 mL 硝酸，准确移取 10 mL 标准溶液母液至容量瓶中，去离子水定容至刻度线，摇匀备用。

自动进样器洗针液：2%(v/v)硝酸溶液(大致含量，无须精准)，取 2 L 聚丙烯塑料瓶 1 个，加入 2 L 左右的去离子水，再加入 40 mL 硝酸，盖上瓶盖，摇匀备用。

3. 测试参数

以 Agilent5110 型电感耦合等离子体发射光谱仪分析饮用水为例(不同仪器型号、不同性质样品应重新确定实验条件)，设置功率为 1.0 kW，等离子气流量 12.0 L/min，辅助气流量 1.5 L/min，雾化气流量 0.7 L/min，蠕动泵转速 12 r/min，仪器稳定延时 15 s，进样延时采用快泵模式提升 10 s，样品读数次数为 3 次，读取时间 5 s。循环冷却水温度设为 20℃，选 K、Ca、Na、Mg 等元素的分析波长分别为 766.491 nm，317.933 nm，589.592 nm 和

279.553 nm，选择经向观测方式。

四、实验步骤

1. 系列标准溶液的配制

取5个干净的100 mL聚丙烯容量瓶，在每个容量瓶中加入一半左右的去离子水和4 mL硝酸，分别移取0 mL，0.5 mL，1 mL，2 mL，5 mL混标储备液于100 mL的容量瓶中，再用去离子水稀释至刻度线，摇匀备用。此系列标准混标溶液中各元素的含量分别为0 mg/L，0.5 mg/L，1 mg/L，2 mg/L和5 mg/L，其中不添加混标储备液的溶液为标样空白。将系列标准溶液转移到15 mL的离心管中备用。

2. 样品准备

实验样品包括自来水样品若干及矿泉水样品若干。自来水样品可根据情况（钙元素含量）用去离子水稀释2～5倍后转移到15 mL的离心管中待上机分析。

3. 仪器准备

（1）打开实验室排风系统，打开自动进样器电源开关（仪器主机电源由实验室老师提前至少4 h打开）。打开氩气阀，调节减压阀分压于550 kPa左右。开启计算机，点击控制软件“ICP Expert”，氩气自动吹扫多色器5 min。

（2）安装好进样管路、排废液管路及自动进样器上的洗针液管路，检查废液管路、洗针液排水管和废液桶是否连接正常。

（3）待吹扫倒计时结束，打开循环冷却水，1～2 min后Peltier温度降至－40℃左右。

4. 上机分析

（1）在仪器装置界面点击“等离子体”图标，将等离子体点着，点火过程需1～2 min。点火后建议仪器稳定10～15 min开始分析，在此期间可以建立分析工作表格、编辑分析方法和分析序列。

（2）建立工作表格并进行样品分析：点击“新建”进入工作表格编辑界面，依次从上到下点击左侧菜单，完成配置、元素选择、条件设置、标准曲线及序列的设定，最后到分析界面。

点击“配置”，可勾选是否使用自动进样器。

点击“元素”，在周期表上选择待测元素，出现分析谱线选择页面，分别为K、Ca、Na、Mg，选择合适的分析谱线。

点击“条件”，进入分析条件界面，根据实验条件设置等离子体参数及仪器运行相关参数。

点击“标样”，进入标样参数设置页面，选择标样数量为4（此处标样数量不含标样空白），在表格中填入各标样浓度。

点击“序列”，进入序列编辑页面，输入样品数，并编辑溶液标签。若使用了自动进样器，注意记录软件默认标样和样品的位置。将准备好的标样和样品按照软件中默认的位置放置在自动进样器上。双击可修改样品所在位置。

点击“分析”，进入分析界面，表格会显示完整序列，然后点击“运行”开始依次测试。

分析完毕，软件自动显示分析结果。点击表中数据结果，即可在左下方窗口看到详细结果信息，包括浓度，强度，SD，RSD及三次重复测定的详细数据。在右侧两个窗口可查看谱图及此波长标准曲线情况。

5. 关机

分析结束，冲洗管路 5 min，然后点击“等离子体”下拉菜单，点击“熄灭等离子体”。熄炬 3～5 min 后关循环冷却水，关软件，关闭自动进样器开关，松开进样管、废液管及洗针管路。3～5 min 后关闭氩气，关闭通风系统，关闭电脑。如果短时间内还有测试，请勿关闭仪器主机电源（关闭仪器电源后若光室温度降到室温，则再次开启电源后需要约 4 h 才能将光室温度升到 35℃）。

五、实验结果与数据处理

1. 原始数据记录

记录实验步骤，实验条件，仪器参数，列表记录原始测试结果（标准溶液以及样品的信号值）。

2. 数据处理与讨论

以标准溶液中各元素的浓度（c）为横坐标（扣除标样空白后），各元素发射谱线的强度（Intensity）为纵坐标绘制标准曲线。根据样品中各元素的发射强度及各元素的标准曲线计算样品中各元素的含量。经过稀释的样品需乘以稀释倍数才能得到原始样品中常量元素的含量。

3. 样品中水的总硬度的计算

计算样品总硬度，并将实验结果汇总在表 4-3 中。

$$总硬度(mg/L,以\ CaCO_3\ 计)=2.497[Ca,mg/L]+4.118[Mg,mg/L]$$

表 4-3　硬度结果计算

分析项目	样品			
	自来水 1	自来水 2	饮用水 1	饮用水 2
K 浓度（mg/L）				
Na 浓度（mg/L）				
Ca 浓度（mg/L）				
Mg 浓度（mg/L）				
总硬度（以 $CaCO_3$ 计，mg/L）				

六、问题与讨论

1. 简述电感耦合等离子体发射光谱仪的工作原理及其基本结构。

2. 为什么要配制标准空白溶液，应如何配制？

3. 试比较电感耦合等离子体发射光谱仪和火焰原子吸收分光光度计在分析特点上有何异同。

4. 根据生活饮用水水质标准，试评价实验水样的总硬度是否符合标准。

七、注意事项

1. 实验室环境。由于温度和湿度对仪器影响较大，建议实验时控制实验室温度在 20℃左右，相对湿度低于 60%。天气潮湿，空气湿度大时，可打开空调及抽湿设备，降低房间湿度。

2. 易电离元素分析条件的选择。不同元素、不同分析波长，其发射谱线强度不同，锂、钙、锶等易电离元素用发射光谱法分析结果误差较大，需进行条件优化方能得到较好的分析结果。可采用的方法有调低 RF 功率或采用径向观测。

实验 4.3　电感耦合等离子体发射光谱法分析消解废水中的重金属元素

一、实验目的

进一步巩固理解原子吸收发射光谱的基本原理及电感耦合等离子体发射光谱仪的定量分析过程；了解电感耦合等离子体发射光谱仪对样品的要求；掌握水样预处理的要求与常用方法；综合环境监测、分析化学、仪器分析、光谱分析等知识学习从样品制备、仪器使用、方法建立、样品多元素分析及数据处理、误差分析的样品分析全过程。

二、实验原理与仪器结构

电感耦合等离子体发射光谱仪大多采用蠕动泵进样的方式，进样样品为液态，且是均匀的不含颗粒物和有机物的样品，以避免管路堵塞、等离子体火焰失稳，同时尽可能地实现和标样的基体匹配。因此，绝大部分水样在上机分析前要进行预处理。水样预处理目的主要是使待测组分达到测定方法和仪器要求的形态、浓度，消除共存组分的干扰。

水样预处理包括消解、富集和分离。消解是最常用的预处理方法。消解处理的目的是破坏有机物，溶解悬浮性固体，将各种价态的待测元素氧化成单一高价态或转变成易于分离的无机化合物。常用的消解方法有湿式消解法和干灰化法。湿式消解法常用的氧化剂有 HNO_3，H_2O_2，H_2SO_4，HF 等。水样预处理通常采用湿式消解法，依靠氧化剂的强酸性和强氧化能力及辅助加热等条件来分解样品中的杂质。消解后的水样应均匀，清澈，透明，无沉淀。消解过程使用试剂给样品结果带来的正误差可以采用扣除试剂空白的方法消除，同时可采用加标回收及平行分析的方法确保分析结果的准确度和精密度。

电感耦合等离子体发射光谱的原理及仪器结构详见实验 4.1。

三、实验条件

1. 仪器设备

电感耦合等离子体发射光谱仪（美国 Agilent，5110），循环冷却水仪，氩气钢瓶（纯度>99.995%），抽湿设备（森永），通风设备，电热板（labtech），10 mL 瓶口分液器，消解罐若干，消解液定容用 25 mL 容量瓶，上机用 15 mL 聚丙烯塑料离心管等。

2. 试剂与样品

去离子水，硝酸（GR），纯水（Millipore），元素标准溶液母液（XCCC-13A 混标，美国 SPEX CertiPrep）含 1 000 mg/L Fe、Mn、Ni、Cu、Zn 等元素，废水样品若干。

混标贮备液：取干净的 100 mL 聚丙烯容量瓶，在容量瓶中加入一半左右的去离子水和 4 mL 硝酸，准确移取 10 mL 标准溶液母液到容量瓶中，再用去离子水稀释至刻度线，摇匀备用。

自动进样器洗针液：约 2%(v/v)硝酸溶液。取 2 L 聚丙烯塑料瓶1 个，加入 2 L 左右的去离子水，再加入 40 mL 硝酸，盖上瓶盖，摇匀备用。

3. 实验条件与仪器参数

(1) 消解条件

清洁水样，硝酸消解法，消解温度为 130℃～140℃。

(2) 仪器分析条件

以 Agilent5110 型电感耦合等离子体发射光谱仪分析废水样品为例（不同仪器型号、不同性质样品应重新确定实验条件），设置功率为 1.2 kW，等离子气流量 12.0 L/min，辅助气流量 1 L/min，雾化气流量 0.70 L/min，蠕动泵转速 12 r/min，稳定时间 15 s，提升延时采用快泵模式提升 10 s，样品读数次数为 3 次，读取时间 5 s，循环冷却水温度设为 20℃。推荐 Fe，Mn，Ni，Cu，Zn 的分析波长分别为 238.204 nm，257.610 nm，231.604 nm，327.395 nm，213.857 nm。如果实验安排允许，可为 Fe，Mn，Ni，Cu，Zn 等元素选择多个分析波长，实验结束后对比不同波长谱线得到的结果及讨论干扰对结果的影响。

四、实验步骤

1. 系列标准溶液的配制

取 5 个干净的 100 mL 聚丙烯容量瓶，在每个容量瓶中加入 50 mL 左右的去离子水和 4 mL硝酸，分别移取 0 mL，0.5 mL，1 mL，2 mL，5 mL 混标储备液于 100 mL 的容量瓶中，再用去离子水稀释至刻度线，摇匀备用。此系列标准混标溶液中各元素的含量分别为 0 mg/L，0.5 mg/L，1 mg/L，2 mg/L 和 5 mg/L，其中不添加混标储备液的溶液为标样空白。将系列标准溶液转移到 15 mL 的离心管中备用。

2. 样品消解

取混匀的水样 10～50 mL 于消解罐（聚四氟乙烯消解罐或锥形瓶）中，加入 5～10 mL 硝酸，于通风橱中用电热板加热消解。调节电热板温度为 110℃～120℃，使溶液发烟，样品缓慢蒸发直到溶液剩余 10 mL 左右（注意不要蒸干），重复上述过程直至溶液澄清透明。消解至近干时，取下消解罐，冷却至室温（若有沉淀应过滤），将消解液或滤液用去离子水定容于 25 mL 容量瓶中，再转移 15 mL 至离心管，待分析测定。根据质量控制的要求，可同时进行 3 个平行样品的预处理，得到消解平行样。

3. 试剂空白制备

取与样品量等体积的去离子水替代样品加入消解罐中，采用和样品消解完全相同的方法同步处理去离子水，定容后得到试剂空白。

4. 加标样品的制备

加标回收率一般是在完成样品重复性之后进行，可针对样品中待测元素的含量控制加标量。因实验时间有限，加标实验和样品测试实验同时进行。

按照样品消解步骤，取相同量的样品于消解罐中，加入 1 mL（100 mg/L）的混合标液（具体加标量请根据样品性质调整），加入 5～10 mL 硝酸，按照样品消解方法预处理样品，定容待测。加标样品平行制备 2 份。

5. 上机分析

(1) 打开实验室排风系统，打开自动进样器电源开关（仪器主机电源由实验室老师提前至少 4 h 打开）。打开氩气阀，调节减压阀分压于 550 kPa 左右。开启计算机，点击控制软件“ICP Expert”，氩气自动吹扫多色器 5 min。

(2) 安装好进样管路、排废液管路及自动进样器上的洗针液管路，检查废液管路、洗针液排水管和废液桶连接是否正常。

(3) 待吹扫倒计时结束，打开循环冷却水，1～2 min 后 peltier 温度降至－40℃。在主界面或"仪器"界面点击"等离子体"图标，将等离子体点着，点火过程需 1～2 min。点火后建议仪器稳定 10～15 min 开始分析，在此期间可以建立分析工作表格、编辑分析方法和分析序列。

(4) 建立工作表格并进行样品分析：点击"新建"进入工作表格编辑界面，依次从上到下点击左侧菜单，完成配置、元素选择、条件设置、标准曲线及序列的设定，最后到分析界面。

点击"配置"，可勾选是否使用自动进样器。

点击"元素"，在周期表上选择待测元素，会出现分析谱线选择页面，分别为 Fe、Mn、Ni、Cu、Zn 选择合适的分析谱线。

点击"条件"，进入分析条件界面，根据实验条件设置等离子体参数及仪器运行相关参数。

点击"标样"，进入标样参数设置页面，选择标样数量为 4(此处标样数量不含标样空白)，在表格中填入各标样浓度。

点击"序列"，进入序列编辑页面，输入样品数，并编辑溶液标签。若使用了自动进样器，注意记录软件默认标样和样品的位置。将准备好的标样和样品按照软件中默认的位置放置在自动进样器上。双击可修改样品所在位置。

点击"分析"，进入分析界面，表格会显示完整序列，点击"运行"开始依次测试。分析完毕软件自动显示分析结果。点击表中数据结果，即可在左下方窗口看到详细结果信息，包括浓度，强度，SD，RSD 及三次重复测定的详细数据。在右侧两个窗口可查看谱图及此波长标准曲线情况。

6. 关机

分析结束，冲洗管路 5 min，然后点击"等离子体"下拉菜单，点击"熄灭等离子体"。熄炬 3～5 min 后关循环冷却水，关软件，关闭自动进样器开关，松开进样管、废液管及洗针管路。3～5 min 后关闭氩气，关闭通风系统，关闭电脑。如果短时间内还有测试，请勿关闭仪器主机电源(关闭仪器电源后若光室温度降到室温，则再次开启电源后需要约 4 h 才能将光室温度升到 35℃)。

五、实验结果与数据处理

1. 原始数据记录

记录实验步骤，仪器参数，原始测试结果。

2. 数据处理与讨论

根据预处理过程的取样量，消解条件，定容体积及分析结果等，计算废水样品中常见金属元素的含量及分析过程的加标回收率。加标回收率计算公式如下：

$$\text{回收率}(\%)=\frac{\text{加标试样测定值}-\text{试样测定值}}{\text{加标值}}\times 100\%$$

具体计算结果可填入表 4-4：

表 4-4 样品结果计算

分析项目		样品				
		平行样 1	平行样 2	平行样 3	加标样 1	加标样 2
取样体积(mL)						
定容体积(mL)						
加标量(mg)		—	—	—		
Fe	强度(Intensity)					
	浓度(mg/L)					
Mn	强度(Intensity)					
	浓度(mg/L)					
Ni	强度(Intensity)					
	浓度(mg/L)					
Cu	强度(Intensity)					
	浓度(mg/L)					
Zn	强度(Intensity)					
	浓度(mg/L)					
加标回收率(%)		—	—	—		

六、问题与讨论

1. 电感耦合等离子体发射光谱仪对样品有何要求？样品应如何进行预处理？

2. 在水样重金属元素含量分析中，试剂空白实验和加标回收实验的目的分别是什么？实验如何进行？

3. 根据实验内容，简述水样中重金属分析从预处理到电感耦合等离子体发射光谱分析的全过程。

4. 参考我国污水综合排放标准，根据实验结果简单分析废水中各元素的含量特点。

七、注意事项

1. 权重处理

标准曲线的获取是基于最小二乘法，即数据点和标准曲线对应点的误差平方之和最小。分析废水中痕量重金属含量时，由于金属元素含量差异较大，经常出现有些元素含量高，有些元素含量低的情况。若待测元素的浓度值比较接近工作曲线下限，测量误差会较大。为提高低浓度点的准确度，“Agilent ICP Expert”软件可在工作表格方法设置中的标样页面选择“加权拟合”，加权方式由软件统一设定，无法自行选择。其他操作软件在数据处理时会有一些加权方式的选项，如 1/A 是用面积的倒数作为权重，1/C 是用浓度的倒数作为权重；$1/A^2$ 及 $1/C^2$ 分别以面积的平方的倒数和浓度的倒数平方作为权重。当使用 $1/A^2$ 及 $1/C^2$ 作为加权因子时，其最低浓度点与真实值的相对误差明显比不使用加权及使用 1/A 及 1/C 与真实值的相对误差小，与此相对最高浓度点的相对误差较不使用加权及使用 1/A 及 1/C 的相对误差要大。具体使用 $1/A^2$ 及 $1/C^2$ 或者 1/A 及 1/C，视具体情况而定。

2. 记忆效应

所谓记忆效应就是指上一次的样品分析过程对下一次的样品分析所造成的影响，通常是由分析物的残留产生，导致分析结果偏离真实值。在 ICP-OES 的分析中，常见易产生记忆效应的元素有汞、铅、硼等。

消除记忆效应最通用的方法是选择合适的清洗液，提高清洗液中酸的浓度，延长清洗时间，逐步降低系统中待测元素的背景值直至不影响下一样品的分析。一般来说，背景值应小于样品含量的 5%。对于特殊元素还可以采取更换清洗液的方法。最典型的例子是汞元素，可选择含 2%～5%的 HCl 清洗液替代常用的 HNO_3清洗液，有条件的还可在清洗液中加入少量的金溶液，可大幅度提高清洗效率。

实验 4.4 电感耦合等离子体发射质谱法全定量分析饮用水中的痕量金属元素(内标法)

一、实验目的

掌握原子质谱的基本原理；了解电感耦合等离子体发射质谱仪(ICP-MS)的基本结构；掌握内标法的概念与应用；学会使用电感耦合等离子体发射质谱仪进行痕量元素的全定量分析。

二、实验原理与仪器结构

内标法(Internal Standard Method)是质谱定量分析中较常使用的定量方法，尤其在样品基体较为复杂的情况下，内标法能更准确地获得待测样品的含量信息。在无机元素的光谱和质谱分析中，通常用的是内标标准曲线法，即在标准溶液和样品中分别加入等量的内标物，对含有内标物的标样和样品进行分析，分别测定内标物和待测组分的信号值。由于内标物在标样和样品中的含量相同，可以通过内标物响应值变化来校正环境因素、仪器条件或基体效应对待测物的影响，从而得到更为准确的待测物的含量信息。该方法以待测元素与内标元素信号值之比为纵坐标，标准溶液中待测元素浓度为横坐标作图，得到内标法标准曲线。分析时，取样品中待测元素与内标元素的信号值比，由标准曲线即可得到待测元素的含量。

无机质谱法是利用质谱技术对样品所含元素进行定性、定量分析的方法。目前无机质谱法中发展最快也最成熟的是 ICP-MS。ICP-MS 的主体结构由 ICP 部分和 MS 部分构成。ICP 部分含进样系统和等离子体发生系统(离子源)，MS 部分包括接口，质量分析器(由离子透镜、碰撞反应池、滤质器组成)，检测器及真空系统。附属设备包括循环冷却水系统、供气系统、通风系统等。ICP-MS 中 ICP 部分与原子发射光谱仪所用的 ICP 类似，其作用是作为质谱部分的离子源。为了确保离子有足够的平均自由程，质谱必须在一定的真空度下运行。由于 ICP 部分和 MS 部分的压差非常大，常规的做法是在 ICP 和 MS 之间通过 2～3 个锥，也就是接口来实现逐级增加真空度的过渡方式。

在 ICP-MS 中，样品通过蠕动泵提升，雾化器雾化，在氩气等离子焰中蒸发、解离、原子化并电离形成一价阳离子，即提供能被质谱检测的离子。由于氩的第一电离能高于绝大部分元素的第一电离能，低于第二电离能，因此绝大部分金属元素在氩等离子体中形成的离子是一价阳离子，这对于金属元素的定性定量是十分有利的。产生的一价阳离子进入 MS 部分后经四极杆质量分析器分离，由检测器检测计数后得到待测元素的响应信号，分析流程示意图如图 4-3 所示。ICP-MS 的质谱响应信号通常用每秒计数值(counts per second, cps)来表示。根据质谱检测器扫描到的离子的质荷比可对样品中的金属元素进行定性，在一定范围内样品中待测元素的浓度与该元素离子的 cps 值成正比，该函数关系可用于待测元素的定量分析。

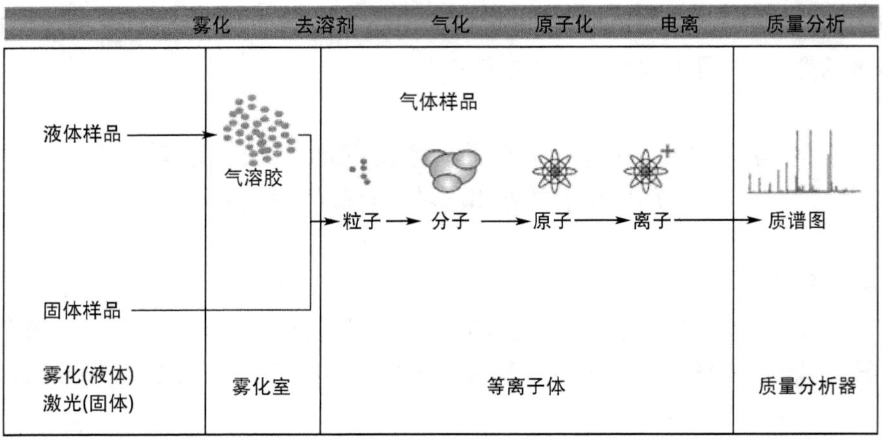

图 4-3　ICP-MS 从样品引入到质量分析的流程示意图

三、实验条件

1. 仪器设备

电感耦合等离子发射质谱仪(Agilent, 7700)，循环冷却水仪，氩气钢瓶(纯度>99.995%)、氦气钢瓶(纯度>99.999%)，抽湿设备，通风设备等。

2. 试剂与样品

超纯水(Millipore)，硝酸(GR)，盐酸(GR)。

自动进样器洗针液：2%硝酸 0.5%盐酸混合溶液(v/v)。取硝酸 20 mL，盐酸 5 mL，用去离子水稀释定容至 1 000 mL。用于系统清洗及自动进样器洗针。

金属元素混标储备液：ICP-MS 用金属元素混标(含 1 000 μg/L Pb, Co, Cu, Cd, Cr, Mn, Zn, As, Ni 等重金属元素)。

内标溶液：含 1 mg/L Li, Sc, Ge, Rh, In, Tb, Lu, Bi 的溶液。

样品：自来水、饮用水样品若干，取样后立即加入硝酸调节 pH<2，在实验室冷藏密封保存待测。

3. 测试参数

以 Agilent7700 型电感耦合等离子体发射质谱仪为例(不同仪器型号、不同性质样品应重新确定实验条件)。主要参数如下：功率 1 500 W，采样深度 7.0 mm，载气流速 0.75 L/min，补偿气流速 0.30 L/min，蠕动泵转速 0.1 rps，氦气流速 4.0 mL/min。

待测元素的定量同位素及内标元素设置如下：52Cr, 60Ni, 63Cu, 66Zn, 75As 以 72Ge 为内标；114Cd 以 115In 为内标；202Hg、208Pb 以 209Bi 为内标。

本实验采用碰撞消除干扰的方式，碰撞气为氦气。使用干扰方程如下：

75As 干扰校正方程：[75]×1－[77]×3.127＋[82]×2.548 505

114Cd 干扰校正方程：[114]×1－[118]×0.023 11

208Pb 干扰校正方程：[208]×1＋[206]×1＋[207]×1

四、实验步骤

1. 系列标准溶液的配制

用移液器分别移取 0.5 mL，1 mL，5 mL，20 mL 混标溶液于 100 mL 的容量瓶中，加入 1 mL 硝酸，用超纯水稀释至刻度线摇匀。另外，以不添加混标的 1%稀硝酸溶液作为标准空白。此系列混标溶液中各元素的含量分别为 0 μg/L，0.5 μg/L，1 μg/L，5 μg/L 和 20 μg/L。

2. 内标溶液准备

内标溶液无须稀释，使用专用的内标管(内标通常为进样管的 1/4～1/3)通过蠕动泵在线加入标样及样品。

3. 仪器准备

(1) 开启仪器电源，待仪器自检完成后打开电脑软件，点击“Vaccum on”(抽真空)按钮，约半小时后真空度达到分析要求，仪器状态由“shut down”(关闭)变为“stand by”(待机)，准备点燃等离子体分析样品。通常，实验室的质谱仪都会保持常开状态，因此该部分工作可由教师提前准备好。

(2) 打开通风设备，打开氩气、氦气钢瓶，氩气分压调至 0.7 MPa，氦气分压调至 0.08 MPa，打开循环冷却水主面板上的开关，打开自动进样器电源，准备好洗针液。安装蠕动泵进样管、废液管及内标管(注意方向)，内标管一头连进样四通，一头插入内标液，进样管一头连自动进样器，一头连进样四通，废液管一头接雾化室废液口，一头插入废液桶。将标样和样品按顺序放置到自动进样器的样品盘上。双击打开“ICP MS Top”软件。

(3) 认识仪器主要功能及状态。软件常用功能窗口包括 Instrument Control(仪器控制)，Tuning(调谐)，Data Acquisition(数据采集)，Data Analysis(数据分析)等。打开仪器状态面板界面，在窗口顶端中部显示仪器状态。仪器共有 3 个状态，分别为：“Analysis (Reaction)”(分析状态)，调谐或样品分析；“Standby”(待机状态)，真空开启，未点火；“Shut down”(真空关闭)。

(4) 吹扫碰撞反应池。碰撞反应池用氦气吹扫，选择“Instrument Control”(仪器控制)的“Maintenance”(维护)菜单，打开“Reaction Gas”(反应气)对话框，在“open by-pass valve”(打开旁通阀)选项前打钩，设置 He 流量 5 mL/min。根据停机时间的不同，“purge”(吹扫)氦气管路 0.5～2 h(此项工作也可由教师提前完成)。

4. 编制分析方法

(1) 方法信息。从“Methods”(方法)菜单中选择“Edit Entire Method”(编辑完整方法)，启动一系列对话框编辑方法参数。填写“Method Information”(方法信息)，“Method Comments”(方法注释)，点击“OK”。选择合适的干扰方程。在“Acquisition mode”(采集模式)中选择“Spectrum”(质谱)采集模式，点击“OK”进入“Spectrum Acquisition Parameters”(质谱采集参数)窗口。

(2) 质谱采集信息。点击"Periodic Table"(周期表),左键选择元素(注意待测元素和内标元素都要选择),右键功能为取消选定的元素;在"Peak Pattern"(峰状态)窗口中选择"TRA"按钮,采用全定量分析模式;检查右边窗口各元素的"Integration Time"(积分时间),一般为0.1s, As、Cd、Pb等不容易离子化的元素可以设为0.2～0.3 s。在"Repetition"(重复次数)中输入3次。所有信息输入完毕后点击"OK"。根据需要设定洗针程序。

(3) 方法保存。出现"Method Save Options"(方法保存选项)窗口,在"Alert when Method is Overwritten"(提示文件名重复)前打钩,点击"OK"。在"Save Method As"(方法另存)的窗口选择保存路径,输入方法名称,方法文件名称的扩展名为".m"。

5. 编制分析序列

(1) 序列信息。从"ICP-MS TOP"窗口的"Sequence"(序列)菜单中选择"Edit Sample Log Table"(编辑样品信息表)。打开序列编辑表。序列必填信息包括"Method"(方法名),"Type"(样品类型),"Vial"(样品瓶位置),"Sample"(样品名称),"Dil/lel"(稀释倍数/浓度级别)等。

(2) 序列编制。双击打开"Select Method"(选择方法)对话框选择已经编辑好的分析方法;"Type"(样品类型)列标样空白选择"Stdblk"(标准空白),标样选择"Std"(标准),样品则选择"sample"(样品),根据实验要求,按先后设置1个标样空白,4个标样,2个样品,样品后面再加1～2个空白(超纯水)清洁系统,类型仍为"sample"(样品)。

"Vial"(样品瓶位置)指标样和样品的位置,根据标样和样品摆放的实际位置进行设定。Vial编号由4位数组成,左边第一位表示样品架的位置,左边第二位表示在该样品架中的第几列,后两位数表示在该列中的位置。

"Sample"(样品名称)列填写标样和样品的名称,由数字和字母组成。

"Dil/lel"(稀释倍数/浓度级别)列对样品来说填写稀释倍数,对标样来说填写浓度级别。

本实验的分析序列编写可参考表4-5:

表4-5 分析序列

Method	Type	Vial	Sample	Dil/lel
D:\ICPMS\test\water.m	Std Blk	2101	Std01	Level 1
D:\ICPMS\test\water.m	Std	2102	Std02	Level 2
D:\ICPMS\test\water.m	Std	2103	Std03	Level 3
D:\ICPMS\test\water.m	Std	2104	Std04	Level 4
D:\ICPMS\test\water.m	Std	2105	Std05	Level 5
D:\ICPMS\test\water.m	Sample	2201	Sample01	1
D:\ICPMS\test\water.m	Sample	2202	Sample02	1
D:\ICPMS\test\water.m	Sample	2203	wash01	1

(3) 序列保存。序列编写完成后，点击"OK"关闭序列编写窗口，从"ICP－MS"窗口的"Sequence"(序列)菜单中选择"Save"(保存)，保存新建的序列，序列文件名称扩展名为".s"。

6. 点燃等离子体

点火前"purge"(吹扫)氩气管路，选择"Instrument Control"(仪器控制)窗口的"Maintainace"(维护)菜单，打开"Sample Introduction"(样品引入)对话框，在"open Ar by-pass valve"(打开旁通阀)选项前打钩，"Gas Select"(气体选择)选"Make up"(补偿气)，"Enable temp Control"(温度控制)选项打钩，"Plasma Gas"(等离子气体)15 L/min，"carrier Gas"(载气)1.0 L/min，"Aux Gas"(辅助气)1.0 L/min，"Purge"(吹扫)氩气管路 1～2 min。关闭"Sample Introduction"(样品引入)窗口，选择"Plasma"(等离子体)菜单，点击"Plasma On"(点燃等离子体)。1～2 min 后，等离子体点燃。待等离子体稳定，雾化器半导体制冷也稳定在 2℃时可进行样品分析。通常稳定时间 20 min 左右。

7. 样品分析

从"Sequence"(序列)菜单中选择"Load and Run"(调用及运行)，选择要运行的序列，点击"OK"，在"startsequence"(开始运行序列)窗口的"Data Batch Directory"(数据批处理目录)后选择数据"Batch"(批处理)文件夹的保存位置并输入名称，注意末尾加"\"。点击"run sequence"(运行序列)按钮开始运行。此时窗口出现"ICPMS-Acquisition"(ICPMS 信号采集)窗口，显示实时序列运行状态。自动进样针启动，开始进样分析。

8. 结束实验关机

样品分析完成后选择"Instrument Control"(仪器控制)窗口，选择"Plasma"(等离子体)菜单，点击"Plasma Off"(熄灭等离子体)关炬(注意，请勿关闭真空和仪器电源)，仪器状态变回"standby"(待机)。从"ALS"菜单中选择"Home"(返回)命令，将自动进样针归位。松开蠕动泵进出水及内标管。关闭氩气，氦气钢瓶总阀，关闭循环冷却水，关闭通风系统。

五、实验结果与数据处理

1. 原始数据记录

详细记录实验条件，实验步骤，实验参数及原始测试结果。

2. 数据处理与讨论

(1) 课内软件处理数据

分析完成后，可利用软件进行自动数据处理。

点击"ICP－MS TOP Data Analysis"(数据分析)菜单或电脑桌面的"Offline Data Analysis"(脱机数据处理)图标进入数据处理窗口。选择"File"(文件)菜单，点击"Open Analysis File"(打开分析文件)命令，打开数据"Batch"(批处理)调出数据。选择"DA Method"(数据分析方法)，点击"Edit"(编辑)命令进入数据分析方法编辑器。在页面左侧第一列"Method Development Tasks"(方法开发任务)中选择"set up basic information"(设置基础信息)中的"Data Analysis Method"(数据分析方法)，在第二列"Data Analysis"(数据分析)中"FullQuant Analysis"(全定量分析)选项后打钩。点击向下箭头进入下一页面的分析物列表，点击"data"(数据)图标从已采集数据文件中调用元素列表并从"Analyte/ISTD"(待测元素/内标物)列中选择标识出相应的内标元素。点击向下箭头进入下一页面的"FullQuant"(全定量)界面。在定量分析表中进行定量分析信息编辑，编辑每个元素合适的浓度单位，浓度级别中各浓度值信息。如使用内标，则给每个元素选择合适的内标。方法编辑完成后，在左侧第一列中点击"Validate"(校验)检查方法，如方法无误则点击"Return to Batch-at-a-Glance"(返回批处理)返回数据"Batch"(批处理)界面。点击菜单下方"Process Batch"(运行批处理)快捷图标定量分析数据。软件直接给出每一个标样和样品中待测元素及内标元素的信号值及计算浓度值。

(2) 课后数据处理

根据软件提供的标样和样品中待测元素及内标元素的信号值，利用制图软件采用内标法绘制工作曲线，如图 4-4 所示，并计算饮用水样品中重金属元素的含量。

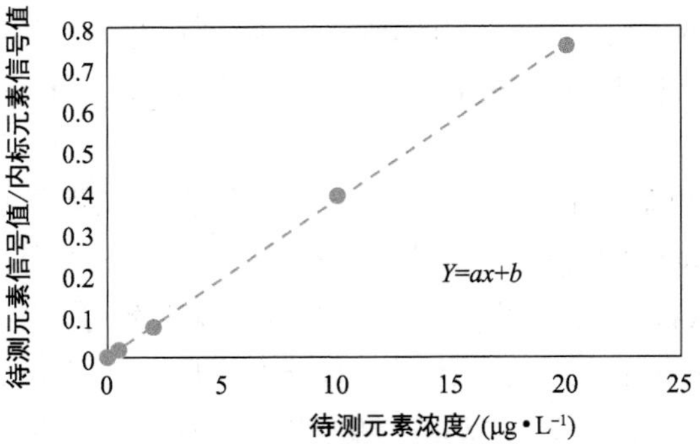

图 4-4 内标法标准曲线

六、问题与讨论

1. 简述电感耦合等离子体发射质谱仪的工作原理及其基本结构。

2. 什么是内标法？何时需使用内标法定量？如何绘制内标法工作曲线？

3. 试比较电感耦合等离子体发射光谱仪和电感耦合等离子体发射质谱仪在分析特点上有何异同。

4. 参考我国饮用水安全质量标准，根据实验结果简单分析饮用水中各重金属元素的含量特点。

七、注意事项

1. 内标法注意事项

内标法是 ICP-MS 定量分析的常用方法，内标法可以有效校正由基体效应和仪器漂移引起的响应信号变化。内标法以假定分析元素与内标元素在等离子体中的行为相似为前提，因此选择合适的内标非常重要。内标选择需考虑：样品溶液和标准溶液中不含有的元素，与分析元素质量接近，电离电位与分析元素相近，化学特征相近。对于具有高电离电位的元素来讲电离电位的匹配尤为重要。常用的内标元素有：Li、Sc、Ge、Y、Rh、In、Tb、Ho、Bi 等。内标元素可以以蠕动泵在线的方式加入，也可以在每个样品和标准溶液中分别加入。无论哪种方式加入，加入内标的浓度最好在标准曲线中间范围，加入的浓度必须统一。

2. 避免仪器污染

理论上 ICP-MS 既可以分析低浓度样品也可以分析高浓度样品，但其对痕量和超痕量元素的分析优势是其他光谱分析设备无法比肩的。为保证痕量和超痕量元素分析的准确度和稳定性，建议样品中待测元素的浓度应低于 100 μg/L。未知浓度样品应先用光谱仪分析元素大致含量后再权衡是先稀释后上样还是可以直接分析。如没有其他手段辅助判断，可先将样品稀释 1 000 倍后再进行分析，视分析结果情况再酌情选择分析流程。

实验 4.5　电感耦合等离子体发射质谱法半定量分析土壤消解液中的重金属元素

一、实验目的

进一步理解原子质谱的基本原理及应用特点；熟练掌握 Agilent7700 电感耦合等离子体发射质谱仪的基本操作；掌握半定量分析的概念与应用；学会使用电感耦合等离子体发射质谱仪进行样品中未知元素的半定量分析。

二、实验原理与仪器结构

电感耦合等离子发射质谱仪不仅可以用于痕量及超痕量金属元素的全定量分析，其半定量分析的功能对于未知样品的分析在检测及科研领域也有广泛的应用。ICP-MS 扫描样品，每种元素（同位素）的相对计数值（单位浓度的计数值）都有一定的比例模式。因此，利用已知浓度元素的相对计数值可以绘制出其他元素响应值的指纹图谱，从而得到样品中已知元素和未知元素的组成及大致含量。半定量分析虽然准确度比全定量分析稍差，但仍具有相当的准确度，且简单、迅速、费用低。主要用于以下几种情况：①期望先获得样品的主要组成及其大致含量，以便进一步选择合适的精确定量分析方法；②分析通量大，准确性要求不高；③样品量少，目标元素多，需要尽量减少样品使用量；④只有部分目标元素的标准溶液。

半定量分析是样品定量分析之前的有益预分析项，可以帮助判断样品中所含元素的种类及估算待测元素的浓度范围，帮助选择后续的分析方法。特别是对于未知性质的环境样品，通过半定量分析可以快速有效地判断样品中有毒有害元素的浓度级别，推进下一步的分析研究。

电感耦合等离子体质谱仪的原理及仪器结构参考实验 4.4。

三、实验条件

1. 仪器设备

电感耦合等离子体发射质谱仪（Agilent，7700），循环冷却水仪，氩气钢瓶（氩气纯度＞99.999％），抽湿设备，通风设备等。

2. 试剂与样品

超纯水（Millipore），硝酸（GR），盐酸（GR）。

自动进样器洗针液：2％硝酸 0.5％盐酸混合溶液（v/v）。取硝酸 20 mL，盐酸 5 mL，用去离子水稀释定容至 1 000 mL，用于系统清洗及自动进样器洗针。

金属元素混标储备液：ICP-MS 用金属元素混标（含 1 000 μg/L As，Al，Ba，Be，Bi，B，Cd，Ca，Cr，Co，Cu，Fe，Pb，Li，Mg，Mn，Ni，P，K，Se，Na，Sr，V，Zn）。

土壤消解液：土壤标准样品（西藏）的土壤消解液（由于实验时间限制，样品预处理工作由教师提前完成，实验课提供的样品可直接上机分析）。

3. 测试参数

以 Agilent7700 型电感耦合等离子体发射质谱仪为例（不同仪器型号、不同性质样品应重新确定实验条件）。主要参数如下：功率 1 500 W，采样深度 7.0 mm，载气流速 0.75 L/min，补偿气流速 0.30 L/min，蠕动泵转速 0.1 rps，氦气流速 4.0 mL/min。

四、实验步骤

1. 标准溶液的配制

用移液器移取 5 mL 混标溶液于 100 mL 的容量瓶中，加入 1 mL 硝酸，再用超纯水稀释至刻度线摇匀。此标准溶液中各金属元素的含量均为 50 μg/L。另取超纯水用于仪器背景值分析。

2. 仪器准备

参考实验 4.4 仪器准备步骤。半定量不考虑碰撞反应消除干扰，无须吹扫碰撞反应池。

3. 编制分析方法

（1）方法信息。从“Methods”（方法）菜单中选择“Edit Entire Method”（编辑完整方法），启动一系列对话框编辑方法参数。填写“Method Information”（方法信息），“Method Comments”（方法注释），点击“OK”。干扰方程选择“none”。在“Acquisition mode”（采集模式）中选择“Spectrum”（质谱）采集模式，点击“OK”，进入“Spectrum Acqusition Parameters”（质谱采集参数）窗口。

（2）质谱采集信息。选择测试元素，元素周期表中逐一点击选取，也可在质量轴上拉取所测元素。注意所选元素必须包括标样中已有的准备用于半定量拟合的所有元素以及标样中没有但需要通过实验获得半定量结果的全部元素。“peak pattern”（峰状态）选择“semi Quant”（半定量）模式，对于半定量分析，每个数据点的积分时间 0.1 s 即可；“acquisition time”（采集时间）中设置采集次数，半定量通常采集次数为 1。所有信息输入完毕后，点击“OK”。根据需要设定洗针程序。

（3）方法保存。出现“Method Save Options”（方法保存选项）窗口，在“Alert when Method is Overwritten”（提示文件名重复）前打钩，点击“OK”。在“Save Method As”（方法另存）的窗口选择保存路径，输入方法名称。

5. 编制分析序列

序列编制“Method”（方法），“Vial”（样品瓶位置），“Sample”（样品名称），“Dil/lel”（稀释倍数/浓度级别）等参考实验 4.4 相关内容。“type”（样品类型）及顺序按实验要求依次设置采集仪器背景噪声（超纯水），标样（50 μg/L 标准溶液，SQStd 半定量标准溶液），样品空白（如果有，SQBlk 半定量标准空白）及样品（Sample）。

本实验的分析序列编写方法参考实验 4.4 操作步骤。

序列编写完成后，点击“OK”，关闭序列编写窗口。从“ICP-MS”窗口的“Sequence”（序列）菜单中选择“Save”（保存），保存新建的序列。

6. 上机分析样品

上机分析样品，包含点燃等离子体，样品分析，结束实验关机三个步骤，具体操作同实验 4.4 相关步骤。

五、实验结果与数据处理

1. 原始数据记录

详细记录实验条件，实验步骤，实验参数及原始测试结果。

2. 数据处理与讨论

(1) 课内软件处理数据

分析完成后，可利用软件进行自动数据处理

点击“ICP-MS TOP Data Analysis”（数据分析）菜单或电脑桌面的“Offline Data Analysis”（脱机数据处理）图标，进入数据处理窗口。选择“File”（文件）菜单点击“Open Analysis File”（打开分析文件）命令，打开数据文件，调出数据。选择“DA Method”（数据分析方法），点击“Edit”（编辑）命令，进入数据分析方法编辑器。在页面左侧第一列“Method Development Tasks”（方法开发任务）中选择“set up basic information”（设置基础信息）中的“Data Analysis Method”（数据分析方法），在“Data Analysis Method”（数据分析方法）中选择“Semi Quant Analysis”（半定量分析），将“Analysis Mode”（分析模式）设置为“Spectrum”（质谱），并在“Interference Correction”（干扰校正）框中选择校正方法，选择扣除仪器背景噪声，选择是否使用干扰方程。选择标样中的元素，输入标样元素浓度，点击“return to Batch-at-Glance”（返回批处理），“update”（更新）方法，回到数据界面。点击“Process Batch”（运行批处理），“Batch Table”（批处理表格）数据表中即会列出各元素的半定量响应结果及未知样品浓度。

分析结束，退出前保存文件。

(2) 课后数据处理

由于半定量分析需要借助软件拟合。课后无须重新处理数据，只需将软件得到的实验结果整理，讨论即可。

六、问题与讨论

1. 什么是半定量分析？
2. 为了提高环境样品半定量分析的准确度，可采取那些措施？
3. 根据实验结果简单分析土壤样品中重金属元素的含量特点？
4. 试将实验结果与土壤标准值比较，讨论ICP-MS半定量分析的特点及用途。

七、注意事项

1. 半定量已知元素的选择

半定量分析是利用已知同位素的响应值来建立元素响应曲线。建议已知同位素应覆盖质量轴的低、中、高各质量范围，且已知同位素种类越多，响应值曲线越准确，半定量结果也越准确。

2. 半定量分析的准确度

本实验是按最基本的半定量分析流程设计的，因此没有考虑实际样品分析中可能存在的基体对半定量分析结果的影响。半定量对分析准确度的要求相对全定量来说要低一些，大部分元素的结果偏差在30%以内，部分偏差在一个数量级也可接受。

如果样品基体特别复杂，或希望能得到更准确的半定量结果，可以在半定量方法中引入标准参考物质，一种或多种参考元素或内标元素，也可以使用碰撞池技术降低或消除大直径离子及多原子离子的干扰。

3. 土壤样品的处理方法

环境监测中，常会检测土壤中重金属的含量。实际土壤样品成分很不均匀，且往往会含有石块、砂砾、枯枝、树叶等杂物。所以处理土壤样品的第一步是制备样品，即去除样品中的明显杂物，干燥、研磨、过筛，得到颗粒粒径 100～200 目干燥均匀的土壤样品。制备好的样品方可进行下一步消解。

土壤消解的方法有很多：电热板消解、微波消解、干灰化法等。根据测定元素的不同，可选的消解体系也很多。《HJ 680—2013 土壤和沉积物　汞、砷、硒、铋、锑的测定》发布了土壤和沉积物中汞、砷、硒、铋、锑的微波消解方法，该方法使用 6 mL HCl 和 2 mL HNO_3组成的王水体系消解土壤。而《GB/T 17141—1997 土壤质量　铅、镉的测定》中土壤中铅、镉则采用 HCl、HNO_3、HF、$HClO_4$的四酸溶样法提取。也可参考国际通用的消解方法，如美国国家环保局及欧盟的方法，见表 4-6。无论分析过程采用什么方法，都建议用标准土壤样品作为质控样，以保证样品分析的准确度和精密度。

表 4-6　EPA 提供的土壤消解方法及适用情况

序号	方法编号	消解体系	消解方法	测定元素	适用仪器
1	3050B	重复加入 HNO_3，H_2O_2 溶解，而后加入 HCl	强酸加热回流溶解（不完全消解）	Ag，Al，As，B，Ba，Be，Ca，Cd，Co，Cr，Cu，Fe，Hg，K，Mg，Mn，Mo，Na，Ni，Pb，Sb，Se，Sr，Tl，V，Zn 等	FLAA，ICP-AES
2	3050B	重复加入 HNO_3，H_2O_2	强酸加热溶解（不完全消解）	As，Be，Cd，Co，Cr，Fe，Mo，Pb，Se，Tl 等	GFAA，ICP-MS
3	3052	9 mLHNO_3，3 mLHCl	微波消解（完全消解）	Ag，Al，As，B，Ba，Ca，Cd，Co，Cr，Cu，Fe，Hg，K，Mg，Mn，Mo，Na，Ni，Pb，Sb，Se，Sr，Tl，V，Zn 等	FLAA，CVAA，GFAA，ICP-AES，ICP-MS 等

实验 4.6　离子色谱法分析饮用水中常见阴离子

一、实验目的

掌握离子色谱（IC）分离的基本原理；了解离子色谱仪的基本结构；掌握标准溶液的配制方法及注意事项；通过对饮用水中常见阴离子含量的测定，掌握离子色谱定量分析的基本过程。

二、实验原理

色谱法是一种物理化学分析方法。它利用混合物中不同组分在两相间分配系数的差别，当溶质在两相间作相对移动时，各组分在两相间进行多次分配，从而使各组分得到分离。

离子色谱法基于三种分离机理：①离子交换色谱法是发生在流动相和键合在基质上的离子交换基团之间的离子交换过程，也包括部分非离子的相互作用，主要用于有机和无机阴离子和阳离子的分离；②离子排斥色谱是基于固定相和被分析物之间三种不同的作用——Donnan 排斥、空间排斥和吸附作用，主要用于弱的有机和无机酸的分离；③离子对色谱是基于被分析物在分析柱上的吸附作用，分析柱的选择性主要取决于流动相的组成和浓度，流动相除了加入有机改进剂之外，还需加入离子对试剂，主要用于表面活性阴离子和阳离子以及过渡金属配合物的分离。

实际分析工作中，以离子交换色谱的应用最为广泛。

三、实验条件

1. 仪器设备

离子色谱仪：Dionex ICS 1000。

2. 试剂与样品

纯水(Millipore)，含 7 种常见阴离子(F^-，Cl^-，Br^-，NO_2^-，NO_3^-，SO_4^{2-}，PO_4^{3-})标准溶液(100 mL，美国 o2si)，其中各离子浓度分别为 F^- 20 mg/L，Cl^- 30 mg/L，Br^- 100 mg/L，NO_2^- 100 mg/L，NO_3^- 100 mg/L，SO_4^{2-} 150 mg/L，PO_4^{3-} 150 mg/L。自来水/饮用矿泉水样品若干。

3. 测试参数

以 Dionex ICS 1000 离子色谱仪分析饮用水为例(不同仪器型号、不同性质样品应重新确定实验条件)，配置免试剂系统(RFC30)，自动进样器(AS40)。

色谱柱：IonPac AG11-HC，4 mm 保护柱或相同产品；IonPac AS11-HC，4 mm 分析柱或相同产品；进样量 20 μL；抑制器为阴离子自再生电解抑制器(ASRS)或相同产品，每分钟基线漂移/噪声不大于 5 nS，抑制电流 50 mA；检测器为 CD20 或同类产品；淋洗液为 20 mmol氢氧化钾溶液；流速为 1.0 mL/min。

四、实验步骤

1. 系列标准溶液的配制

取 7 个干净的 10 mL 容量瓶，分别准确移取 0.05 mL，0.1 mL，0.25 mL，0.5 mL，1.0 mL，2.5 mL，5.0 mL 标准溶液于 10 mL 的容量瓶中，再用去离子水稀释至刻度线，摇匀备用。此系列标准混标溶液中各阴离子的含量分别为

F^-：0.1 mg/L，0.2 mg/L，0.5 mg/L，1.0 mg/L，2.0 mg/L，5.0 mg/L，10.0 mg/L；

Cl^-：0.15 mg/L，0.3 mg/L，0.75 mg/L，1.5 mg/L，3.0 mg/L，7.5 mg/L，15.0 mg/L；

Br^-，NO_2^-，NO_3^-：0.5 mg/L，1.0 mg/L，2.5 mg/L，5.0 mg/L，10.0 mg/L，25.0 mg/L，50.0 mg/L；

SO_4^{2-}，PO_4^{3-}：0.75 mg/L，1.5 mg/L，3.75 mg/L，7.5 mg/L，15.0 mg/L，37.5 mg/L，

75.0 mg/L。

将系列标准溶液转移到 5 mL 离子色谱进样管中备用。

2. 样品准备

实验样品包括自来水样品若干及矿泉水样品若干。样品可根据情况（Cl^-、SO_4^{2-} 含量）用纯水稀释 5～10 倍后转移到 5 mL 进样管中待上机分析。

3. 上机分析

(1) 依次打开电脑，离子色谱仪，淋洗液发生器，自动进样器电源；

(2) 打开控制软件“Chromeleon Server”（色谱变色龙软件服务器），点击“Start”（开始），实现离子色谱仪与电脑的连接，然后双击“Chromeleon”（色谱变色龙软件），开启浏览器页面；

(3) 赶气泡：旋松启动阀，将 5 mL 注射器插入启动阀前端小孔，选择泵设置按钮，点击“prime”（加液），待注射器快满时，点击“off”（停泵），弃掉注射器内液体，重复上述操作 3 次以上，旋紧启动阀，旋松废液阀，点击“prime”（加液），2 min 后，点击“off”（停泵），旋紧废液阀；

(4) 开泵，控制流速 1.0 mL/min；待泵压力≥1 000 psi，打开抑制器并设置抑制电流为 50 mA，打开淋洗液发生器“EGC”和“CR-TR”两个按钮；

(5) 监视基线，待背景电导＜2 μS，且基线水平，可进样。监视基线 15～30 min，其间将样品装入自动进样器，按进样器（AS40 Automated Sampler）表面“Injection-Hold/Run”（进样-/运行），待进样；

(6) 点击“File”→“New”→“Program”（文件→新建→程序），建立分析方法。设置分析时间，淋洗液浓度及流速，抑制电流等参数，保存“Program”文件；

(7) 点击“File”→“New”→“Method”（文件→新建→方法），建立数据处理方法，因此时尚未采集数据，仅建立空白“Method”保存即可；

(8) 点击“File”→“New”→“Sequence（using Wizard）（文件→新建→序列，可使用向导）”，建立序列。设置标准溶液及未知样品个数，进样次数及进样体积等参数，调用上述“Program”（程序）及“Method”（方法）文件，保存序列文件；

(9) 打开所建“Sequence”（序列）文件，点击“Start/Stop Batch”（开始/停止批处理）按钮，开始测试；

(10) 关机步骤：依次关闭抑制器，淋洗液发生器“EGC”“CR-TR”及泵，然后关闭软件，切断离子色谱仪、淋洗液发生器及自动进样器电源，最后关闭电脑。

五、实验结果与数据处理

1. 原始数据记录：记录实验步骤，实验条件，仪器参数，列表记录原始测试结果（标准溶液以及样品的信号值）。

2. 数据处理：采集数据完毕后，双击任一标准样品数据，再点击“QNT-Edit”，依次进行色谱峰积分、色谱峰识别、标准样品浓度等参数设置，绘制标准曲线，即可读取测定结果。以标准溶液中各阴离子的浓度（c）为横坐标，对应离子色谱峰面积（Area）为纵坐标绘制标准曲线。根据样品中各阴离子的峰面积及各阴离子的标准曲线计算样品中各阴离子的含量。经过稀释的样品需乘以稀释倍数才能得到原始样品中阴离子的含量。

六、问题与讨论

1. 简述离子色谱仪的工作原理及其基本结构。

2. 比较离子色谱与液相色谱在分离原理及仪器结构上有什么不同?

3. 根据生活饮用水水质标准,就常见阴离子方面试评价实验水样的水质情况。

七、注意事项

1. 实验室环境。在未配置柱温箱的情况下,由于温度对离子色谱分离有重要的影响,温度较低时离子色谱柱压会快速升高,可能造成抑制器漏液!因此,应打开空调调节实验室温度。

2. 离子色谱柱对有机物及重金属离子有一定的耐受度,但不可将有机物或重金属浓度过高的样品直接进样分析;此外,高背景基质可能对目标离子的分析造成干扰,应根据情况进行相应的样品前处理。

3. 测定氟离子时,为了避免水负峰的干扰,根据色谱柱型号设置合适的淋洗液浓度。

实验 4.7　离子色谱法分析地下水中的无机阳离子

一、实验目的

进一步巩固离子色谱的基本原理及离子色谱仪的定量分析过程;了解离子色谱分析对样品的要求;掌握水样预处理的要求与常用方法;综合环境监测、分析化学、仪器分析、色谱分析等知识学习从样品制备、仪器使用、方法建立及数据处理、误差分析的样品分析全过程。

二、实验原理

离子色谱作为液相色谱的一种,进样样品须为液态,且不含颗粒物、有机物及重金属,以避免管路堵塞、色谱柱性能下降,同时尽可能地实现和标样的基体匹配。因此,绝大部分水样在上机分析前要进行预处理。通常离子色谱样品前处理应遵循以下原则:处理后的目标物必须达到色谱定量要求;尽可能减少目标组分损失;样品中不能含有机械杂质和微小颗粒物,以免堵塞管路及色谱柱;目标组分进行化学反应时其化学计量关系必须明确并且反应彻底;避免和减少无关离子和化合物的引入,防止目标组分被污染并增加分离难度。

对于水质样品的前处理,目前最常用的方法是分析物的固相萃取及样品的基体去除。分析物的固相萃取是指将分析样品的溶液通过样品前处理小柱时,分析物由于特有的结合作用被直接保留在样品前处理小柱上,而样品中的基体组分则不被保留,从而通过样品前处理小柱,随后再使用合适的洗脱剂将萃取于样品前处理小柱上的被分析物洗脱下来进行后续的分析测定,这种方法可达到分析物富集和样品基体去除的作用。样品基体去除是指利用样品中基体组分与样品前处理小柱中的固定相之间的特有结合使基体中的干扰组分保留在样品前处理小柱上,而被分析物则不被保留直接通过样品前处理小柱,从而进行后续的分析测定,这样就可消除样品基体中共存组分对测定的干扰。

离子色谱分析基本原理可参考“实验离子色谱法分析饮用水中常见阴离子”。

三、实验条件

1. 仪器设备

离子色谱仪:ICS 1000。

2. 试剂与样品

纯水(Millipore);含 6 种常见阳离子(Li^+,Na^+,NH_4^+,K^+,Mg^{2+},Ca^{2+})标准溶液(100 mL,美国 o2si),其中各离子浓度分别为 Li^+ 50 mg/L, Na^+ 200 mg/L, NH_4^+ 400 mg/L, K^+ 200 mg/L, Mg^{2+} 200 mg/L, Ca^{2+} 1 000 mg/L,地下水样品若干。

3. 测试参数

以 ICS 1000 离子色谱仪分析地下水为例(不同仪器型号、不同性质样品应重新确定实验条件)。色谱柱:IonPac CG12,4 mm 保护柱或相同产品;IonPac CS12,4 mm 分析柱或相同产品;进样量 20 μL;抑制器:阳离子自再生电解抑制器(CSRS)或相同产品,每分钟基线漂移/噪声不大于 5 nS,抑制电流 59 mA;检测器:CD20 或同类产品;淋洗液:20 mmol甲烷磺酸溶液;流速:1.0 mL/min。

四、实验步骤

1. 系列标准溶液的配制

取 6 个洁净的 10 mL 容量瓶,分别准确移取 0.01 mL, 0.02 mL, 0.1 mL, 0.2 mL, 0.4 mL, 1.0 mL 标准溶液于 10 mL 的容量瓶中,用去离子水稀释至刻度线,摇匀备用。此系列标准混标溶液中各阳离子的浓度见表 4-7。

表 4-7 系列标准溶液阳离子浓度

阳离子	浓度单位	浓度值					
		标样 1	标样 2	标样 3	标样 4	标样 5	标样 6
Li^+	mg/L	0.05	0.1	0.5	1.0	2.0	5.0
NH_4^+	mg/L	0.4	0.8	4.0	8.0	16.0	40.0
Na^+、K^+、Mg^{2+}	mg/L	0.2	0.4	2.0	4.0	8.0	20.0
Ca^{2+}	mg/L	1.0	2.0	10.0	20.0	40.0	100.0

2. 样品准备

(1) 样品前处理

Thermo Fisher 公司的"OnGuard M"柱的填料是螯合树脂,其主要作用是在 pH>4 的情况下,对复杂样品基体中的重金属离子进行吸附浓缩或去除,而允许碱金属和碱土金属离子通过。将 0.45 μm 的聚丙烯滤头串联在"OnGuard M"柱的柱床顶部,使用一次性全塑注射针抽取 5 mL 样品溶液通过前述萃取柱,过滤及重金属去除一次完成,保留滤液待分析(由于"OnGuard M"富集了样品中的重金属离子,根据需求,可以使用0.5 mol/L的硝酸溶液进行洗脱,进行下一步分析)。

(2) 加标样品

取 1 mL 100 mg/L 的混合标准溶液至 10 mL 容量瓶中,用过滤后的地下水样品定容,待处理。按照样品前处理步骤,取 5 mL 样品溶液通过前述萃取柱,保留滤液待分析。加标样品平行制备 2 份。

3. 上机分析

(1) 依次打开电脑,离子色谱仪,淋洗液发生器,自动进样器电源;

(2) 打开控制软件“Chromeleon Server”(软件名称)，点击“Start”(开始)，实现离子色谱仪与电脑的连接；然后双击“Chromeleon”，开启浏览器页面；

(3) 赶气泡：旋松启动阀，将 5 mL 注射器插入启动阀前端小孔，点击泵设置按钮，点击“prime”(启动)，待注射器快满时，点击“off”(关闭)，弃掉注射器内液体，重复上述操作 3 次以上；旋紧启动阀，旋松废液阀，点击“prime”，2 min 后，点击“off”停泵，旋紧废液阀；

(4) 开泵，控制流速 1.0 mL/min；待泵压力≥1 000 psi，打开抑制器并设置抑制电流为 59 mA；

(5) 监视基线，待背景电导<2 μS，且基线水平，可进样。监视基线 15～30 min，待进样；

(6) 点击“File”→“New”→“Program”(文件→新建→分析方法)，建立分析方法。设置分析时间，淋洗液浓度及流速，抑制电流等参数，保存“Program”文件；

(7) 点击“File”→“New”→“Method”(文件→新建→数据处理方法)，建立数据处理方法，因此时尚未采集数据，仅建立空白“Method”保存即可；

(8) 点击“File”→“New”→“Sequence(using Wizard)”(文件→新建→序列，使用向导)，建立序列。设置标准溶液及未知样品个数，进样次数及进样体积等参数，调用上述“Program”及“Method”文件，保存序列文件；

(9) 打开所建“Sequence”(序列)文件，点击“Start/Stop Batch”(开始/停止批处理)按钮，手动进样，依次测试标准品及未知样品；

(10) 关机步骤：依次关闭抑制器及泵，然后关闭软件，切断离子色谱仪电源，最后关闭电脑。

五、实验结果与数据处理

1. 原始数据记录

记录实验步骤，仪器参数，原始测试结果。

2. 数据处理

采集数据完毕后，双击任一标准样品数据，再点击“QNT-Edit”，依次进行色谱峰积分、色谱峰识别、标准样品浓度等参数设置，绘制标准曲线，即可读取测定结果。

根据预处理过程的取样量及分析结果等信息，计算地下水样品中常见阳离子的含量及分析过程的加标回收率。加标回收率计算公式如下：

$$\text{回收率}(\%)=\frac{\text{加标试样测定值}-\text{试样测定值}}{\text{加标值}}\times 100\%$$

六、问题与讨论

1. 离子色谱对样品有何要求？样品应如何进行预处理？

2. 加标回收实验的目的是什么？实验如何进行？

3. 根据实验内容，简述地下水样品中常见阳离子分析中样品前处理及离子色谱分析的全过程。

4. 参考我国地下水水质标准，根据实验结果简单分析样品中常见阳离子的含量特点。

七、注意事项

为了获得最佳的分析结果，在使用固相萃取柱进行样品前处理时应该遵循如下原则：

1. 手动方式进行样品预处理时，应该使用小于 10 mL 规格的注射器，以对样品前处理柱提供必要的压力。

2. 为除去样品前处理柱上的微量离子性污染物并对柱填料进行预处理，应该在使用前用合适体积的去离子水或其他适当的溶剂对样品前处理柱进行冲洗。

3. 对于基于吸附原理的样品前处理过程，只有当样品溶液的流速小于 4.0 mL/min 时，前处理柱的柱床才能获得最有效的利用；而对于基于离子交换原理的样品前处理过程，只有当样品溶液的流速小于 2.0 mL/min 时，前处理柱的柱床才能获得最有效的利用。而当处理的样品溶液的量小于柱的最大容量时，则过样速度可适当加快。

4. 不管是处理样品溶液还是标准溶液，都应该将最初的流出液弃去不用。例如，将样品溶液加入 5 mL 的注射器后，应该将最先流出的 3 mL 流出液弃去后，再收集下边的2 mL 流出液，用来进样进行离子色谱测定。

5. 前处理柱必须在垂直的情况下使用，有利于样品前处理取得理想的效果。

第 5 章　有机污染物的定性定量分析

5.1　有机污染物测定概述

人类活动产生的环境有机污染物种类繁多，是环境分析化学的重要研究对象。有机污染物一般以微量或痕量形式存在于环境中，有机污染物分析的前提是保证采集到完整的、有代表性的样品，实验室保存期间不发生污染和目标物的损失。为达到仪器分析的灵敏度要求，需要用适当的方法将目标物与其基质分开，并采取净化和富集等预处理手段。常见有机污染物一般按照沸点大小分为易挥发性有机物、中等挥发性有机物、半挥发性有机物和不挥发性有机物，根据污染物的物理化学特性选择气相色谱-质谱或液相色谱-质谱，以及合适的检测器进行定性定量分析。

5.1.1　环境有机样品的采集、保存与预处理

5.1.1.1　气体样品

进入大气中的有机污染物种类繁多，其数量远多于无机污染物。这些有机污染物可分为挥发性有机物（Volatile Organic Compounds, VOCs）和半挥发性有机物（Semi-Volatile Organic Compounds, SVOCs）。挥发性有机物在大气中有较高的蒸汽压，主要以气态形式存在于环境空气中，按照化合物种类又可分为：烷烃类，烯烃类，苯系物，卤代烃类，醛类，酮类，醇类，酸类，酯类，有机胺和有机硫类化合物等。大气中的半挥发性有机物主要吸附于气溶胶颗粒物上，也有部分以气态形式存在于空气中，如含 2～3 环的多环芳烃主要存在气态中，而 4 环以上的多环芳烃易吸附在颗粒物上。城市环境空气中检出的 SVOCs 主要有多环芳烃类，有机氯农药，多氯联苯类和酞酸酯类化合物。

1. 气态样品中的挥发性有机物的采样方法

(1) 苏玛采样罐（SUMMA 罐）采样

苏玛罐是内壁经惰性处理的不锈钢器皿，常用体积为 3～6 L，将其内部抽成真空后带至现场，打开进样阀，空气即可自动进入苏玛罐中。样品采集后放置在常温洁净环境中，最好在 2 d 内完成分析。分析时，将苏玛罐连接至专用的低温样品预浓缩仪进行低温富集，然后直接传输至气相色谱仪进行分析测定。这种采样方式能较好保持样品的完整性，分析结果的准确性和重现性都比较高。缺点是采样罐体积大，并且需要配套整个采集、清洗装置，占地面积大，设备价格昂贵。

(2) 注射器、气袋采样

一般采用 100 mL 玻璃注射器或聚乙烯内衬铝箔采样袋，直接抽取样品后密封进气口。直接采样，方便简单，但因其密封性与苏玛罐无法相比，样品采集后存放时间不宜过长，一般需要当天完成分析。分析时，高浓度气体样品一般无须预处理，采用气密进样针或仪器内置泵将气体样品注入气相色谱仪进行分析。如果由于样品浓度过低导致采集的气体体积较大，可经专用的预浓缩仪浓缩后进气相色谱仪分析。注意，采样时避免空气采样袋膨胀超过采样袋最大体积的 80%。

(3) 热脱附管采样

热脱附管通常为外径 6 mm，内径 5 mm，长 90 mm 的不锈钢管或玻璃管，内部装填 200～1 000 mg 的固体吸附剂（如多孔聚合物吸附材料 Tenax）。将热脱附管连接至采样泵，以 10～200 mL/min 的流速采集 1～10 L 的空气，密封热脱附管两端带回实验室。热脱附管用铝箔包裹，放置在有活性炭或活性炭硅胶混合物的干燥箱/干燥器中，再放入冰箱 4℃保存，7 d 内完成测定。热脱附管采样后用专用的热脱附仪对吸附管进行二次热解吸，解吸气用惰性气体载带进入气相色谱仪进行分析。此方法非常适合测定低浓度挥发性有机物，气体样品在采样的同时进行了富集，方法灵敏度高，检出限低。采样时应注意目标物穿透问题，可串联两根采样管；空气湿度对采集体积影响较大，可考虑在采样管前加装干燥管。

(4) 其他气体吸附管采样

对空气中某类特定有机物，应采用国家生态环境部推荐专门的吸附管（内径 11 mm，外径13 mm，长 50 mm 的玻璃管，内装吸附剂）进行富集采样，采样流速一般为 0.5～1 L/min，根据目标物在空气中浓度，采集体积为 1～60 L。采样后将吸附管两端密封，用铝箔包裹，放置在有活性炭或活性炭硅胶混合物的干燥箱/干燥器中，再放入冰箱 4℃保存，直至分析。采样后吸附剂上的目标物用溶剂洗脱，可采用索氏提取、超声萃取等方式。一般采样后 7 d 内萃取，萃取液在 40 d 内分析。目标物挥发性越强，越应尽早完成测定。根据目标物的性质采用气相色谱或液相色谱进行测定。表 5-1 列举了几种常见的气体吸附管采样方法。

表 5-1　部分有机物的气体吸附管采样方法

目标化合物	吸附剂	解吸溶剂
挥发性卤代烃、苯系物、丙酮、环氧氯丙烷、丙烯腈	活性炭	二硫化碳
氯苯类化合物	GDX-502	二硫化碳
硝基苯类、苯胺类化合物	硅胶	二氯甲烷
苯酚类化合物	GDX-502	三氯甲烷
醛和酮类化合物	涂附 2,4-二硝基苯肼(2,4-DNPH)的固体吸附剂（生成稳定的腙衍生物）	乙腈

(5) 吸收液

对于环境空气中的部分有机物，可以采用液体吸收液的方法采集，经处理后根据目标物性质用相应的色谱方法进行测定。表 5-2 列举了部分有机物的吸收液采样方法。

表 5-2　环境空气中部分有机物的吸收液采样方法

目标化合物	吸收液	采样	采样后处理	测定方法
三甲胺	10 mL 0.06 mol/L 的硫酸吸收液或 0.12 mol/L 的盐酸吸收液	串联两只 25 mL 气泡吸收瓶，0.5～1.0 L/min 至少采样20 min	10 mL 吸收液倒入顶空瓶，加 3.2 氯化钠和 1.0 g 硫酸钾，加入 500 μL 1 g/mL 氢氧化钠溶液和 100 μL 0.91 g/mL 氨水溶液	顶空—气相色谱法
甲胺/二甲胺/三甲胺	10 mL 0.01 mol/L 硫酸吸收液	多孔玻板吸收管，0.5 L/min 采样 60 min		离子色谱法
甲醇	5 mL 重蒸水	串联两只气泡吸收管，150 mL/min 采样 2～3 h		气相色谱法
乙醛	10 mL 10 g/L 亚硫酸氢钠溶液	多孔玻板吸收管，0.3～1 L/min 采样 10～100 L	反应生成稳定的 α-羟基磺酸盐，采样后带回实验室加入碳酸钠溶液	气相色谱法
苯酚类化合物	15 mL 0.1 mol/L 氢氧化钠	两个串联的小型冲击式吸收瓶，流速 0.1～1 L/min	反应形成盐类，带回实验室后再用硫酸调节 pH<4	液相色谱法
吡啶	10 mL 0.1 mol/L 硫酸溶液	多孔玻板吸收管，0.3～0.5 L/min 采样 1～20 L	二硫化碳萃取	气相色谱

（6）低温冷凝法采样

空气中沸点极低的气态有机污染物，如低分子醛类，可采用低温冷肼吸附管吸附的方法。长 10 cm，内径 2.6 mm 的 U 形玻璃管，内装填 40 mm 的 Tenax GC(60～80 目)气体吸附剂，两端剩余空间用玻璃棉填充，最后用胶帽密封，放置在制冷剂(－15℃)中采样，带回实验室后移去冷肼，在室温或低温加热条件下低分子醛类气化，注射器取样后注入气相色谱仪分析。

2. 气态和颗粒态样品中半挥发性有机物测定的采样方法

大气气溶胶中的半挥发性有机物主要以气态和颗粒态两种形态存在，两种形态的占比主要受到饱和蒸气压、温度和湿度等环境因素的影响。通常情况下，气态和颗粒态的半挥发性有机物同时在一套采样系统中进行采集。采集的仪器按照采样流量可以分为中流量采样器(100 L/min)、大流量采样器(225 L/min)，和超大流量采样器(800 L/min)。采样器主要由滤膜及膜托，装填吸附剂的采样筒，采样筒架，采样泵及硅橡胶密封圈等组成。常见的滤膜材料有玻璃纤维或石英纤维，滤膜直径 102 mm，可采集到气溶胶颗粒物，滤膜在使用前需用马弗炉 400℃灼烧 4 h 以上；采样筒内装填的吸附剂主要用来采集气态部分的 SVOCs。常见吸附剂有聚氨基甲酸酯泡沫塑料(PUF)和 XAD－2 树脂，吸附剂在使用前必须用适当的溶剂(丙酮或二氯甲烷)索氏提取 16 h，之后在真空干燥器中完全干燥，以保障低采样空白。环境空气样品常用的采样时间是 24 h。

对于部分沸点较高的主要以颗粒态存在的 SVOCs 可以只使用滤膜进行采样，或者根据研究需要，可单独采集某段粒径颗粒物，如 PM2.5 采样器；也可用多通道采样器，同时对不同粒径颗粒物分别采样。通常需要采用切割器来分离不用粒径的颗粒物。切割器有旋风式,向心式,多层薄板式,冲击式等。它们又分为二级式和多极式。前者用于采集 10 μm 以下的颗粒物,后者可分级采集不同粒径的颗粒物。例如,安德森采样器,由 8 级组成,采集颗粒物粒径范围为0.34～11 μm。

采样完成后,将滤膜和吸附剂置于用丙酮处理过的锡纸上,折叠后放入用丙酮处理过的干净不锈钢容器中,并用封条密封并保存在阴暗处。尽量缩短样品从采集到实验室分析的时间。样品上机分析前,使用索氏提取、快速溶剂萃取、超声萃取、微波萃取等方法,用适当溶剂将滤膜和吸附剂中的有机污染物提取富集出来。样品采集后若常温避光保存,需在 24 h 内提取,否则应于 4℃以下避光冷藏,7 d 内提取完毕。为去除萃取液中极性强和沸点高的有机物基质,根据需要采取净化手段,如吸附色谱(主要是柱层析法)。吸附柱层析法是利用固定相(吸附剂)对混合物中各组分的吸附能力不同来实现分离的。吸附剂一般采用硅胶、氧化铝、硅酸镁及各种不同的复合型吸附剂(多层硅胶氧化铝复合柱、弗罗里硅土和中性氧化铝混合层析柱)等。如环境空气中的有机氯农药的测定要求萃取液用硅酸镁固相萃取柱或层析柱净化;多环芳烃的测定要求萃取液用硅胶固相萃取柱或层析柱净化。完成有机溶剂萃取和净化的样品在 40 d 内完成上机测试。

除了上述主动采样方式,还可利用被动方式采集样品,一般利用气体分子扩散原理,一般采用吸附材料进行采样。主要用于工作场所个体暴露评价和环境空气质量自然条件下长期监测。例如,挥发性有机物疑似超标的车间,工人在上衣口袋携带一支 Tenax TA 吸附管,8 h 或更长时间后取下测试,可模拟工人一天或更长时间吸入的 VOCs 水平。PUF 被动采样器可数周、数月放置在采样点,监测大气中持久性有机污染物水平。

5.1.1.2 水样

水质监测包括水环境质量监测和水污染源监测,包括对进入江、河、湖泊、水库、海洋等地表水体污染物质及渗透到地下水中的污染物质进行经常性的监测,以掌握水质现状及其发展趋势,以及对生产过程、生活设施及其他排放源排放的各类污水进行监视性监测,为污染源管理和排污收费提供依据。因此,水样采集的主要对象包括地表水、地下水和各类污水。根据采集的方式不同,水样的类型又包括综合水样、瞬时水样、混合水样、连续水样、周期水样、平均污水样等,采集什么类型的水样应根据水样的具体情况和采样目的而定。

采样前,要根据监测内容和监测项目的具体要求,选择合适的采样器和盛水器,并确定采样总量。采样器一般是比较简单的系着绳子的聚乙烯桶或带有坠子的采样瓶。盛水器即水样瓶,一般测定有机物的水样瓶要求用玻璃容器,使用前应仔细清洗,用适当的洗涤剂清洗 1 次,自来水清洗 3 次,蒸馏水清洗 1 次,必要时再用二氯甲烷或丙酮冲洗 2～3 次,干燥后保存待用。

挥发性有机污染物监测水样可选用标准 40 mL 棕色玻璃螺旋盖样品瓶采集,瓶盖具聚四氟乙烯—硅胶垫片。采集样品时应缓慢倒入水样,使水样在瓶中自然溢出,瓶内不要有气泡,如果水样含有余氯,向采样瓶中加入 0.3～0.5 g 抗坏血酸或硫化硫酸钠,采集好的样品最好能立即放入 4℃左右冷藏箱内。其他有机污染物水样也要求样品充满玻璃采样瓶,不留顶空空间,4℃冷藏保存,并尽快前处理和测定。

水样的运输过程应注意将样品瓶盖紧,同一采样点的水样应尽量装在同一箱子内,并采取防震措施,尽量避光,低温冷藏运输。样品从采集到分析这段时间应尽可能短,可加HCl调节pH至2,抑制细菌和藻类繁殖,对含余氯的水样,可加入抗坏血酸消耗掉余氯,4℃冷藏保存。

水样中挥发性有机物测定可采取顶空法(HS),顶空-固相微萃取技术(HS-SPME),吹扫捕集技术(Purge & Trap)等方法。顶空法是将水样装在密闭的顶空瓶中,加入过饱和NaCl溶液,在一定水浴温度下达到气液平衡,取上顶空气体注入气相色谱进样口进行分析;HS-SPME技术在顶空法的基础上,使用了SPME纤维头进行目标物富集,可以大大提高灵敏度;吹扫捕集技术是在水样中鼓入N_2或He,将待测物从水样中吹出,并用吸附剂或冷阱捕集,然后再用热脱附的方式将富集后的待测物送入气相色谱分析。Purge & Trap技术不仅适合测定VOCs,还可以测定部分SVOCs。这三种方式都有商品化的自动进样器,直接与GC相连,可实现在线样品预处理。

水样中的半挥发性和不挥发有机物组分的分离富集可采用液液萃取或固相萃取的方式。选择合适的萃取溶剂、固相萃取小柱和恰当的洗脱溶剂是这两种方式成功萃取的关键。萃取完成后采用氮吹仪,旋转蒸发仪等将萃取液浓缩,除水、过膜后进GC或HPLC分析。污水样还应考虑使用层析柱、浓硫酸/高锰酸钾氧化、凝胶渗透等方法进行样品净化。制备好的样品应在14 d内上机测定。

5.1.1.3 土壤与固废样品

采集固体废物、土壤、沉积物和污泥等样品时,可选用带聚四氟乙烯-硅胶衬垫的螺旋盖玻璃广口瓶或具塞棕色磨口玻璃瓶,使用前应用洗涤剂和水清洗,然后用甲醇冲洗后备用。如果采样量大,如采集1 kg较干燥的土壤样品,也可使用棉布缝制的样品袋。采集用于测定邻苯二甲酸酯类化合物的样品时,必须特别小心避免接触塑料制品类物质。

如果采样目标是测定固体样品中的VOCs,可用40 mL或60 mL带聚四氟乙烯-硅胶衬垫的螺旋盖玻璃广口瓶采样,采集样品时,应尽量减少对样品的扰动,严禁对样品进行均质化处理,必须将样品慢慢导入采样瓶中,轻敲瓶壁以尽可能消除更多的自由空间,尽可能完全填满整个样品瓶,减少样品保存过程中VOCs的挥发损失。也可在采样前在实验室将22 mL顶空进样瓶中装好10 mL用磷酸调至$pH<2$的饱和氯化钠溶液,在采样现场称取约2 g左右的样品加入顶空瓶中,快速密封。采集至少三个平行样。运输空白是在实验室中用石英砂代替样品,加入同样的饱和氯化钠,密封带至采样现场,不开封,再随样品一同运送回实验室。样品采集后4℃冷藏保存,保存期限不超过7 d。在保存期内用顶空或吹扫捕集等方法进行测定。

用于测定半挥发性和不挥发性有机物的新鲜固体样品也要求采样瓶装满装实,保存期限不超过14 d。在保存期内用测定标准要求的预处理方法,如索式提取、加压流体萃取和超声萃取等方法进行萃取。由于土壤、固废等固体样品基质非常复杂,一些干扰杂质可能与待测物一起被提取出,这些杂质若不除掉将会影响检测结果,甚至使定性定量无法进行,严重时还可使气相色谱的柱效减低、检测器沾污,因而提取液必须经过净化处理。常用的净化方法有凝胶渗透色谱法、层析柱净化法、硫净化法、浓硫酸/高锰酸钾氧化等。完成有机溶剂萃取和净化的样品在40 d内完成上机测试。

5.1.2 有机污染物的仪器分析方法

有机污染物分析主要采用气相色谱法(GC)和液相色谱法(HPLC)。气相色谱常用于分析挥发性有机物及半挥发性有机物,更适用于热稳定好,相对分子质量中等,非极性及部分中等极性有机化合物;高效液相色谱法适用于分析沸点高不易挥发的、受热不稳定易分解的、相对分子质量大的、不同极性的有机化合物。

1. 气相色谱法

气相色谱仪由载气系统,进样系统(进样口),色谱柱和柱温箱,检测器组成。针对某种或某类有机污染物开发 GC 分析方法时,色谱柱和检测器是最主要考虑的两方面。在气相色谱分析中,某一多组分化合物中各组分能否完全分离,主要取决于色谱柱的效能和选择性,后者在很大程度取决于固定相选择是否适当,因此选择适当的固定相就成为色谱分析中的关键。

色谱柱分为填充柱和毛细管柱。填充柱是填充了固定相的金属柱或玻璃柱,内径为 2~5 mm,柱长为 0.5~10 m。毛细管色谱柱是近几十年发展的一种高柱效、快速、高灵敏度的色谱柱,广泛应用于气相色谱。毛细管色谱柱是把高分子量、热稳定性聚合物涂渍到内径为 0.05~0.53 mm 的毛细管内,形成 0.1~10 μm 的膜厚,此聚合物涂层称为固定相。选择毛细管色谱柱时,除了考虑固定相外,还应考虑柱长、内径、膜厚等因素。多孔层开管柱(PLOT 柱)是将气-固固定相的小而多孔的微粒用黏合剂或相似的方法黏附在毛细管内壁,用于易挥发性溶质(主要是气体)的分离。商品化的毛细管色谱柱为气相色谱法的应用提供了多种选择,表 5-3 列出了部分厂商的毛细管色谱柱性能。

表 5-3 部分厂商毛细管色谱柱性能

固定相	应用	组成	极性	大致温度范围(℃)
HP-1 ms, DB-1 ms, OV-1, SE-30, Rtx-1, SPB-1 等	胺类、烃类、农药、多氯联苯、酚类、硫化物、调味品及香精香料	100% 二甲基聚硅氧烷	非极性	−60~325/350
HP-5 ms, DB-5, SE-54, Rtx-5 等	半挥发性化合物、生物碱、药物、脂肪酸甲酯、卤代化合物、农药、除草剂	5%苯基,95%二甲基聚硅氧烷	非极性	−60~325/350
DB-1701, SPB-1701, Rtx-1701	农药、除草剂	14%氰丙基-苯基, 86% 二甲基聚硅氧烷	中等极性	−20~280/300
HP-WAXetr, HP-WAX, HP-INNOWax, HP-20M, Stabilwax, Rtx-WAX	醇类、游离有机酸、溶剂	聚乙二醇	极性	20~250/260
HP-PLOT 分子筛柱	永久性和惰性气体	5Å 分子筛沸石		−60~300
HP-PLOTAl_2O_3 KCl, Rt-Alumina Plot GS-Alumina KCl	天然气、炼厂气、燃气、合成气中 C_1~C_6 烃	KCl 脱活的氧化铝	极性最弱的氧化铝色谱柱	−60~200

检测器的作用是将经色谱柱分离后的各组分按其特性及含量转换为相应的电信号,是气相色谱仪中的主要组成部分。常用的气相色谱检测器有热导检测器(TCD),氢火焰离子化检测器(FID),电子捕获检测器(ECD)及火焰光度检测器(FPD)。TCD 是通用型检测器,

适用于各种无机气体和有机物的分析，但由于灵敏度不高，现在多用于分析一些其他检测器无法检测的无机气体，如氢、氧、氮、一氧化碳、二氧化碳等。FID 是准通用型检测器，是对几乎所有可在进样口挥发的有机化合物均有响应，对所有烃类化合物（碳数≥3）的相对响应值几乎相等，对含杂原子的烃类有机物中的同系物（碳数≥3）的相对响应值也几乎相等，而且具有灵敏度高（10^{-13}～10^{-10} g/s），线性范围宽（10^{6}～10^{7}），响应快（～1 ms），对气体流速、压力和温度变化不敏感等优点，已经成为应用最广泛的气相色谱检测器。ECD 检测器是有选择性的高灵敏度的检测器，只对具有电负性的物质，如含卤素、硫、磷、氮的物质有信号。物质的电负性越强，也就是电子吸收系数越大，检测器灵敏度越高，而对电中性（无电负性）物质，如烷烃等，则无信号。它主要用于分析测定卤化物，含磷（硫）化合物以及过氧化物，硝基化合物，金属有机物，金属螯合物，甾族化合物，多环芳烃和共轭羟基化合物等电负性物质。FPD 检测器对有机磷、有机硫的响应值与碳氢化合物的响应值之比可达 10^{4}，因此可排除大量溶剂峰及烃类的干扰，非常有利于痕量磷、硫的分析，是检测有机磷农药和含硫污染物的主要工具。

质谱检测器（MSD）由于具有提供目标化合物结构信息的强大功能，使得气相色谱质谱联用仪（GC－MS）成为有机物分析中最重要的仪器之一。质谱仪是可以单独进样的分析仪器，当其与气相色谱联用时，质谱仪具备了多目标物分离的功能，被视为气相色谱的检测器。如今的质谱部分体积不断缩小，与气相色谱渐成一体，GC 的毛细管柱末端直接接到 MS 的离子源。质谱检测器主要由离子源，质量分析器和检测器组成。GC－MS 的离子源主要是电子电离源（EI 源）和化学电离源（CI 源），质量分析器主要有四级杆，飞行时间和离子肼和磁质量分析器。环境分析实验室最常用的是 EI 源-单四级杆 GC－MS。另外，串联四级杆 GC－MS－MS 是复杂样品中目标化合物定量的强有力工具。

GC－MS 最大的优点是可以用来进行未知物定性。人们将在 EI 源内 70 eV 电子轰击得到的纯物质的标准谱图做成已知化合物的标准质谱谱库，然后将在上述电离条件下得到的未知化合物的质谱图和标准谱库内的质谱图按照一定的程序进行比较，筛选出匹配度高的化合物，并给出这些化合物的名称、分子量、分子式、结构式和相似度，这对解析未知化合物和定性分析有很大帮助，所以质谱谱库已经成为 GC－MS 中不可缺少的一部分。目前，常用的通用标准质谱谱库有：①NIST 库，由美国国家标准和技术研究所（NIST）出版；②NIST/EPA/NIH 库，由 NIST、EPA 和美国国立卫生研究院（NIH）共同出版；③Wiley 库。它们由美国 Wiley 公司出版。另外还有如农药库、药物库等专用库。

2. 液相色谱法

高效液相色谱仪的工作过程：样品经自动进样器导入，输液泵将流动相（经过在线过滤器）以稳定的流速（或压力）输送至分析体系，流动相将样品带入色谱柱，在色谱柱中各组分因在固定相中的分配系数不同而被分离，并依次随流动相流至检测器，检测到的信号送至数据系统记录、处理和保存。

同气相色谱一样，色谱柱和检测器是液相色谱法实现色谱分离和检测的核心部分。色谱柱内，目标化合物与固定相、流动相之间发生吸附与分配作用。液固色谱或称吸附色谱是经典的液相色谱法，固定相为固体吸附剂；液液色谱或称分配色谱，其固定相是惰性载体上物理涂渍的固定液；目前获得日益广泛应用的是化学键合相色谱法，是由液液分配色谱发展起来的，其固定液不是物理涂渍，而是其有机官能团通过化学反应共价键合到载体表面，生成化学键合的固定相。

根据固定相与流动相相对极性的强弱，液相色谱可分为正相色谱和反相色谱。正相色谱中流动相极性小于固定相极性，使用极性吸附剂的液固色谱、正相液液分配色谱、正相键合相色谱皆可称为正相色谱；反相色谱中流动相极性大于固定相极性，使用非极性吸附剂的液固色谱、反相液液分配色谱、反相键合相色谱皆可称为反相色谱。在高效液相色谱法中，70％～80％的分析任务由反相键合相色谱法来完成。

正相色谱常用的固定相是氨基与氰基化学键合相，流动相主选溶剂为烷烃类，常加入适当的有机溶剂进行调节；常用的有机调节剂为乙醇，异丙醇，四氢呋喃，三氯甲烷等。由于固定相是极性填料，流动相是非极性或弱极性溶剂，因此在正相洗脱时，样品中极性小的组分先流出色谱柱，极性大的组分后流出色谱柱。这是极性小的组分在固定相中的溶解度小，容量因子小的缘故。正相色谱主要用于分离极性及中等极性的分子型物质。

反相色谱一般用非极性固定相，常用的固定相是十八烷基硅烷键合硅胶（octadecyl silane，ODS；或用 C_{18} 表示）与辛烷基硅烷键合硅胶（用 C_8 表示）化学键合相，流动相主要为水，与水互溶的有机溶剂为调节剂，常用的有甲醇、乙腈等。由于固定相是非极性填料，流动相是极性溶剂，因此在反相洗脱时，样品中极性大的组分先流出色谱柱，而极性小的组分后流出色谱柱。组分的极性与出峰顺序的关系，正好与正相色谱相反。反相色谱主要用于分离非极性或中等极性的分子型物质。反相色谱是目前应用最广泛的液相色谱，应用范围日益扩大。为了控制样品在分离过程中的解离，需要用缓冲溶液调节流动相的 pH 值，进而抑制样品的解离，增加样品在固定相中的溶解度。流动相的 pH 值一般应控制在 2.0～8.0，太高会使硅胶溶解，太低则会使键合的烷基脱落。表 5-4 给出了常见液相色谱柱的应用情况。

表 5-4　不同液相色谱柱的应用范围

类型	性质	分离方式	应用范围
烷基柱（C_{18}、C_8）	弱极性	反相、离子对	中等极性化合物，溶于水的高极性化合物
苯基柱（$—C_6H_5$）	弱极性	反相、离子对	非极性至中等极性化合物
酚基柱（$—C_6H_5O$）	弱极性	反相	中等极性化合物，保留特性与 C_8 相似，但对多环芳烃、极性芳香族化合物、脂肪酸等保留特性不同
芳硝基（$—C_6H_5NO_2$）	弱极性	正相或反相	分离具有双键的化合物，如芳香族化合物、多环芳烃
氰基柱（—CN）	极性	正相（反相）	正相相似于硅胶吸附，为氢键接受体，适合分析极性化合物，溶质保留值比硅胶柱低，反相可提供不同于 C_8、C_{18}、苯基的分离特性
氨基柱（$—NH_2$）	极性	正相（反相、阴离子交换）	正相可分离极性化合物：脂类、含氯的农药；反相分离单糖、双糖

常用的 HPLC 检测器有紫外可见光检测器（UV-Vis，或 VWD），光电二极管阵列检测器（DAD，或 PDA），荧光检测器（FD，或 FLD），示差折光检测器（RID）和蒸发光散射检测器

(ELSD)。UV-Vis 检测器是专属性检测器，其优点是灵敏度高，最高可达 0.001 Abs/FS (full scale, FS)；噪声低，最低检出量 $10^{-7}\sim10^{-12}$ g；不破坏样品，能与其他检测器串联，可用于制备色谱；线性范围宽、重复性好。由于 UV-Vis 对环境温度、流速、流动相组成等的变化不是很敏感，所以还能用于梯度淋洗。DAD 可以对每个洗脱组分进行光谱扫描，经计算机处理后，得到光谱和色谱结合的三维图谱，其中吸收光谱用于定性（确证是否是单一物质），色谱用于定量，常用于复杂样品（如生物样品、中草药）的定量分析。FD 可用于检测自身具有荧光的物质或与其他化合物发生化学反应可转变成荧光衍生物或与带有特定功能团的荧光试剂结合而产生的荧光衍生物，如芳香族化合物，生化物质（有机胺、维生素、激素、酶等）。FD 具有非常高的灵敏度和良好的选择性，灵敏度要比 UV-Vis 高 2～3 个数量级。RID 是基于样品组分的折射率与流动相溶剂折射率有差异，当组分被洗脱出来时，会引起流动相折射率的变化，这种变化与样品组分的浓度成正比。绝大部分物质的折射率与流动相都有差异，所以 RID 是一种通用的检测器。灵敏度比其他检测方法低，更适合检测无紫外吸收的化合物（如高分子化合物、糖类、脂肪烷烃），常用于凝胶色谱及制备色谱。ELSD 的工作原理是将引入雾化器的色谱柱流出液与通入的气体（常为高纯氮，有时是空气）混合形成均匀微小液滴，经过加热漂移管，蒸发除去流动相，而样品组分形成气溶胶，然后进入检测器，用强光或激光照射气溶胶，产生光散射，用光电二极管检测散射光。ELSD 适用于挥发性低于流动相的组分，主要用于检测糖类，高级脂肪酸，磷脂，维生素，氨基酸，甘油三酯及甾体等，灵敏度较低。

质谱检测器也是液相色谱的重要检测器之一，液相色谱和质谱的联用技术可以同时利用 LC 强有力的分离技术和 MS 高灵敏度的检测鉴别技术。常用的液质联用仪是四级杆质谱仪，尤其串联的三重四级杆 LC - MS - MS 在环境有机物分析中常用来定量检测复杂体系样品中目标污染物，其多反应监测（multiple reaction monitoring, MRM）技术可以通过二级质谱消除干扰。

由于液质联用仪的电喷雾电离源（Electron spray Ionization, ESI）是软电离技术，LC-MS分析得到的质谱过于简单，主要是分子量信息，结构信息少，也没有类似 GC - MS 的标准谱库，因此进行定性分析比较困难，主要依靠标准样品定性。对于多数样品，保留时间相同，子离子谱也相同，即可定性，少数同分异构体例外。四级杆-飞行时间高分辨质谱（Q-TOF）可以得到精确的分子量信息，按照有机化合物结构规则，通过软件可给出最可能的几个化合物分子式。

5.1.3　数据质量保证及控制

环境分析数据的质量是由数据的可辩护性判断的，在科学上的可辩护性表现于数据的真实性及数据的准确性。真实性包括样品的代表性及分析的客观性；准确性是指所采用的分析方法的准确度及精密度达到项目规定的质量控制指标，并且样品分析数据也达到项目的质控要求。这是通过质量保证体系（quality assurance, QA）和质量控制（quality control, QC）措施来实现的。

质量保证体系（QA）是一个以确保数据质量为宗旨的管理体系。它自始至终地贯穿一切与提供分析服务有关的活动，分析项目设立，样品管理（样品接收、样品保存、样品制备、样品分析），试剂和标样管理，数据质量保证及控制，数据报告及数据审查的全过程都遵循一定的标准程序，每一步都受到监督，都有据可查。体系中，人员质量有保证，仪器设备质量有保证，并通过质量控制（QC）措施和指标保证数据的质量。

质量控制措施包括标准曲线及标准曲线验证，空白样（现场淋洗空白、运输空白、贮存空白和方法空白）的测定，实验室空白加标的回收率，样品加标及样品加标重复样的回收率，替代标准的添加和回收以及内标物响应值的波动范围等。

在环境有机污染物分析中，有些质控措施需要特别注意，如挥发性有机物测定时，运输空白（trip blank）和贮存空白（storage blank）不可忽略。运输空白是将在实验室装好的纯净水或纯净沙的顶空/吹扫样品瓶，并与空样品瓶或吸附管一同运至取样点，待取样完成后再与样品一同运回实验室。运输空白主要检查在运输过程中可能发生的因挥发性有机物渗透入样品瓶或吸附管中而造成的样品污染。贮存空白是在样品到达实验室后，置于冰箱贮存时，同时放入的、用同类样品瓶包装的纯净水、纯净沙或吸附管。贮存空白要待同批样品全部分析完后再进行分析，它是用来检查样品贮存过程中可能发生的污染物渗入样品瓶或吸附管中造成的污染。

在环境有机污染物分析中，替代标（surrogate standard）也比较重要，它是指性质与目标物化合物相似，而在环境样品中不存在的化合物。一般选用具有代表性的目标化合物的氘代物。在样品（包括质控样品，如空白样及实验室控制样）处理之前将其按一定量掺入，经样品分析后计算其回收率，回收率越接近 100%，意味着该样品的分析数据准确度越高。在分析质量要求更高的场合，为了对每个目标化合物的分析数据质量都能作出明确判断，要在样品制备前，在样品中掺入每个目标物的氘代物，再在萃取液中加入内标物，分析后通过内标物计算目标物的氘代物的回收率，而用目标物的氘代物作为内标计算目标物的浓度，这就是所谓的同位素稀释法。氘代物的回收率清楚地表明样品预处理的操作情况及样品基质对回收率的影响，而以它为内标计算目标物的浓度可使样品前处理及样品基质对回收率的影响得到修正，使得到的数据更准确。这是由于目标物与其氘代物的物理化学性质极其相似，在整个分析过程中二者的损失基本是等同的。

5.2 实验内容

实验 5.1 地表水中总有机碳的测定

一、实验目的

了解总有机碳（total organic carbon，TOC）测定的意义；掌握水中 TOC 的测定原理和方法；掌握 TOC 测定仪的使用。

二、实验原理及仪器结构

水体中有机物的含量数以万计，目前无法将其逐一分离并检测，因此在表征水体中有机污染物的含量时，常常以总有机碳(TOC)作为重要的判断依据。目前测定 TOC 普遍采用高温催化氧化-非色散红外吸收法。其基本原理是将一定量的样品注入高温炉内的石英管，石英管中填充了催化剂，样品中的有机物在催化剂的作用下燃烧裂解转化为 CO_2，通过红外检测器测定 CO_2 的量，从而确定样品中有机碳的含量。

常用的 TOC 测定法有 3 种。

1. 差减(TC-IC)法

由总碳(TC)和无机碳(IC)的差求出总有机碳(TOC)的方法。但是当样品中的 IC 的含量比 TOC 的含量大得多的时候，用差减法得出的 TOC(TC-IC)，包含有 TC 的测定误差和 IC 的测定误差。所以结果误差较大，最好使用直接法。

2. 直接(NPOC)法

在样品中加酸调节 pH 为 2～3，通喷射气体，样品中的 IC 成为 CO_2 除去。剩余的全部是有机碳，但在加酸喷射气体的过程中，某些易于挥发的有机组分也会被吹出，因此把这部分剩余的有机碳称为不可吹除有机碳(Non-Purgeable Organic Carbon, NPOC)。这是最简单的 TOC 测定方法。但是，在通气处理中起泡的样品，不适用该法。

3. 加和(POC+NPOC)法

当样品不适合采用差减法，而样品中的可吹除有机碳(Purgeable Organic Carbon, POC)又不可忽略时，常采用将 POC 与 NPOC 相加作为 TOC 量的方法。

目前，市面上不同厂家生产的总有机碳分析仪在细节上有一些差异，但总体结构大同小异。以日本岛津公司的 TOC-VCPN 为例，①载气：高纯空气或高纯氧气；②进样系统：可连接自动进样器，也可手动直接进样；③高温炉：石英管就在高温炉中，实现高温催化氧化，碳转化为 CO_2；④CO_2 的净化：产生的 CO_2 经过卤素脱除剂和膜过滤器；⑤NDIR 检测器：非色散红外气体分析(Non-Dispersive Infra-Red)。仪器的主要结构如图 5-1 所示。

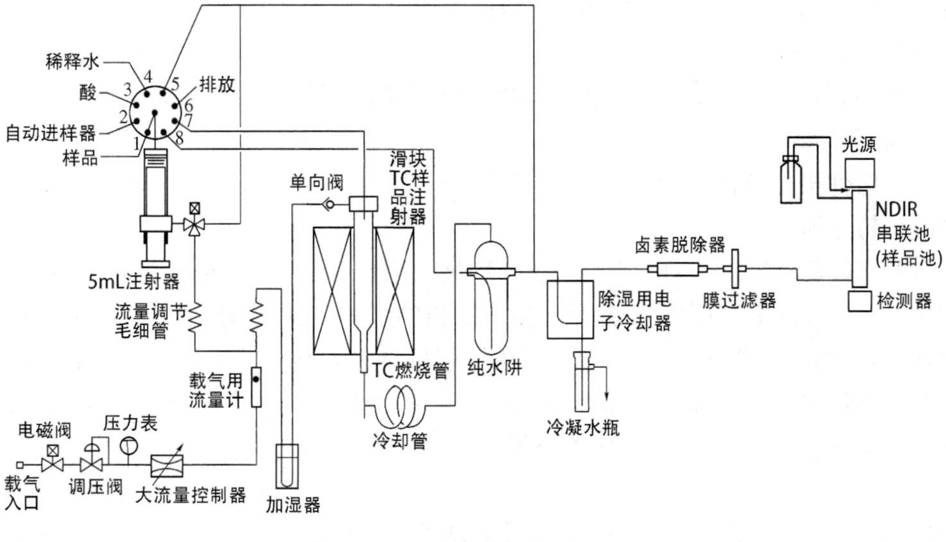

图 5-1　岛津 TOC-VCPN 总有机碳分析仪结构

三、实验条件

1. 仪器设备

岛津 V-CPN 总有机碳分析仪。

2. 试剂与样品

超纯水(Millipore),2 mol/L 的 HCl,优级纯的邻苯二甲酸氢钾、碳酸钠、碳酸氢钠,天然水体样品为待测样品。

3. 测试参数

燃烧炉温度为 680℃,进样量为 50 μL。

四、实验步骤

1. 试剂的准备

TC 和 NPOC 标准溶液的配制:准确称取 2.125 g 邻苯二甲酸氢钾[$C_6H_4(COOK)(COOH)$],用超纯水溶解并定容于 1 000 mL 容量瓶,此溶液中 TC 为 1000 mg/L。采用母液稀释的方法,配制 5 mg/L, 15 mg/L,25 mg/L,40 mg/L,50 mg/L 的标准溶液用于绘制 TC 和 NPOC 标准曲线。

IC 标准溶液的配制:准确称取 3.500 g 碳酸氢钠($NaHCO_3$),4.410 g 碳酸钠(Na_2CO_3),用超纯水溶解并定容于 1 000 mL 容量瓶,此溶液中 IC 为 1000 mg/L。采用母液稀释的方法,配制 5 mg/L, 15 mg/L, 25 mg/L, 40 mg/L, 50 mg/L 的标准溶液用于绘制 IC 标准曲线。

配制三个标准样品:A(TOC:28 mg/L; IC: 2 mg/L); B(TOC:28 mg/L; IC: 12 mg/L); C(TOC:28 mg/L; IC: 22 mg/L)。

2. 样品的准备

样品采集后尽可能立即分析,否则避光 4℃保存,并在 1 周之内分析完成。如果预期可能会有细菌存在或分析将在 2 h 以后才能进行,加 HCl 酸化到 pH=2。上机前对样品离心过滤,保证样品中无肉眼可见颗粒,取三份平行样。

3. 仪器的准备

开启电脑,打开载气氧气瓶总阀门,检查分压阀,使压力在 0.5 MPa 左右,然后开启 TOC 主机电源(TN 电源)。

检查各组件操作条件:TOC-载气流量 130~150 mL/min,压力 200 kPa;TOC 的水和盐酸均能维持运转。

运行"TOC-Control V"(TOC 控制软件),进入联机控制系统,选择样品表编辑器进入测试程序,"User Name"(用户名)默认为空。点击"新建",在已经建立的系统中根据测试需要选择,确定后出现新的样品表。点击"联机",待仪器初始化完成后,联机成功。在背景监测界面上观察炉温、基线、除湿状态,约 20 min 后,各项均在"Ready"(准备就绪)状态(绿色勾),且主机面板上绿灯亮,表明系统准备好。

4. 上机分析

新建标准曲线,根据提示设置标准曲线测试模板,分别建立 TC、IC、NPOC 的标准曲线模板。在样品表中选中一行,选择"插入标准曲线",分别插入三条标准曲线模板。在"样品瓶位置设置"中设定不同浓度样品在自动进样器中的位置,使用超纯水作为 0 mg/L 的样品。点击“开始”，仪器开始运行。待序列运行结束，回到准备就绪状态，打开新完成的标准曲线，确定其线性良好后开始建立方法。

新建方法，根据需要可建立 TOC 和 NPOC 两种方法，根据提示插入新制作的标准曲线。方法建成后可采用该方法测定未知样品。

在样品表中选中一行，选择“插入多个样品”，然后选择对应的工作曲线或者方法。根据样品数量及自动进样器上样品瓶的位置设置好样品序列并命名。点击“开始”，进入样品分析程序。三个标准样品和实际水样分别用 TC－IC 法和 NPOC 法进行测量。

测试完毕，选择“仪器→维护→清洗”，选择相关组件清洗两次；选择关机程序，执行关机程序后关掉氧气，退出系统；经过半小时左右的降温过程，TOC 组件会自动切断电源。

五、实验结果与数据处理

数据由仪器直接读出，记入表 5-5 中，并比较两种方法的结果和真值的偏差，进一步理解两种方法的适用范围。

表 5-5　实验数据记录表

方法	样品					
	A	B	C	样品 1	样品 2	样品 3
TC－IC						
NPOC						

六、问题与讨论

1. TOC 和 COD 都可以用来表征水中有机物的污染程度，请比较这两种方法的什么区别。

2. 分析采用差减法测定 TOC 时，结果出现负值的原因。

3. 本实验中采用的是高温催化氧化法，列举 TOC 测定采用的其他氧化方式，并比较它们的适用范围。

七、注意事项

1. 样品上机前一定要确保其 pH 值为中性或弱酸性，样品的碱性太强会导致测试过程中加酸量不足，出现错误的结果，最明显的现象就是稀释不同倍数测出的结果不一致，另外强碱性的样品会造成催化剂失效。如果关注 IC 的结果，不能在样品中加酸调节 pH 值，可以在测试方法中增大加酸量。

2. 如果出现 NDIR 基线不稳定的情况，考虑 CO_2 吸收器的吸收能力可能下降，要及时更换。

3. 经常性测试高盐样品要提高石英管的更换频率。高温下盐类会烧结在石英管壁内，造成石英管脆化碎裂，而盐类包裹在催化剂表面也会降低催化剂效率。

4. 在配制标准溶液前，邻苯二甲酸氢钾(KHP)在 105℃～120℃下干燥约1 h，干燥器内冷却；$NaHCO_3$ 预先在硅胶干燥器中干燥 2 h；Na_2CO_3 预先在 280℃～290℃下干燥约 1 h，干燥器内冷却。以上 1 000 mg/L 的标准溶液在 4℃密闭保存，有效期 2 个月。

5. 关机程序一定要通过软件操作，不可手动切断电源。若未经降温过程直接切断电源，进样口的滑动模块会过热变形。

实验 5.2　气相色谱测定污泥发酵液中挥发性有机脂肪酸的含量

一、实验目的

掌握气相色谱的基本原理、组成结构及作用;了解氢火焰离子化检测器的特点和使用方法;掌握气相色谱中利用保留时间定性的方法,以及外标定量方法;了解利用极性毛细管柱测定极性有机物的注意事项。

二、实验原理与仪器结构

1. 气相色谱工作原理及仪器结构

利用试样中各组分在气相和固定相间的分配系数不同,当汽化后的样品被载气带入色谱柱中后,组分就在两相间进行反复多次分配或吸附/解附。由于固定相对各组分的吸附或溶解能力不同,各组分在色谱柱中的运行速度就不同。经过一定的柱长后,各组分便彼此分离,按顺序离开色谱柱进入检测器,产生的离子流讯号经放大后,在记录器上得出各组分的色谱峰。

气相色谱仪一般由载气系统,进样系统,分离系统,检测系统和记录系统组成,结构示意图如图 5-2 所示。

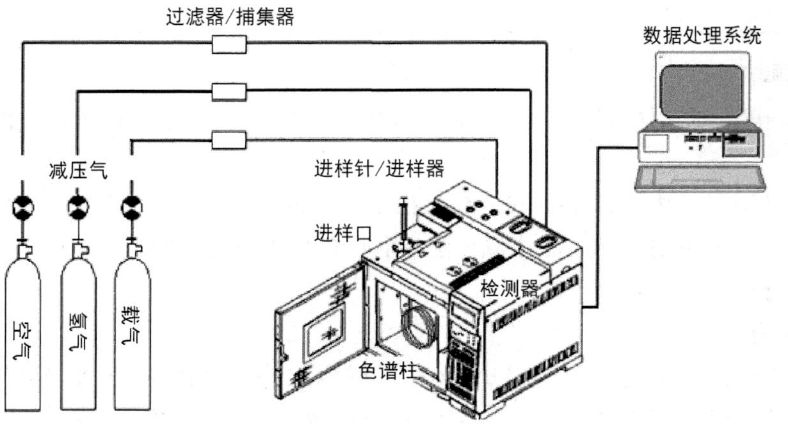

图 5-2　气相色谱仪结构示意图

(1) 载气系统(E, F):包括气源、气体净化、气体流速控制,提供稳定流量/压力的高纯载气。

(2) 进样系统(A):包括注射器和进样口(隔垫、衬管),样品被注射器注入衬管后(液体样品瞬间汽化),被载气带入色谱柱,分流功能也在进样口实现。

(3) 分离系统(B):包括色谱柱和柱温箱,在恒温或程序升温控制下,样品中各组分在色谱柱中实现分离。

(4) 检测系统(C):由检测器获得与各组分含量呈比例的信号。

(5) 记录系统(D):包括数据处理装置及工作站(较早型号的仪器配置的是放大器和记录仪),记录检测器获得的信号,得到色谱图,并可以对色谱峰进行积分等处理。

2. 氢火焰检测器(FID)的工作原理

含碳有机物在氢火焰中燃烧时，产生化学电离，发生下列反应：

(1) $C_nH_m \rightarrow \cdot CH$；(2) $\cdot CH + O^* \rightarrow 2CHO^+ + e^-$；(3) $CHO^+ + H_2O \rightarrow H_3O^+ + CO$

在电场作用下，正离子被收集到负极，产生电流。

检测器结构如图5-3所示，在喷嘴上加一极化电压，氢气从管道7进入喷嘴，与载气混合后由喷嘴逸出进行燃烧，助燃空气由管道6进入，通过空气扩散器5均匀分布在火焰周围进行助燃，补充气从喷嘴管道底部8通入。

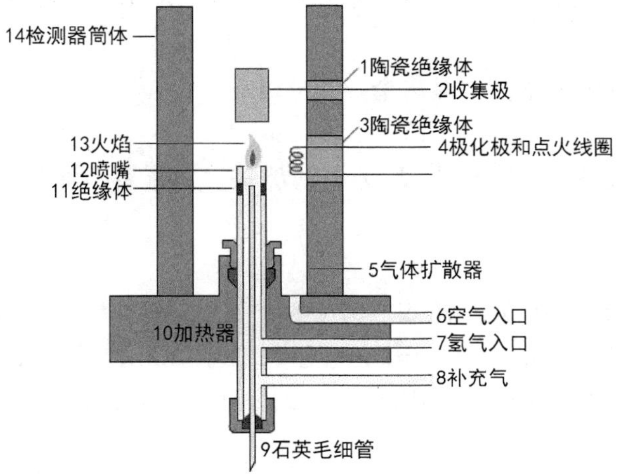

图5-3　FID检测器结构示意图

3. 气相色谱保留时间定性

在混合物样品得到分离之后，利用已知物保留时间对各色谱峰进行定性是色谱法中最常用的一种定性方法。它的依据是在相同的色谱操作条件下，同一种物质应具有相同的保留时间。当已知物的保留时间与未知物组分的保留时间完全相同时，则认为它们可能是相同的化合物。这个方法是以各组分的色谱峰必须分离为单独峰为前提，同时还需要有作为对照的标准物质。

4. 气相色谱外标法定量

色谱定量分析的依据是被测物质的量与其在色谱图上的峰面积(或峰高)成正比。数据处理软件(工作站)可以给出包括峰高和峰面积在内的多种色谱数据。因为峰高比峰面积更容易受分析条件波动的影响，且峰高标准曲线的线性范围也较峰面积的窄，因此，通常情况是采用峰面积进行定量分析。

外标法是色谱分析中基本的定量方法。当样品中所有组分都得到良好的分离并都能被检出而得到色谱峰时，则可利用外标法定量计算样品中各组分的浓度。要求标准样品和未知样品在同样条件下分析，进样量准确(最好用自动进样器)，只需对分析的组分峰作校正，绘制待分析组分的浓度或绝对量对该色谱峰面积的校正曲线，计算未知样中该组分浓度或绝对量。根据情况可作单极校正或多级校正。

5. 极性毛细管气相色谱柱

待测物为环境样品中需要监测的VOCs，六种挥发性有机酸时，由于其属于极性物质，所以选择极性色谱柱 DB-WAXetr，其固定相是强极性聚乙二醇（PEG）最高使用温度 240℃。

三、实验条件

1. 仪器设备

气相色谱仪（Agilent 6890N），带氢火焰离子化检测器，100 位自动进样器。色谱柱：J&W DB-WAXetr（30 m×0.53 mm×1 μm）；载气：高纯氮气；燃烧气：高纯氢气；助燃气：高纯空气。

2. 试剂与样品

（1）标准样品：含乙酸、丙酸、正丁酸、异丁酸、正戊酸、异戊酸的混合标准样品储备液，每种组分浓度均为 10 g/L。

（2）待测水样：污泥发酵液样品多个，约 10 mL。

（3）3%磷酸 10 mL。

气相色谱 2 mL 进样瓶，2 mL 针筒，水样过滤头，4 mL 离心管若干，移液枪及一次性枪头若干。

3. 测试参数

进样量 0.5 μL；不分流进样口 200℃；分流吹扫 30 mL/min，0.75 min，恒流 6.4 mL/min；柱温 55℃，1 min，30℃/min 升至 110℃，1 min，10℃/min 升至 200℃，0 min，30℃/min 升至 220℃，1 min；FID 220℃；H_2 40 mL/min，Ar 400 mL/min，尾吹N_2 25 mL/min。

四、实验步骤

1. 标准溶液配制（现配现用）

用移液枪配制乙酸，丙酸，正丁酸，异丁酸，正戊酸，异戊酸六种混合物水溶液 1 mL 于 2 mL 色谱样品瓶中，浓度分别为 20 mg/L，40 mg/L，60 mg/L，80 mg/L，100 mg/L。

2. 样品预处理

将待测污泥发酵液样品，离心 6 000 r/min，取上清液过 0.45 μm 滤膜，稀释 50～100 倍，取 1.5 mL 于 2 mL 色谱样品瓶中，再加入 3%磷酸 100 μL（pH 为 2～3），盖好中空色谱瓶盖，摇匀待测。

3. 仪器准备

（1）通氮气约 1 min 后，打开氢气和空气钢瓶减压阀。

（2）打开稳压电源，打开气相色谱仪主电源，打开电脑及工作站。

（3）设定柱温，进样口温度和检测器温度分别为 55℃，200℃和 220℃。

（4）当温度达到设定值后，在工作站中设定分析文件名、文件路径和仪器方法，等待仪器显示“ready”（准备）。

4. 上机分析

（1）按照空白，标准样品（从低浓度到高浓度），待测样品（按序号）顺序在自动进样器上排列，在工作站软件上设定分析序列，点击“运行序列”开始自动进样测试。

（2）测试结束后，对每个色谱图进行积分处理，并记录所有数据。

（3）启动降温程序，待柱温、进样口温度和检测器温度均降至 50℃以下后，依次关闭化学工作站、气相色谱仪，关闭气体钢瓶及稳压电源。

五、实验结果与数据处理

图 5-4 是六种典型挥发酸的色谱图，根据已知标样的保留时间定性，峰 1～6 的六个峰为目标峰。

记录标准样品中每个组分的峰面积，作出各组分以峰面积和浓度为坐标的外标法标准曲线图。

根据未知样品色谱图中相应色谱峰的峰面积，计算所测样品中相关组分的实际含量。

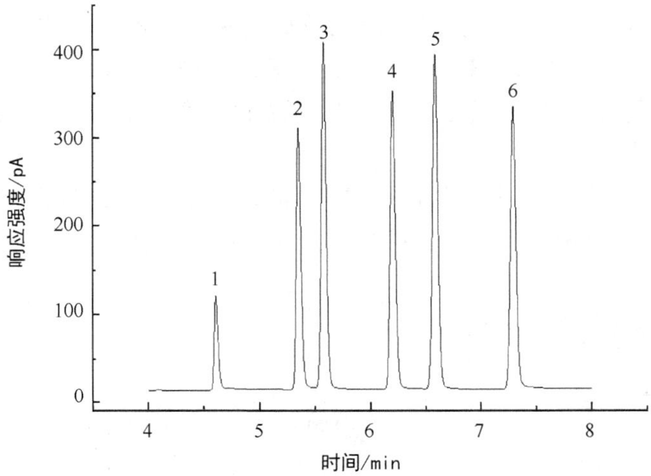

图 5-4　六种挥发性有机脂肪酸在 WAXetr 色谱柱上出峰图

注：1—乙酸；2—丙酸；3—异丁酸；4—正丁酸；5. 异戊酸；6. 正戊酸

六、问题与讨论

1. 氢火焰离子化检测器与其他常见的检测器相比优势在哪些方面？

2. 分流/不分流进样口的进样过程分别是什么？

七、注意事项

1. 配制标准溶液时，储备液浓度较高，可以先配一个中间液，如 1 000 mg/L，再逐级稀释至所需浓度。

2. 根据污泥发酵液的实际情况进行稀释。对情况不明的未知水样，可先大倍数稀释，稀释样品进行预实验，再根据结果确定稀释倍数。

3. 使用单标在同一条件下多次进样，逐一确定保留时间，也可用标准加入法确定保留时间；可根据目标物的沸点辅助判断多种目标化合物的出峰顺序。

实验 5.3　气相色谱测定填埋场气中的甲烷和二氧化碳的含量

一、实验目的

掌握气相色谱的基本原理、组成结构及作用；了解热导检测器的特点和使用方法；熟练掌握气相色谱中利用保留时间定性的方法以及外标定量方法；了解气体样品的采样方法。

二、实验原理与仪器结构

1. 热导检测器的工作原理

热导检测器(TCD)又称热导池或热丝检测器,是气相色谱最常用的一种检测器,是基于不同组分与载气(常用氢气和氦气)有不同热导率的一种热传导检测器。敏感元件为热丝,如钨丝、铂丝、铼丝,并由热丝组成电桥。在接通恒定电流以后,钨丝温度升高,其热量经四周的载气分子传递至池壁。当被测组分与载气一起进入热导池时,由于混合气的热导率与纯载气不同(通常是低于载气的热导率),钨丝传向池壁的热量也发生变化,致使钨丝温度发生改变,其电阻也随之改变,进而使电桥输出端产生不平衡电位而作为信号输出。载气中待测组分的浓度越大,测量池中气体热导率改变越显著,温度和电阻值改变也越显著,电压信号就越强。此时输出的电压信号与样品的浓度成正比,这正是热导检测器的定量基础。

早期的 TCD 设计是将四根热丝连接成惠斯通电桥,柱流出物流经两根相对的热丝,纯的载气参比气流经另外两根热丝。当有被分离样品组分流出色谱柱进入检测器时,电桥的平衡被破坏。

现代的 TCD 设计如图 5-5 所示。

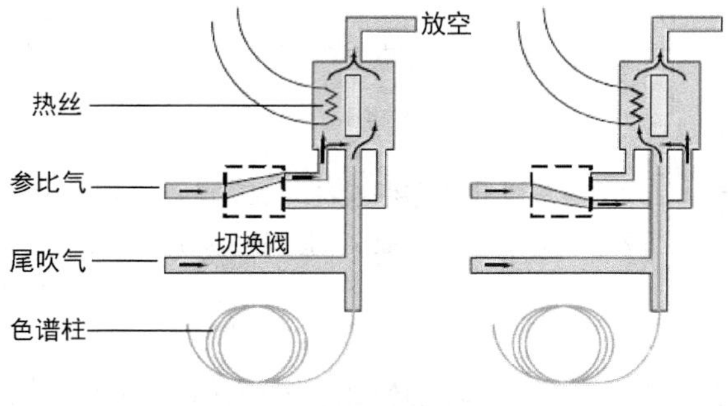

图 5-5　TCD 原理示意图

此检测器只用一根热丝。快速切换阀使得柱流出物含样品和参比气交替通过检测池。如果两种气流相同,没有被分离的组分气体切换时,热丝电阻不变;然而在有样品组分进入检测池时,切换到色谱柱流出气时,热丝温度降低,当切换到参比气时,热丝温度又恢复原值,电子传感器能够探测到此变化,并调节热丝的电源供给以使温度保持恒定。电源供给变化曲线的波动幅度取决于柱流出物有组分存在时和参比气之间热导率的差异。

热导检测器是气相色谱中最早出现和应用最广的检测器。近年来,尽管在许多方面它已被灵敏更高,专属性更强的各种检测器所取代,但是由于它结构简单,性能稳定,灵敏度适宜,线性范围宽,对各种物质都有响应,不仅用于有机污染物分析,而且对于一些其他检测器无法检测的无机气体,如氢气、氧气、氮气、一氧化碳、二氧化碳等,也很适用。

2. 填充气相色谱柱

气相色谱柱一般分为填充柱和毛细管柱。填充柱是填充了固定相的金属柱或玻璃柱色谱柱,内径常为 2～5 mm,柱长为 0.5～10 m。毛细管色谱柱是把高分子量、热稳定性聚合物涂渍到内径为 0.05～0.53 mm 的石英毛细管内,形成 0.1～10 μm 的膜厚,一般有 15～

60 m 长。近年来，由于毛细管色谱柱的柱效高、色谱峰形尖锐、能分析复杂样品等优点，在大部分应用中已经取代填充柱，但在永久气体测试中，填充柱依然是最佳选择。

三、实验条件

1. 仪器设备

气相色谱仪(Agilent 6890N)，带热导检测器，填充柱进样口，气体＋通进样阀，填充色谱柱：6 ft，Haysep Q 80/100 Mesh(预柱 0.5 M)；载气：高纯氦气(99.999%)；阀推动气：高纯空气(99.999%)。

100 mL 聚乙烯膜铝箔气体采样袋若干，硅胶管，100 mL 玻璃注射器若干，管路三通若干。

2. 试剂与样品

(1) 标准气体：高纯 CO_2，高纯 CH_4，高纯 N_2。

(2) 待测气样：填埋场或厌氧反应器、污泥发酵罐等处采集气体样品若干个，约 20 mL。

3. 测试参数

定量环 500 μL；填充柱进样口 200℃；载气流量 40 mL/min；柱温 80℃，采样时间 2 min；TCD 250℃；数据采集频率 5 Hz；参比气流量 60 mL/min。1 min 后关闭进样阀并反吹，反吹气流量为 20 mL/min。

四、实验步骤

1. 标准气配制(现配现用)

(1) 气袋检漏后，将气袋抽成真空，用 100 mL 注射器抽取高纯 N_2 冲洗气袋 3 次，再次抽成真空，用三通封口。

(2) 取 5 个气袋并编号，分别通入 40 mL 高纯 N_2，然后依次通入 10 mL、20 mL、30 mL、40 mL、50 mL 高纯 CH_4，关闭三通阀门；再依次通入 50 mL、40 mL、30 mL、20 mL、10 mL 高纯 CO_2气，关闭三通阀门。最后用手揉捏气袋，确保三种气体混合均匀，得到以 N_2 作为稀释气，浓度为 10%、20%、30%、40%、50%的 CH_4、CO_2 标准混合气体系列。

2. 样品采集

(1) 采样前，先检查注射器或者铝箔采样袋是否漏气：用橡皮帽封严进气孔，反复将活栓推进拉出几次，如果每次活栓都能恢复到原来位置，可视为不漏气；用注射器将铝箔采样袋抽成真空(呈拉不开的扁平状)，用夹子夹紧抽口硅胶管，放置 1 h 后，如果气袋里没有进入气体，可视为不漏气。或充足气后，密封进气口，将其置于水中，应不冒气泡。

(2) 采样时，先用现场空气抽吸注射器 3～5 次，然将注射器连接一个管路三通，打开注射器三通，将气体一次抽入预定刻度，关闭注射器进口三通，将进气口朝下，垂直放置。同样，使用采气袋时，也先要用现场空气冲洗 3～5 次，抽真空后充入待测气体，用夹子夹紧抽口硅胶管，带回实验室。

(3) 用上述方法，取垃圾填埋厂、污泥发酵罐等点源处气体多袋，采样后在 24 h 内分析完成。

3. 仪器准备

(1) 打开高纯氦气和空气钢瓶总阀，调分压阀至 0.5 MPa。

(2) 打开稳压电源、气相色谱仪主电源，打开电脑及工作站。

(3) 待仪器自检完毕，按照实验条件设置仪器方法，等待仪器准备好。

4. 上机分析

(1) 将配制好的标准样品气袋用硅胶管和三通连接至气相色谱仪定量环“sample in”(进气口)处，手动推入样品至进样阀定量环，多余气样从“sample out”(出气口)出口水封处鼓泡 10 s，手动按仪器面板上“start”(开始)按钮，依次开始气相色谱分析测试。

(2) 同样方法对待测气体样品进行测定。

(3) 测试结束后，对每个色谱图进行积分处理，并记录所有数据。

(4) 启动降温程序，待柱温、进样口温度和检测器温度均降至 50℃以下后，依次关闭化学工作站、气相色谱仪，关闭气体钢瓶及稳压电源。

五、实验结果与数据处理

根据已知标样确定 CH_4和 CO_2的保留时间，作出两个组分的峰面积与浓度的外标法标准曲线。根据未知样品色谱图中相应色谱峰的峰面积，如图 5-6 所示，计算所测样品中相关组分的实际含量。

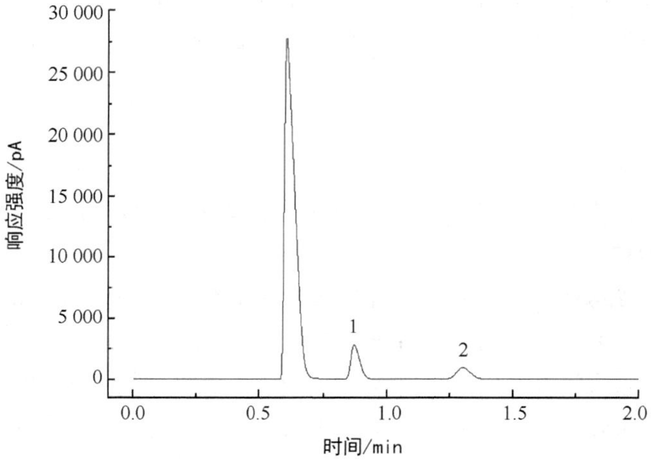

图 5-6　填埋场气在 Haysep Q 柱上的色谱图

注：1—甲烷；2—二氧化碳

六、问题与讨论

1. 请选择适合的检测器检测下列物质：(1)含氯农药残留；(2)有机溶剂中的微量水；(3)痕量苯和二甲苯的异构体。

2. 为什么一般选择氢气或氦气作为热导检测器的载气？

七、注意事项

1. 由于空气的组分是恒定的，实验前可进空气检查仪器的稳定性，检查空气峰(主要是 N_2和 O_2)保留时间和峰面积是否与平时相同。如不一致，仪器可能需要维护，如色谱柱老化等。

2. 手动进气样时需用样品对进样阀定量环冲洗 10 s 以上，以消除前一个样品可能存在的干扰。

3. 空气中 N_2、O_2、CO 不干扰本方法 CH_4和 CO_2的测定，但对于含多种气体组分的复杂气体样品，可能存在干扰，需要用不同填料的其他色谱柱、气体阀切换等方法来分离及测定。

实验 5.4　热脱附-气相色谱-质谱联用法测定车内空气中的苯系物

一、实验目的

了解气相色谱-质谱联用仪(GC-MS)的组成结构及各部分功能；掌握 GC-MS 测定挥发性有机物的原理和特点；掌握热脱附方法的采样及与 GC-MS 的联用方法；掌握谱库检索定性的基本方法及外标定量方法和特点；了解利用弱极性毛细管柱测定非/弱极性有机物的注意事项。

二、实验原理与仪器结构

1. 气相色谱-质谱联用仪的组成

气相色谱-质谱联用仪也与普通的气相色谱仪类似，由载气系统，进样系统，分离系统，检测系统和记录系统组成，特殊的是，其检测系统是质谱仪，质谱仪可以看作是气相色谱的检测器。

2. 质谱仪

质谱仪包括离子源，质量分析器，检测器(打拿极和电子倍增器)等部件。由气相色谱柱分离后的待测物质在离子源中以电子轰击或其他的方式离子化，形成各种质荷比(m/z)的离子。在质量分析器中，离子按不同的质荷比分离，到达打拿极和电子倍增器，其强度被测量，从而被测物质的分子量和结构信息确定。按照质量分析器的不同，质谱仪可分为四极杆质谱仪，离子阱质谱仪，飞行时间质谱仪和磁质谱仪等。本实验使用的是四极杆质谱仪，原理示意图如图 5-7 所示。

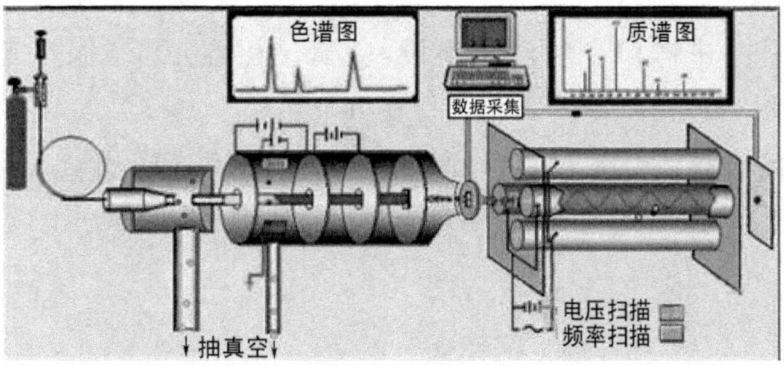

图 5-7　单四级杆 GC-MS 工作原理示意图

3. 谱库检索的定性方法

以相同的 70 eV 能量电子轰击样品束，同一种物质应具有相同的质谱图。国际上通用的标准质谱库收集了大部分已知化合物在 70 eV 电子轰击电离源下产生的质谱图，如 NIST 库。用未知物组分的质谱与质谱库中的标准图比对，按照相似度可排列出可能的化合物。如果要进一步确认，则需用标准样品进样，以保留时间辅助确定。

4. 外标法定量(略，见实验 5.2)

5. 非极性/弱极性毛细管气相色谱柱

苯系物是非极性的化合物，部分有弱极性，针对苯系物样品的测定，选择固定相为 5% 苯基- 95%二甲硅亚芳基硅氧烷的非极性柱 DB-5MS，"MS"是指针对质谱检测器设计的低流失气相色谱柱。

6. 热脱附进样

将装有吸附剂（如 Tenax TA）的吸附管接在一个经流量校正的大气采样泵上，以一定流速（50～200 mL/min）采集一段时间，则所采气体中的有机物被捕集到吸附管中。将吸附有待测物的吸附管置于与 GC 相连的热脱附装置上。当热脱附装置快速升温时，挥发性组分从固体吸附剂中释放出来，随载气进入 GC 进行分析。

三、实验条件

1. 仪器设备

Trace DSQⅡ气质联用仪（美国 Thermo Fisher 公司），TurboMatrix ATD 热脱附仪（美国 Perkin Elmer 公司），色谱柱：DB-5MS（30 m×0.25 mm×0.25 μm），高纯氦气，高纯空气。

Tenax TA 吸附管（60～80 目，200 mg）若干，低流量采样泵（盐城鑫宝），2 mL 色谱进样瓶若干，10 μL 微量进样针。

2. 试剂与样品

标准储备液：2 000 mg/L 的九种苯系物（甲醇）标准溶液（苯，甲苯，氯苯，间二甲苯，苯乙烯，异丙苯，正丙苯，1，3，5 -三甲苯，叔丁苯）。

待测样品：乘用车内空气，用 Tenax TA 吸附管参考标准《HJ/T 400—2007 车内挥发性有机物和醛酮类物质采样测定方法》采集的样品若干。

3. 测试参数

（1）热脱附条件：干吹 1 min，270℃解析 5 min；二段式脱附模式，冷肼－30℃，以40℃/s升至 270℃，脱附 10 min，脱附流速 50 mL/min；柱压力 125 kPa，出口分流 100 mL/min。

（2）气相色谱条件：进样口和柱流量不设，色谱柱初温 40℃，保持 3 min，以 2℃/min 升至 60℃，保持 1 min，8℃/min 升至 180℃，保持 1 min。

（3）质谱条件：接口温度 180℃，离子源温度 200℃，0 min 开始采集数据，全扫描范围 35～350 m/z，SIM 扫描：m/z 77，m/z 78，m/z 91，m/z 92，m/z 104，m/z 105，m/z 106，m/z 112，m/z 120，m/z 134。

四、实验步骤

1. 液体标准样品配制

取 3 个 2 mL 色谱进样瓶，先用 1 mL 移液器分别加入 995 μL，980 μL，950 μL 甲醇，然后用微量进样针或移液器分别加入 5 μL，20 μL，50 μL 2 000 mg/L 的标准储备液，配制 10 mg/L，40 mg/L 和 100 mg/L 的苯系物标样。

2. 标准样品吸附管制作

取 3 根预老化的吸附管，打开吸附管一端螺母，用 10 μL 微量进样针分别取 10 mg/L，40 mg/L 和 100 mg/L 的苯系物标样 1 μL，注入吸附管中的不锈钢滤网上；另外取两根吸附管，分别注入 4 μL 和 10 μL 的 100 mg/L 的苯系物标样，5 根吸附管中分别含苯系物标样 10 ng，40 ng，100 ng，400 ng 和 1 000 ng。将吸附管连接至气相色谱填充柱进样口（或者其他装置)，用 100 mL/min 高纯氮气吹吸附管 5 min，取下后立即用螺母密封吸附管两端。

3. 采集样品

将预先老化好(280℃，45 min)的吸附管用硅胶管连接在采样泵的进样口上，放置在门窗紧闭的车内中心点位置上，以 100 mL/min 的流速，采集 30 min。同时，在两辆车上采集样品，每车采集两个平行样。

4. 仪器准备和上机分析

设置仪器方法，将标准样品吸附管和样品管按顺序放置在热脱附仪上，在 GC－MS 上设置相应采集序列，点击"run sequence"(运行序列)开始测试。

5. 测试结束后，将"standby"(待机)方法传给 GC－MS，关闭热脱附仪，记录所需数据。

五、实验结果与数据处理

测试结束后，调出标准样品的全扫描(Full Scan)质谱图。通过标准质谱库检索，对每个峰进行定性分析，确定要定量的 9 种组分的保留时间，典型的总离子流图如图 5-8 所示，峰 1～9 是目标组分。调出 SIM 图(或 Full Scan 图)，对这些色谱峰进行积分处理，记录每个峰的峰面积，作出各组分的峰面积与浓度的外标法标准曲线图。同样方法对样品的色谱峰进行定性，并根据标准曲线计算所测样品中相关组分的实际含量。

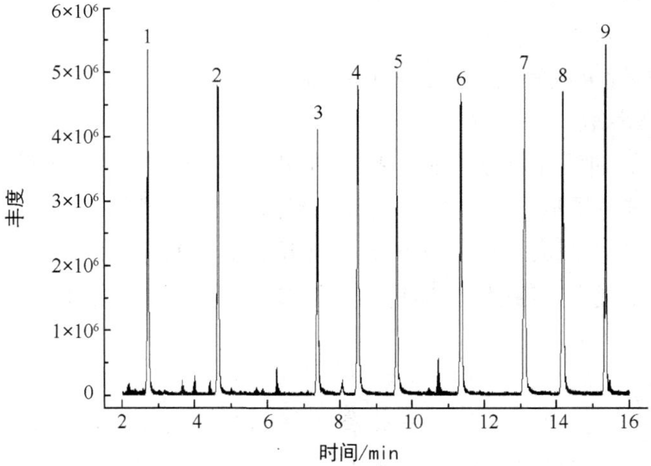

图 5-8　九种苯系物在 GC-MS 上的总离子流图

注：1—苯；2—甲苯；3—氯苯；4—间二甲苯；5—苯乙烯；6—异丙苯；7—正丙苯；8—1,3,5-三甲苯；9— 叔丁苯

六、问题与讨论

1. 热脱附管中常用的填料有哪些，各自适用范围是什么？

2. 热脱附法可以测定空气中的半挥发性有机物吗？请举例说明。

七、注意事项

1. GC－MS 使用前需做仪器性能检查，如真空度是否合格，检查水峰、N_2 峰、O_2 峰比例来看仪器是否漏气；用全氟三丁胺(PFTBA)调谐仪器，其响应强度和离子丰度比例能反映质谱仪的灵敏度和分辨率；进 50 mg/L 对氟溴苯(BFB) 1 μL，用来检查 GC－MS 的综合性能：要求 BFB 峰不拖尾，且各碎片离子相对丰度符合要求。

2. 采样前的吸附管均需老化，以保证无残留。开始测试标准样品管和待测样品管前，需做单独的 GC－MS 空白和 ATD－GC－MS 空白，空白吸附管空白，以便处理样品数据。

3. 如果实验目的为判断乘用车空气质量是否符合国家质量标准，则需按照采样标准要求，乘用车应在采样前打开所有车窗、车门，静止至少 6 h，之后再密闭，静止 16 h 后采样。

实验 5.5　顶空-固相微萃取-气相色谱质谱联用仪测定水中的嗅味物质

一、实验目的

了解气相色谱-质谱联用仪的组成结构及各部分功能；掌握气相色谱-质谱联用仪测定挥发性有机物的原理和特点；掌握顶空-固相微萃取富集方法；掌握谱库检索定性的基本方法及外标定量方法和特点；了解利用弱极性毛细管柱测定非/弱极性有机物的注意事项。

二、实验原理与仪器结构

1. 气相色谱-质谱联用仪的组成(略，见实验 5.4)

2. 质谱仪(略，见实验 5.4)

3. 谱库检索的定性方法(略，见实验 5.4)

4. 外标法定量(略，见实验 5.2)

5. 非极性/弱极性毛细管气相色谱柱(略，见实验 5.4)

6. 顶空-固相微萃取

(1) 萃取过程：该过程是将萃取针头插入样品瓶内，压下活塞，使具有吸附涂层的萃取纤维暴露在样品中进行萃取，经一定时间后，拉起活塞，完成萃取。

(2) 解吸过程：将已完成萃取的针头插入气相色谱进样装置的气化室内，压下活塞，使萃取头暴露在高温载气中，最终使目标物不断地被解吸下来，从而进入气相色谱分析。

三、实验条件

1. 试剂与样品

标准储备液：100 mg/L 的(±)-土臭素(Geosmin，GSM)和 2－甲基异莰醇混标(2－methyli-soborneol，2－MIB)(甲醇)；氯化钠粉末。

待测样品：湖水等水源地水。

2. 仪器设备

Trace DSQⅡ气质联用仪(美国 Thermo Fisher 公司)，色谱柱为 DB－5MS(15 m×0.25 mm×0.25 μm)；固相微萃取进样器(美国 Supelco 公司)，50/30 μm 的 DVB/CAR/PDMS 固相萃取头；高纯氦气。

50 mL 钳口顶空瓶若干，压盖器，移液器，磁力搅拌恒温水浴锅，磁子。

3. 测试参数

(1) 固相微萃取条件：65℃萃取 30 min；磁力搅拌器转速 300 r/min；260℃解吸 3 min。

(2) 气相色谱条件：进样口 260℃；柱流量 1.5 mL/min；色谱柱初温 60℃，保持 2 min，以 8℃/min 升至 150℃。

(3) 质谱条件：接口温度 250℃；离子源温度 200℃，4～9 min SIM 扫描 m/z 95，9 min

后 SIM 扫描 m/z 112。

四、实验步骤

1. 标准样品配制

(1) 中间液配制:移取 100 mg/L 储备液 50 μL 于 50 mL 顶空瓶,甲醇定容,得 100 μg/L储备液,再移取该100 μg/L 储备液 50 μL 于50 mL 顶空瓶,甲醇定容,得100 ng/L 中间液。

(2) 标准样品系列配制:取 5 个 50 mL 顶空瓶,先加入磁子和 9 g 氯化钠粉末,再用移液器分别加入 34.3 mL, 33.25 mL, 31.5 mL, 28 mL 和 17.5 mL 高纯水,然后用移液器分别加入 0.7 mL, 1.75 mL, 3.5 mL, 7 mL, 17.5 mL 的 100 ng/L 标准中间液,配制 5 个标样,嗅味物质的浓度分别为 2 ng/L, 5 ng/L, 10 ng/L, 20 ng/L,50 ng/L,用压盖器密封。

2. 样品预处理

取待测水样 35 mL 加入 50 mL 顶空进样瓶中,加入磁子和 9 g 氯化钠粉末,用压盖器密封。

3. 固相微萃取

标准溶液或样品瓶分别在 65℃水浴中至少预热 2 min(使液体达到 65℃),将装有固相微萃取纤维头的 SPME 针旋至合适的刻度位置(1.6 cm),插入进样瓶隔垫,将推杆推下(纤维头露出进样针套管),同时开始顶空萃取,计时 30 min。萃取结束,将推杆收起,纤维头缩回进样针套管后,从顶空瓶中拔出,尽快测定。

4. 仪器准备和上机分析

(1) GC－MS 处于待机状态。检查质谱的真空度,质谱背景及校正气全氟三丁胺的信号强度。符合要求可以进行下一步测试。

(2) 按照实验条件,在工作站“instrument setup”(仪器设置)建立测试方法(包括进样口温度、柱温升温程序、接口温度、离子源温度等),并传给 GC。

(3) 在工作站“sequence setup”(仪器设置)设定测试序列,设定分析文件名,文件路径和仪器方法等。

(4) 等待仪器显示“ready”(准备就绪)后,按照空白、标准样品系列(从低浓度到高浓度)、样品(按序号)的顺序,将 SPME 针旋至合适的刻度位置(4 cm),插入进样口,推出纤维头,按“start”(开始)按钮开始测试,准确计时解吸 3 min 后,将推杆收起,从进样口中拔出,进样结束。

(5) 测试结束后,对每个色谱图进行积分处理,并记录所有数据。

5. 所有待测样测试结束后,将“standby”(待机)方法传给仪器,仪器进入待机状态。

五、实验结果与数据处理

测试结束后,调出标准样品的全扫描(Full Scan)质谱图,通过标准质谱库检索,对每个峰进行定性分析,确定要定量的 2 种组分的保留时间。典型的色谱质谱图如图 5-9 所示,峰 1 为 2－MIB, 峰 2 为 GSM。调出选择离子扫描(SIM)图(或 Full Scan 图),对这些色谱峰进行积分处理,记录每个峰的峰面积,作出各组分的峰面积与浓度的外标法标准曲线图。同样方法对样品的色谱峰进行定性,并根据标准曲线计算所测样品中相关组分的实际含量。

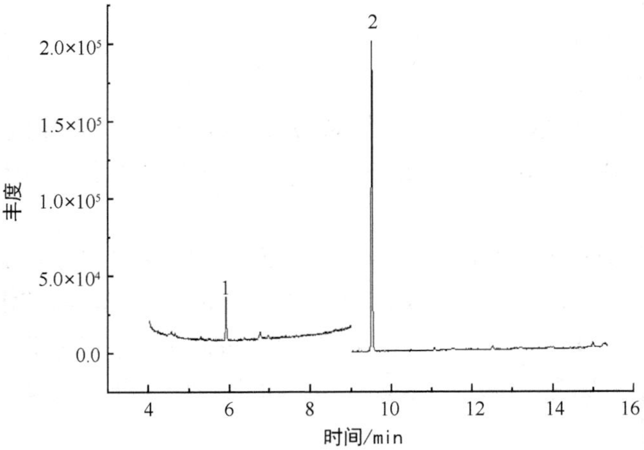

图 5-9　选择离子扫描(SIM)测定两种嗅味物质

注：1—2-MIB；2—GSM

六、问题与讨论

1. 顶空法和顶空-固相微萃取法的相同点分别与不同点分别是什么？

2. 固相微萃取纤维可以浸入液体中进行样品富集吗？

七、注意事项

1. 本实验中采用的 50/30 μm 的 DVB/CAR/PDMS 固相微萃取纤维不宜浸入盐溶液中，萃取时不宜靠近水面；插入和取出固相微萃取针时一定要将纤维收回套管内再操作，否则容易损坏纤维。

2. 固相微萃取纤维老化时，不能超过说明书上推荐的温度和老化时间，否则寿命会缩短。

实验 5.6　气相色谱三重四极杆质谱联用分析天然水中有机氯农药残留

一、实验目的

掌握气相色谱三重四极杆质谱(GC-MS-MS)的基本原理；了解气相色谱-质谱仪的基本结构；掌握水质样品固相萃取前处理方法及注意事项；掌握气相色谱三重四极杆质谱定量分析的基本过程。

二、实验原理与仪器结构

采用固相萃取方法，萃取天然水中有机氯农药残留，萃取液脱水、浓缩、定容后经气相色谱质谱分离、检测。根据保留时间、碎片离子质荷比及不同离子丰度比定性，内标法定量。

气相色谱-质谱联用技术，充分发挥气相色谱高效的分离能力及质谱准确的定性能力，较其他的气相色谱通用型检测器，质谱在定性分析方面具有绝对的优势。串联质谱技术通过选择质荷比较大的母离子，使之碎裂并选择特定的子离子，组成特定的母子离子对。采用一个母离子和两个子离子即可对物质进行定性分析，选择合适的子离子即可对化合物进行定量分析。这种方法一方面可以排除基质干扰从而获得较高的选择性，同时通过子离子的图谱得到分子的特征信息。此外，可以将在色谱柱上不能完全分离的具有不同母离子的共流出物通过设置多通道检测方式将其分开而实现定性定量分析。

典型的气相色谱三重四极杆质谱仪结构如图 5-10 所示。气相色谱的流动相（载气）为惰性气体，当多组分的混合样品进入色谱柱后，由于色谱固定相对每个组分的吸附力不同，经过一定时间后，各组分在色谱柱中的运行速度也就不同。吸附力弱的组分容易被解吸下来而吸附力最强的组分最不容易被解吸下来，因此各组分在色谱柱中彼此分离，依次进入质谱系统。质谱是一种测量离子质荷比（质量-电荷比）的分析方法，首先试样中各组分在离子源（如电子轰击源）中发生电离，生成不同质荷比的带正电荷的离子，经加速电场的作用，形成离子束，进入质量分析器；四极杆质量分析器是由四根棒状的电极组成，两对电极中间施加交变射频场，在一定射频电压与射频频率下，只允许一定质量的离子通过四极杆分析器而达到检测器。三重四极杆比单四极杆质谱具有更强大的分析功能，可以实现所有的 MS/MS 扫描方式，包括子离子扫描，母离子扫描，中性丢失扫描等。三重四极杆是目前普遍使用的四极杆质谱，第一级四极杆选母离子，第二级四极杆作为碰撞室对母离子进行碰撞解离，第三级四极杆作为质量分析器完成离子分析。三级四极杆采集到的 MS/MS 质谱图信息量大，并且较少发生重排反应，能够实现精确的定量分析。

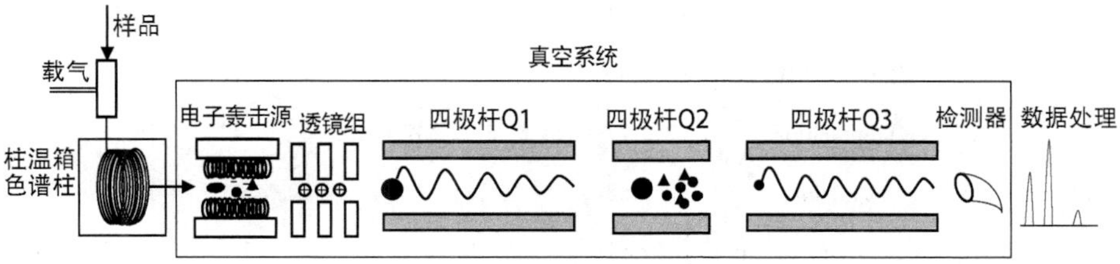

图 5-10　气相色谱三重四极杆质谱仪结构

三、实验条件

1. 仪器设备

气相色谱质谱仪 Trace GC Ultra-TSQ Quantum XLS(Thermo Fisher)。

色谱柱：石英毛细管柱，长 30 m，内径 0.25 mm，膜厚 0.25 μm，固定相为 35%苯基甲基聚硅氧烷。

固相萃取装置：可调节流速，流速范围 1～20 mL/min。

2. 试剂与样品

天然水样品若干，纯水（Millipore），二氯甲烷（农残级），甲醇（农残级），乙酸乙酯（农残级），有机氯农药标准溶液（Organochlorine Pesticide Mix AB ＃ 3, Restek），内标溶液（Method 525.2 internal Standard Mix, Restek），替代物标准溶液（p-terphenyl-d14，o2si），质谱校准物质溶液（Decafluorotriphenylphosphine，o2si），盐酸溶液，固相萃取小柱（填料为 C_{18} 或等效类型填料或组合型填料（市售），根据样品中有机物含量决定填料的使用量（注：若通过实验证实能够满足本方法性能要求，也可使用其他填料的固相萃取小柱或固相萃取圆盘），氦气（纯度≥99.999%），氮气（纯度≥99.999%）。

3. 测试参数

以气相色谱三重四极杆质谱 Trace GC Ultra-TSQ Quantum XLS(Thermo Fisher)分析天然水中有机氯农药残留为例(不同仪器型号、不同性质样品应重新确定实验条件，见表 5-5)，配置自动进样器。

进样口温度：250℃；进样方式：不分流进样 1.0 μL；载气：氦气，恒流 1.0 mL/min；传输线温度：280℃；离子源温度：200℃；电离方式：EI 源；质量范围：35～500 amu；数据采集方式：选择反应监测(SRM)；气相色谱程序升温：60℃(1 min)，20℃/min 至 180℃(2 min)，5℃/min 至 280℃(5 min)。

表 5-5　选择离子参数设定表

测定物质		母离子	定性离子	碰撞能量(ev)	保留时间(min)	定量离子
中文名称	英文名称					
氘代苊	Acenaphthene-D10	162.07	158.46,160.5	22	9.22	158.46
α-六六六	BHC\, alpha	180.9	145.46,181.63	11	12.05	145.46
γ-六六六	BHC\, gamma	180.9	109.23, 146.35	23	12.77	109.23
β-六六六	BHC\, beta	180.9	145.43, 146.49	14	13.04	145.43
氘代菲	Phenanthrene-D10	188.11	160.38, 188.55	23	13.47	160.38
δ-六六六	BHC\, delta	180.89	109.2, 146.41	23	13.89	109.2
七氯	Heptachlor	271.77	235.1, 237.12	15	15.35	235.1
二氯丙酸	Aldrin	262.83	191.44, 193.4	25	16.58	191.44
环氧庚氯烷	Heptachlor epoxide	352.81	263.27, 353.35	11	17.91	263.27
反式氯丹	Trans-Chlordane	372.79	264.05, 266.02	17	18.75	264.05
顺式氯丹	Cis-Chlordane	372.79	264.07, 265.93	15	19.2	264.07
4,4′-滴滴伊	4,4′- DDE	245.99	176.26, 246.48	25	19.94	176.26
氘代对三联苯	p-Terphenyl-D14	244.19	236.69, 240.76	29	20.12	236.69
狄氏剂	Dieldrin	262.83	191.24, 193.5	25	20.19	191.24
安特灵	Endrin	244.89	173.16, 175.19	25	20.97	173.16
β硫丹	Endosulfan II	194.9	123.03,125.25	24	21.35	123.03
4,4-滴滴滴	4,4′- DDD	235.01	165.17,199.22	24	21.47	165.17
异狄氏醛	Endrin-aldehyde	344.85	207.08,245.25	27	21.86	207.08
硫丹硫酸酯	Endosulfan sulfate	271.78	235.2,237.16	15	22.71	235.2
P,P′-滴滴涕	4,4′- DDT	235.01	165.17, 199.25	25	22.79	165.17
异狄氏剂酮	Endrin-ketone	316.85	244.9, 281.14	14	24.46	244.9
氘代屈	Chrysene-D12	240.17	236.69,240.76	29	24.71	236.69
甲氧滴滴涕	Methoxychlor	227.11	141.23,169.37	24	24.79	141.23

四、实验步骤

1. 试剂准备

用移液器将有机氯农药标准溶液，内标溶液，替代物标准溶液及质谱校准物质溶液逐级稀释，准确配制含有 5.0 μg/L 内标物质的 1.0 μg/L，2.0 μg/L，5.0 μg/L，10.0 μg/L，20.0 μg/L，50.0 μg/L，100.0 μg/L 的有机氯农药系列标准溶液，50.0 mg/L 的内标，替代物储备液及 5.0 mg/L 的十氟三苯基膦质谱校准溶液。

2. 样品准备

(1) 样品前处理：固相萃取

● 活化：每一个固相萃取柱分别用 5 mL 二氯甲烷，5 mL 乙酸乙酯、10 mL 甲醇和 10 mL水活化。活化时，甲醇和水不能流干(液面不低于吸附剂顶部)。

● 吸附：将 1 L 水样倒入固相萃取装置的分液漏斗中，用 6 mol/L 的盐酸调节 pH 值小于 2，加入 5 mL 甲醇，混匀，加入 0.1 mL 50 mg/L 的内标及替代物添加液，立刻混匀，此时内加标物在水中的浓度为 5.0 μg/L，水样以约 15 mL/min 的流速通过固相萃取柱。

● 干燥：用氮气干燥固相萃取柱(氮吹约 10 min)。

● 洗脱：将 125 mL 的分液漏斗和固相萃取柱转移至洗脱装置中，先用 5 mL 乙酸乙酯清洗 2 L 的分液漏斗和样品瓶，洗脱液通过固相萃取柱进入收集瓶，再用 5 mL 二氯甲烷清洗分液漏斗和样品瓶，洗脱液通过固相萃取柱进入同一收集瓶。洗脱液通过干燥柱并用 10 mL收集管收集，用 2 mL 二氯甲烷清洗干燥柱，洗脱液收集于同一收集瓶。洗脱液在 45℃下，氮吹浓缩，最后用乙酸乙酯定容至 0.5 mL。

(2) 样品加标

分别取 0.1 mL，0.5 mL，1.0 mL 浓度为 50 mg/L 的混合标准溶液至 3 份平行的 1 L 水样中，按照上述样品前处理步骤进行样品制备，各浓度加标样品平行制备 3 份。

3. 上机分析

(1) 仪器使用前用全氟三丁胺(FC-43)对质谱仪进行质量数，分辨率和灵敏度调谐。

(2) 打开“Xcalibur”软件，点击“method”(方法)按钮，按照色谱及质谱条件分别进行参数设定，并根据自动进样器型号设定进样体积、洗针方法等参数，保存方法。

(3) 点击“sequence”(序列)按钮，设置标准样品及未知样品类型，进样次数，测定方法及稀释倍数等参数，保存序列文件 1。

(4) 点击“start”(开始)按钮，开始执行分析。

(5) 仪器每运行 24 h 需注入 1.0 μL 十氟三苯基膦(5.0 mg/L)溶液，所得质量丰度应满足要求(EPA 8270C)；否则，检查仪器系统，必要时进行清洗维护，然后重新利用 FC-43 调谐，再进行十氟三苯基膦性能检查。

五、实验结果与数据处理

1. 采集数据完毕后，点击“process”(处理)按钮，调用任一标准样品数据(建议选择较低浓度标准样品数据)依次执行色谱峰积分，色谱峰识别，标准样品浓度等参数设置，保存数据处理方法。

2. 打开之前序列文件 1，点击“process”(处理)按钮，调用保存的“process”(处理)文件，另存序列文件 2，执行处理。

3. 点击“Quantity”(定量)按钮,打开序列文件 2,即可获得处理后的结果,包括标准曲线等相关信息。

4. 根据加标样品的分析结果等信息,计算固相萃取前处理的加标回收率。加标回收率计算公式如下:

$$回收率(\%)=\frac{加标试样测定值-试样测定值}{加标值}\times 100\%$$

六、问题与讨论

1. 简述气相色谱三重四极杆质谱仪的工作原理及其基本结构。

2. 固相萃取的原理以及操作注意事项。

七、注意事项

1. 质谱调谐校正之前,确保质谱仪无漏气现象,可通过观察水峰,氮气峰比例进行判断。通常情况下,当 m/z 28 与 m/z 18 的比值小于 2 时表明不漏气。

2. 样品固相萃取完毕,应确保样品中不含水,以免对色谱柱及质谱离子源组件带来影响。

实验 5.7 固相萃取-高效液相色谱(FLD)分析水体中的氟喹诺酮类抗生素化合物

一、实验目的

了解固相萃取前处理方法的原理和基本处理步骤;掌握荧光检测器的基本原理及其适用范围;了解氟喹诺酮类抗生素在环境中的现存状态及分析方法;掌握高效液相色谱分析法的基本原理;掌握高效液相色谱仪的结构组成;了解高效液相色谱仪硬件及软件的相关操作;掌握参数设定,数据采集及数据分析。

二、实验原理与仪器结构

1. 固相萃取

固相萃取(Solid-Phase Extraction, SPE)是一种基于液固分离萃取的预处理技术。该技术通过颗粒细小的多孔固相吸附剂选择性地吸附溶液中的被测物质,被测物质被定量吸附后,用体积较小的另一种溶剂洗脱或用热解吸的方法解吸被测物质,从而达到分离富集被测物质的目的。

2. 高效液相色谱的原理

液相色谱和气相色谱一样,其分离系统由两相(固定相和流动相)组成。固定相可以是吸附剂,化学键合固定相,离子交换树脂或多孔性凝胶。被分离混合物由流动相液体推动进入色谱柱。根据各组分在固定相及流动相中的吸附能力、分配系数、离子交换作用或分子尺寸大小的差异进行分离。色谱分离的实质是样品与流动相以及固定相分子间的作用力的大小差异,决定色谱过程的保留行为。不同组分在两相间的吸附、分配、离子交换、亲和力或分子尺寸等性质存在微小差别,经过连续多次在两相间的交换,这种性质的微小差别被叠加、放大,最终得到分离。

液相色谱仪的工作过程:输液泵将流动相(经过在线过滤器)以稳定的流速(或压力)输

送至分析体系，在进入色谱柱之前通过自动进样器将样品导入，流动相将样品带入色谱柱。在色谱柱中各组分因在固定相中的分配系数不同而被分离，并依次随流动相流至检测器，检测到的信号送至数据系统记录、处理及保存，如图 5-11 所示。

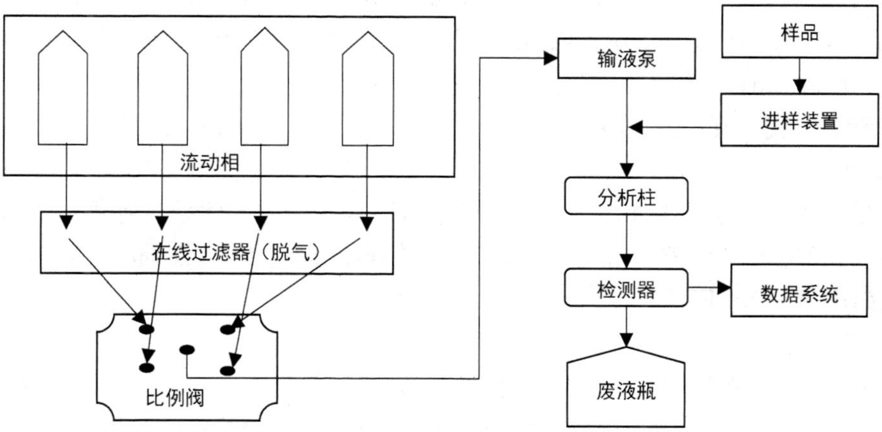

图 5-11　高效液相色谱流程图

反相高效液相色谱(reversed phase HPLC)：流动相极性大于固定相极性的液-液色谱法称为反相色谱法。一般用非极性固定相，极性流动相，其代表性的固定相是十八烷基硅烷键合硅胶(C_{18})与辛烷基硅烷键合硅胶(C_8)，代表性的流动相是甲醇和乙腈。样品中极性大的组分先流出色谱柱，而极性小的组分后流出色谱柱，主要用于分离非极性或中等极性的分子型物质。

3. 荧光检测原理

化合物受紫外光激发后，发射出比激发光波长更长的光，称为荧光。荧光涉及光的吸收和发射两个过程，被化合物吸收的光称为激发光，产生的荧光称为发射光。荧光的性质与分子结构有密切关系，不同结构的分子被激发后，并不是都能发射荧光。荧光的波长总要大于分子吸收的紫外光波长，通常在可见光范围内。

荧光强度与吸收光强度成正比。对于稀溶液，荧光强度与荧光物质溶液浓度、摩尔吸光系数、吸收池厚度、入射光强度、荧光的量子效率及荧光的收集效率等呈正相关，在其他因素保持不变的条件下，物质的荧光强度与该物质溶液浓度成正比，这是荧光检测器的定量基础。当考虑灵敏度时，测定波长应选择最大激发波长。

荧光检测最吸引人的特点是固有的灵敏度和选择性，它的最小检测限往往要比紫外检测低一个数量级以上。

4. 环境中的氟喹诺酮类抗生素

氟喹诺酮类药物(FQs)是一类人工合成的广谱抗菌药，在临床上广泛应用于动物和人类的各种感染性疾病的治疗，诺氟沙星和环丙沙星等药物在全世界范围内广泛应用。在动物或人类用药后，FQs 以原型或代谢物的形式随粪便、尿液等排泄物排除，残留于环境中。进入环境中的药物残留，在多重环境因子的作用，可产生转移、转化或在动植物中富集。目前在废水中已发现多种 FQs，特别是诺氟沙星和环丙沙星，浓度分别为 45～120 ng/L，

249～405 ng/L。目前常用的分离检测方法有 HPLC(VWD、PLD)、HPLC-MS。

三、实验条件

1. 仪器设备

高效液相色谱仪(Agilent HPLC 1200,配稳压电源、四元泵、自动进样器、柱温箱),带荧光检测器,Agilent Chemstation 色谱工作站。色谱柱:Agilent Zorbax Eclipse XDB-C18,4.6×150 mm,5 μm。

固相萃取装置一套(包括所用到的工具),HLB 小柱,Millipore 纯水机,氮吹仪。

2. 试剂与样品

氟喹诺酮类抗生素标准样品 3 个:氧氟沙星,诺氟沙星,环丙沙星(纯度大于 99%)。甲醇(色谱纯),超纯水,无水硫酸钠,60～200 目超纯硅胶,硅藻土,活性铜粉,磷酸,三乙胺,氨水,乙二胺四乙酸(Na_2EDTA)。

3. 测试参数

(1) 进样:进样量为 20 μL,洗针进样,洗针液为纯甲醇。

(2) 泵:流速为 1 mL/min;流动相为磷酸-三乙胺溶液缓冲液(磷酸浓度 0.1%,用三乙胺调节 pH=3.0)和甲醇,且缓冲液和甲醇的比例为 80%∶20%,运行时间 16 min。

(3) 柱温箱:柱温 30℃;色谱柱:Agilent Zorbax Eclipse XDB-C18,4.6×150 mm,5 μm。

(4) 荧光检测器:检测波长优化后梯度进行,见表 5-6。

紫外检测器:检测波长为 277 nm。(供参考)

表 5-6 氟喹诺酮类抗生素荧光检测波长梯度

时间(min)	激发波长(nm)	发射波长(nm)
0	295	500
10.2	278	445
16	278	445

四、实验步骤

1. 试剂准备

磷酸-三乙胺缓冲盐:将 1 mL 磷酸加入 1 L 超纯水中(体积比约 0.1%),再加入三乙胺调节 pH 值至 3.0,待用;6%氨水/甲醇洗脱剂:将氨水按 6%的体积比稀释于甲醇中;5%甲醇溶液:将甲醇按 5%体积比稀释到超纯水中;超纯水、甲醇:超声赶气泡。

2. 样品准备

(1) 标准样品配制

单标贮备液:准确称取 5.0 mg 固体标准品溶于 50 mL 容量瓶,甲醇定容(或用 pH 为 3.0 的甲酸溶液溶解),配制 100 mg/L 的标准储备液,转移至棕色瓶,于 4℃冰箱保存。

混合标准液:移取一定体积的标准液,用初始流动相(磷酸-三乙胺∶甲醇=80%∶20%)稀释并定容,配制成 1～10 μg/mL 浓度的标准工作液。

(2) 样品前处理——固相萃取

取250 mL水样，过0.45 μm滤膜，用磷酸或甲酸调节pH值为3.0左右，加入0.3 g Na_2EDTA(浓度为1.2 g/L)。装上HLB萃取小柱(200 mg,6 mL)，小柱依次用10 mL甲醇和10 mL超纯水活化，然后使水样通过HLB小柱，流速控制在5 mL/min左右，再用5 mL 5%甲醇溶液淋洗，负压抽10 min，最后用6 mL 6%的氨水/甲醇洗脱剂洗脱，收集洗脱液。洗脱液在35℃水浴氮吹至小于200 μL，用初始流动相定容至1 mL。

3. 仪器准备

(1) 检查流动相，仪器线路，废液瓶等是否准备妥当；

(2) 打开电脑，HPLC各组件电源，打开工作软件。

(3) 打开工作界面，按操作要求赶流动相气泡。排气：打开“purge”(冲洗)阀，点击“pump”(泵)图标，点击“setup pump”(泵参数设置)选项，进入泵编辑画面，设定“flow”(流速)为5 mL/min，点击“OK”。点击“pump”(泵)图标，点击“pump control”(泵控制)选项，选中“on”，点击“OK”，则系统开始冲洗管路，直到管线内(由溶剂瓶到泵入口)无气泡为止，切换通道(a-b-c)继续冲洗管路，直到所有待用通道无气泡为止。点击“pump”(泵)图标，点击“pump control”(泵控制)选项，选中“off”，点击“OK”关泵，关闭“purgevalve”(冲洗阀)。点击“pump”(泵)图标，点击“setup pump”(泵参数设置)选项，设定“flow”(流速)为1.0 mL/min。

(4) 配置仪器(配置1100/1200系统模块，选择需要的模块，主要选择需要的检测器)，建立平衡柱子的分析方法，保存并运行。

(5) 按测试参数设置标准样品分析方法(供参考，可根据仪器及柱型进一步优化)并保存待用。

2. 上机分析

(1) 待色谱柱平衡后，设置进样程序(sequence)，选择标准样品分析方法、设置进样位置、次数等；设置数据保存路径。

(2) 运行标准样品进样程序，开始分析标准系列样品。

(3) 得到3个氟喹诺酮类抗生素的色谱图，并对色谱峰进行积分，根据标准样品的浓度和峰面积建立外标曲线，并将其保存到方法中。

(4) 按标准样品分析方法，建立未知样品进样程序，分析得到样品色谱图。

(5) 分析结束后，建立清洗及保存柱子的方法并运行。

(6) 所有程序结束后，关泵、关灯，退出程序，关闭主机、电脑及相关附件。

五、实验结果与数据处理

1. 实验记录

原始数据记录：记录实验步骤，实验条件，仪器参数，列表记录原始测试结果(标准溶液浓度、信号值以及样品的信号值)。

2. 实验结果

(1) 参考色谱图(图5-12)

(2) 氟喹诺酮类抗生素含量计算

利用保留时间定性，外标法定量，首先根据仪器中的标准曲线计算出处理后样品的浓度(C_i)，再根据固相萃取的浓缩倍数计算水样中样品的浓度($C_{i水}$)[注意：原始样品经固相

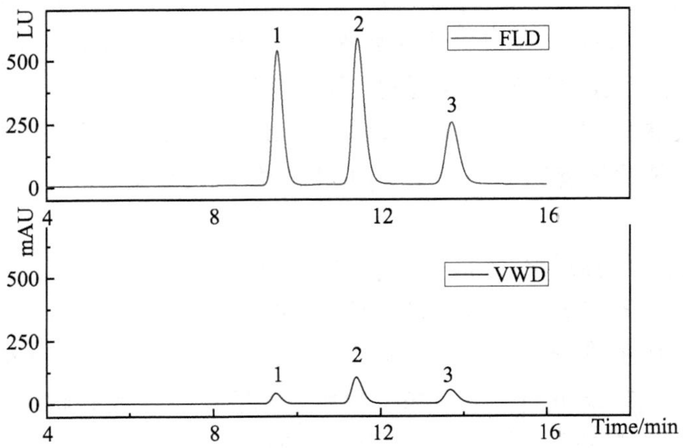

1—氧氟沙星；2—诺氟沙星；3—环丙沙星

图 5-12　3 个氟喹诺酮类抗生素在给定的色谱条件下的色谱图

萃取时进行了浓缩，计算时要考虑浓缩倍数(250)]。

$$C_{i水}=\frac{C_i}{250}$$

式中　C_i——根据标准曲线计算出处理后的样品中抗生素 i 的浓度；

$C_{i水}$——实际水样中抗生素 i 的浓度；

250——浓缩倍数。

六、问题与讨论

1. 简述高效液相色谱分析的特点及应用范围。
2. 流动相使用前为什么要脱气？
3. 高效液相色谱与气相色谱有何异同点？

七、注意事项

1. 请用棕色溶剂瓶盛放新鲜超纯水和磷酸盐缓冲液，以避免在光照和长期存放情况下，水和缓冲盐溶剂瓶内长藻，从而堵塞溶剂过滤器，影响泵的运行。

2. 开机排气泡时，建议以 5 mL/min 的流速运行 10 min，保证气泡充分赶尽，以防止在洗脱过程中产生气泡进入系统，影响分析结果。

3. 在液相色谱分析中，定量多采用外标法，建议用等比例稀释法配制标准曲线，以确保标准样品的浓度点均匀分布，同时注意标准曲线浓度范围应涵盖测试样品的浓度。

4. 流动相中使用了缓冲盐，需要配制 10%异丙醇清洗泵头，具体操作是在软件上开启泵的同时，开启“seal-wash”(泵清洗)的定时清洗。在测试结束后，充分清洗管路和色谱柱，切勿将缓冲盐留在系统和色谱柱中。同时，当次用不完的缓冲盐，请勿留在溶剂瓶中。

5. 在计算样品浓度时，请注意取样 250 mL 经过固相萃取后浓缩到了 1 mL 进样，根据外标法计算出浓缩后的样品浓度后，还需要根据浓缩倍数计算出样品实际浓度。

6. 在进行样品处理时，需要进行加标回收和空白对照试验，以确保方法的准确性。

实验5.8 液液萃取-高效液相色谱法(VWD)分析水环境中的酚类物质

一、实验目的

掌握液液萃取前处理方法原理和基本处理步骤;了解紫外-可见光检测器(VWD)的基本原理及其适用范围;掌握高效液相色谱分析法中梯度洗脱的设置;巩固掌握高效液相色谱仪硬件及软件的相关操作;巩固参数设定,数据采集及数据分析的基本要求。

二、实验原理与仪器结构

1. 液液萃取原理

液液萃取是物质在两液相间的分配过程,是应用最多的分离、净化技术。液液萃取的基本原理是Nernst在1891年提出的分配定律,即在一定温度和压力下,溶质在两种互不相溶的溶剂中达到分配平衡时,浓度之比为一常数,这个常数称为分配系数,其定义为溶质在有机相中的总浓度与水相中的总浓度之比。分配系数越大,水相中的有机物被有机溶剂萃取的效率会越高。

2. 紫外-可见光检测原理

基于Lambert-Beer定律,即被测组分对紫外光或可见光具有吸收,且吸收强度与组分浓度成正比。很多有机分子都具紫外或可见光吸收基团,有较强的紫外或可见光吸收能力,因此VWD检测器既有较高的灵敏度,也有很广泛的应用范围。由于VWD对环境温度、流速、流动相组成等的变化不是很敏感,所以还能用于梯度淋洗。利用VWD检测时,为了得到高的灵敏度,常选择被测物质能产生最大吸收的波长作为检测波长。

3. 环境中的酚类物质

酚类化合物作为重要的化工原料,广泛应用于炼焦、印染、药物及塑料等工业,其废水对环境危害严重。目前常用的测定酚类化合物的方法有:GC, HPLC和GC-MS。

三、实验条件

1. 仪器设备

液液萃取装置;玻璃分液漏斗(250 mL);砂芯过滤器;

高效液相色谱仪(Agilent HPLC 1200),带VWD检测器(或DAD检测器);

色谱柱: Agilent XDB-C18反相色谱柱(4.6×250 mm,5 μm);

Millipore纯水机,Zorbax Eclipse氮吹仪。

2. 试剂与样品

酚类化合物标准样品:苯酚,4-硝基苯酚,2-甲基-2,6-二硝基苯酚,2-氯苯酚,2,4-二硝基苯酚,2,4-二甲基苯酚,2-硝基苯酚,4-氯-三甲苯酚,2,4-二氯苯酚,2,4,6-三氯苯酚,五氯苯酚。

试剂:乙酸乙酯(色谱纯),甲醇(色谱纯),二氯甲烷(色谱纯);浓硫酸,无水硫酸钠,氯化钠,冰醋酸,超纯水。

3. 测试条件

进样:进样量10 μL,洗针进样,洗针液为纯甲醇;

泵:流速为1.0 mL/min;流动相为甲醇和2%的冰醋酸,其梯度洗脱程序见表5-7;运行时间 25.0 min，后运行 3.0 min；

柱温箱：色谱柱为 Agilent Zorbax Eclipse XDB-C18，4.6×250 mm，5 μm，柱温：30℃；

紫外-可见光检测器：检测波长为 280 nm。

表 5-7　酚类化合物分析流动相梯度设置

时间(min)	甲醇(%)	2%冰醋酸(%)
0.00	35	65
7.00	60	40
7.50	100	0
25.00	100	0

四、实验步骤

1. 试剂准备

无水硫酸钠和氯化钠，在马弗炉中 400℃烘 4 h。冷却至室温，置于玻璃瓶中，于干燥器中保存备用；

二氯甲烷-乙酸乙酯混合溶液(4∶1)：二氯甲烷和乙酸乙酯按 4∶1 的体积比混合备用；

硫酸溶液(1∶1)：量取 50 mL 浓硫酸，缓慢加入 50 mL 水中，配好备用；

超纯水、甲醇：超声赶气泡。

2. 样品准备

(1) 标准溶液配制

移取适量的混合标准溶液(原液)，用甲醇稀释成 10 μg/mL(以混合标准里浓度最大的标记)混合储备液(在 4℃下冷藏保存)。使用时用甲醇稀释为 1～10 μg/mL 的标准液。

(2) 样品前处理——液液萃取

取 200 mL 水样于分液漏斗中，加入配好的硫酸溶液调整 pH≤1(地表水和地下水等清洁水样；基体复杂的水样需要净化，详见国标 HJ 744-2015)；称取 15 g 氯化钠加入水样中，振摇使其溶解。量取 25 mL 配好的二氯甲烷-乙酸乙酯混合溶液，振荡萃取 10 min(注意放气)；静置，有机相和水相分层，通过放有无水硫酸钠的砂芯过滤器，收集有机相，重复萃取 3 次，合并萃取液。用氮吹仪吹至微干，甲醇定容至 1mL，待测。

3. 仪器准备

(1) 检查流动相，仪器线路，废液瓶等是否准备妥当。

(2) 打开电脑，HPLC 各组件电源，打开工作软件。

(3) 打开工作界面，按操作要求赶所需流动相(甲醇，2%冰醋酸，超纯水)气泡。

(4) 配置仪器(配置 1100/1200 系统模块，选择需要的模块，主要选择需要的检测器)，建立平衡柱子的分析方法，保存并运行。

(5) 按测试参数设置标准样品分析方法(供参考，可根据仪器及柱型进一步优化)并保存待用。

4. 上机分析

(1) 待色谱柱平衡后，设置进样程序(sequence)，选择标准样品分析方法、设置进样位置、次数等；设置数据保存路径。

(2) 运行设置好的标准样品进样程序，开始分析标准系列样品。

(3) 得到 11 个酚类化合物的色谱图，并对色谱峰进行积分，根据标准样品的浓度和峰面积建立外标曲线，并将其保存到方法中。

(4) 按标准样品分析方法，建立未知样品进样程序，分析未知样品，得到样品色谱图。

(5) 分析结束后，建立清洗及保存柱子的方法并运行。

(6) 所有程序结束后，关泵、关灯，退出程序，关闭主机、电脑及相关附件。

五、实验结果与数据处理

1. 实验记录

原始数据记录：记录实验步骤，实验条件，仪器参数，列表记录原始测试结果(标准溶液浓度、信号值以及样品的信号值)。

2. 实验结果

(1) 参考色谱图(图 5-13)

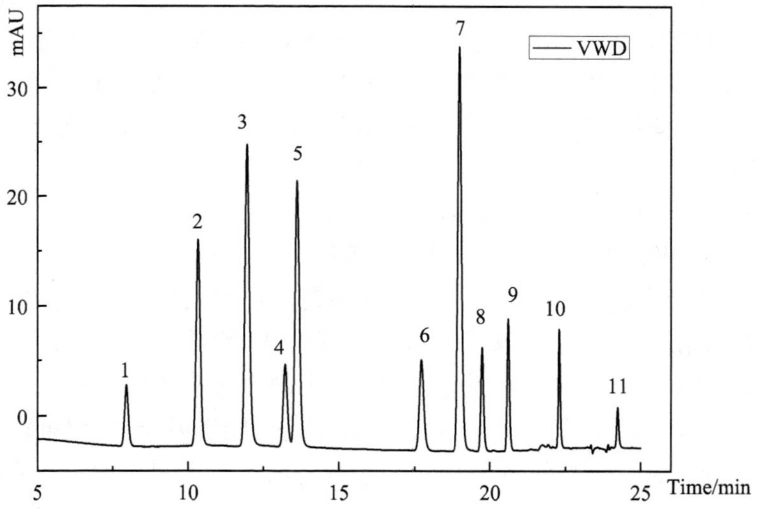

图 5-13　11 个苯酚类化合物在给定的色谱条件下的色谱图(10 μg/mL 标准样品)

1. 苯酚；2. 4—硝基苯酚；3. 2—甲基- 2,6—二硝基苯酚；4. 2—氯苯酚；5. 2,4—二硝基苯酚；6. 2,4—二甲基苯酚；7. 2—硝基苯酚；8. 4—氯—三甲苯酚；9. 2,4—二氯苯酚；10. 2,4,6—三氯苯酚；11. 五氯苯酚

(2) 酚类化合物含量计算

利用保留时间定性，外标法定量，首先根据仪器中的标准曲线计算出处理后样品的浓度，再根据液—液萃取的浓缩倍数计算水样中样品的浓度[注意：原始样品经液-液萃取时进行了浓缩，从 200 mL 浓缩到了 1 mL 进样，计算时要考虑浓缩倍数]。

六、问题与讨论

1. 为什么在进样分析前溶剂和样品要过滤？

2. 简述设置梯度洗脱的目的。

3. 紫外-可见光检测器与二级阵列管检测器有何异同？

七、注意事项

1. 液液萃取时注意放气。萃取时，分液漏斗中有易挥发的有机溶剂，在振荡时挥发加剧，产生气体，气压增大，须振荡后放气，尤其在刚开始振荡时，要频繁放气。

2. 在计算样品浓度时，请注意取样 200 mL 经过固相萃取后浓缩到了 1 mL 进样，根据外标法计算出浓缩后的样品浓度后，还需要根据浓缩倍数计算出样品实际浓度。

实验 5.9　索氏提取-高效液相色谱(VWD-FLD)分析土壤中的多环芳烃

一、实验目的

掌握索氏提取前处理方法原理和基本处理步骤；掌握高效液相色谱分析法中检测器梯度的设置；了解荧光检测器的基本原理及其适用范围；巩固高效液相色谱仪硬件及软件的相关操作；巩固参数设定，数据采集及数据分析的基本要求。

二、实验原理与仪器结构

1. 索氏提取

索氏提取(Soxhlet extraction)也是萃取方法的一种，主要是利用溶剂的回流和虹吸原理，对固体混合物中的目标成分进行连续提取。当提取筒中回流下的溶剂的液面超过索氏提取器的虹吸管时，提取筒中的溶剂流回圆底烧瓶内，即发生虹吸。随温度升高，再次回流开始，每次虹吸前，固体物质都能被纯的热溶剂所萃取，溶剂反复利用，缩短了提取时间，所以萃取效率较高。

2. 紫外-可见光检测及荧光检测原理

紫外-可见光(VWD)检测原理(略，见实验 5.8)。

荧光检测(FLD)原理：许多有机化合物，特别是芳香族化合物、生化物质，被一定强度和波长的紫外光照射后，发射出比激发光波长更长的光，称为荧光。荧光涉及光的吸收和发射两个过程，被化合物吸收的光称为激发光，产生的荧光称为发射光。荧光的性质与分子结构有密切关系，不同结构的分子被激发后，并不是都能发射荧光，但可以与发生荧光的物质反应衍生化后检测。荧光的波长总要长于分子吸收的紫外光波长，通常在可见光范围内。

荧光强度与荧光物质溶液浓度，摩尔吸光系数，吸收池厚度，入射光强度，荧光的量子效率及荧光的收集效率等成正相关，在其他因素保持不变的条件下，物质的荧光强度与该物质溶液浓度成正比，这是荧光检测器的定量基础。当考虑灵敏度时，测定应选择最大激发波长。

荧光检测法最吸引人的特点是它固有的灵敏度和选择性，它的最小检测限往往要比紫外检测法低一个数量级以上。

3. 环境中的多环芳烃

多环芳烃(Polycyclic Aromatic Hydro-carbons，PAHs)有机污染物是指两个或两个以上苯环以稠环形式相连的一类化合物。其脂溶性高，不易降解，易在生物体内积累，具有致癌、致畸和致突变的作用，对人类健康和生态环境具有巨大的潜在危害，是全球关注的一类环境污染物。目前，针对环境及食品中的 PAHs 主流检测方法为 HPLC 或超高压液相色谱法(UPLC)和 GC-MS。在环境监测中，多个国家将 HPLC 和 GC-MS 列为标准方法。

三、实验条件

1. 仪器设备

全自动索氏提取仪(丹麦 Foss 公司),附带整套工具。

高效液相色谱仪(Agilent HPLC 1200,配稳压电源、四元泵、自动进样器、柱温箱),带荧光检测器和紫外检测器,Agilent Chemstation 色谱工作站;PAHs 专用色谱柱:Agilent, Zorbax Eclipse, PAH Columns(4.6×100 mm×3.5 μm)。

旋转蒸发仪,Millipore 纯水机,氮吹仪,天平。

2. 试剂与样品

16 个 PAHs 化合物标准样品:萘(NaP),苊烯(AcPy),苊(Ace),芴(Flu),菲(PhA),蒽(AnT),荧蒽(FluA),芘(Pyr),苯并[a]蒽(BaA),䓛(Chy),苯并[b]荧蒽(BbF),苯并[k]荧蒽(BkF),苯并[a]芘(BaP),二苯并[a, h]蒽(DbA),苯并[g,h,i]苝(BghiP),茚并[1,2,3-cd]芘(InP)。

甲醇、乙腈、丙酮、环己烷、二氯甲烷、正己烷、正戊烷等为色谱级或农残级试剂;无水硫酸钠,60～200 目超纯硅胶,硅藻土,活性铜粉,超纯水。

3. 测试参数

进样:进样量为 20 μL,洗针进样,洗针液为纯乙腈;

泵:流速为 1 mL/min;流动相为乙腈和水,其梯度洗脱程序见表 5-8;运行时间 22 min,后运行 3 min;

柱温:25℃;

紫外检测器:检测波长优化后梯度进行,见表 5-9;

荧光检测器:检测波长优化后梯度进行,见表 5-10。

表 5-7　PAH 分析流动相梯度设置

时间(min)	乙腈(%)	水(%)
0.00	50	50
3.00	50	50
15.00	100	0
22.00	100	0

表 5-9　PAHs 紫外检测波长程序

时间(min)	UV 检测波长(nm)
0.00	220
9.00	254
10.00	230
11.5	270
14.8	295

表 5-10 PAHs 荧光检测波长程序

时间(min)	激发波长(nm)	发射波长(nm)
0	270	323
8.8	252	370
10	252	402
11	280	460
11.6	270	390
15.5	290	410
19.2	290	500

四、实验步骤

1. 试剂准备

正己烷-丙酮混合液(1∶1):用色谱纯正己烷和丙酮酯按 1∶1 的体积比混合备用;

正戊烷-二氯甲烷混合液(3∶2):用色谱纯正戊烷和二氯甲烷按 3∶2 的体积比混合备用;

无水硫酸钠:于马弗炉中 420℃温度下烘 2 h,冷却后备用;

超纯水、乙腈:超声赶气泡。

2. 样品准备

(1) 标准溶液配制

移取适量的混合标准溶液,用甲醇稀释成 1 μg/mL(以混合标准里浓度最大的标记)混合母液(在 4℃下冷藏保存),使用时用甲醇稀释为 10～600 μg/mL 的标准溶液。

(2) 样品前处理

准确称取自然风干、研磨过筛(100 目)的土壤样品 10 g,置于具塞玻璃瓶中,加入 10 g 烘好的无水硫酸钠及 5 g 硅藻土,摇匀后转移到索氏提取器的套管中,用 80 mL 配制好的正己烷-丙酮混合液进行自动索氏提取,提取程序:160℃下热浸提 60 min,160℃下淋洗 60 min(EPA 3540C,EPA 3541)。提取液自然冷却后,用 20 mL 环己烷进行溶剂置换,旋转蒸发(65℃)浓缩至 1 mL 左右。参照 EPA 3630C 方法,硅胶(配合放置无水硫酸钠和铜粉)柱层析法净化浓缩后的样品。层析柱填充完成后分别用 20 mL 二氯甲烷和正戊烷淋洗,弃去淋洗液,将浓缩后样品提取液加于柱顶部,25 mL 正戊烷-二氯甲烷混合液洗脱目标物,收集洗脱液。旋转蒸发浓缩并将洗脱液溶剂置换为甲醇,定容至 1 mL。样品过0.22 μm 滤膜,滤液待测。

3. 仪器准备

(1) 检查流动相,仪器线路,废液瓶等是否准备妥当;

(2) 打开电脑,HPLC 各组件电源,打开工作软件;

(3) 打开工作界面，按操作要求排出所需流动相(乙腈和超纯水)气泡；

(4) 配置仪器(配置 1100/1200 系统模块，选择需要的模块，主要选择需要的检测器)，建立平衡柱子的分析方法，保存并运行；

(5) 按测试参数设置标准样品分析方法(供参考，可根据仪器及柱型进一步优化)并保存待用。

4. 上机分析

(1) 待色谱柱平衡后，设置进样程序(sequence)，选择标准样品分析方法、设置进样位置、次数等，设置数据保存路径；

(2) 运行设置好的标准样品进样程序，开始分析标准系列样品；

(3) 得到 16 个 PAHs 的色谱图(紫外检测器和荧光色谱图)，并对色谱峰进行积分，根据标准样品的浓度和峰面积建立外标曲线，并将其保存到方法中；

(4) 按标准样品分析方法，建立未知样品进样程序，分析未知样品，得到样品色谱图；

(5) 分析结束后，建立清洗及保存柱子的方法并运行；

(6) 所有程序结束后，关泵、关灯，退出程序，关闭主机、电脑及相关附件。

五、实验结果与数据处理

1. 实验记录

原始数据记录：记录实验步骤，实验条件，仪器参数，列表记录原始测试结果(标准溶液浓度、信号值以及样品的信号值)。

2. 实验结果

(1) 参考色谱图(图 5-14，图 5-15)

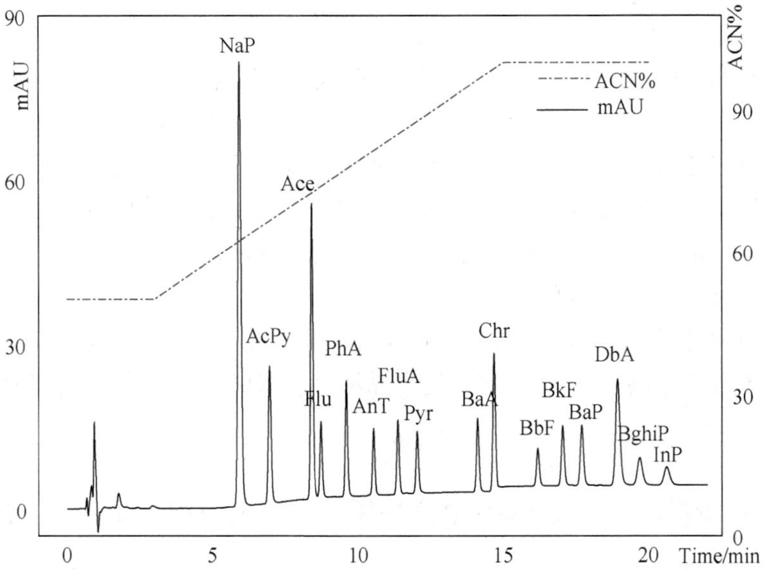

图 5-14　PAHs 标准样品紫外检测器色谱图

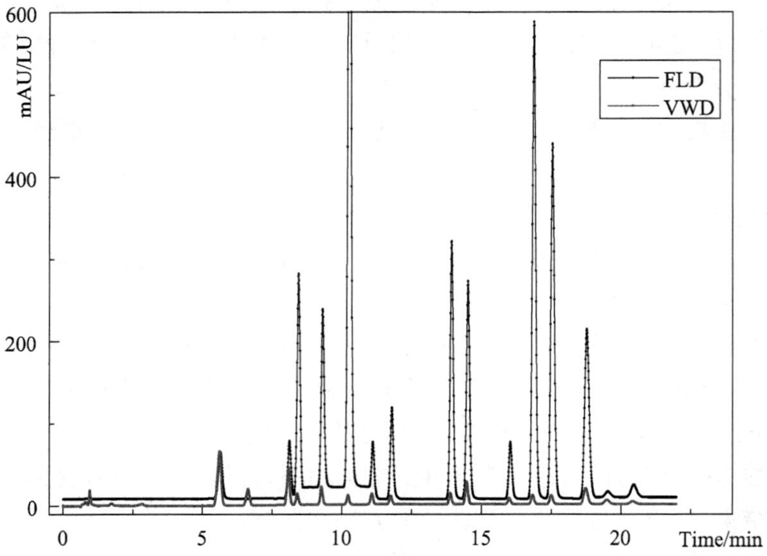

图 5-15　PAHs 标准样品色谱图——VWD - FLD 信号对比

(2) PAHs 含量计算

利用保留时间定性，外标法定量。注意原始样品经索氏提取后浓度的变化，计算时要考虑称重及最后的浓缩倍数。

六、问题与讨论

1. 简述索氏提取技术的进展。

2. 分析混合样品时，检测器波长的设置有何要求？

3. HPLC 系统压力过高的原因有哪些？

七、注意事项

1. 16 个 PAHs 中“苊烯(AcPy)”没有荧光吸收，如果要全部定量，需要辅以紫外检测。

2. 在柱层析的装填过程中，注意：①无论是干法装柱还是湿法装柱，都要确保硅胶填料装得紧实以保证层析柱柱效，可以边加边敲打层析柱。②由于溶剂(主要是二氯甲烷)和硅胶之间吸附放热，容易产生气泡，严重时甚至会造成断层，所以要求硅胶一定要填充结实且用稍多溶剂过柱，待柱稳定后再小心上样。

3. 在计算样品浓度时，请注意 10 mg 样品经过索氏提取、柱层析净化、旋转蒸发后浓缩至 1 mL 进样，根据外标法计算出浓缩后的样品浓度后，还需要根据浓缩倍数计算出样品实际浓度。

实验 5.10　液相色谱-质谱联用仪分析农田土壤中磺酰脲类除草剂残留

一、实验目的

掌握液相色谱串联质谱(LC - MS - MS)的基本原理；了解液相色谱-质谱仪的基本结构；进一步巩固固相萃取前处理方法及注意事项；掌握液相色谱-质谱法定量分析的基本

过程。

二、实验原理与仪器结构

土壤中磺酰脲类除草剂目标物首先通过碱性磷酸缓冲液进行提取，然后将提取液经 C_{18} 固相萃取柱进行净化，提取液经进一步浓缩后调节 pH 值到酸性使目标组分以分子形式存在，目标物经液相色谱柱分离，三重四极杆质谱检测，外标法定量。

高效液相色谱是一种准确度高，分离范围广的快速分离方法，适合有机分子和生物分子的分离。质谱具有其他分析方法无可比拟的灵敏度，对于未知化合物的结构分析定性十分准确。液相色谱-质谱联用技术以液相色谱作为分离系统，质谱作为检测系统，经纯化后的样品在液相色谱和质谱部分经过分离和离子化，经由检测器得到质谱图。液质联用体现了色谱和质谱优势的互补，结合了色谱对复杂样品的高分离能力和质谱的高选择性、高灵敏度及能够提供相对分子量和结构信息的优点，在农残领域有广泛的应用。特别是三重四极杆串联质谱，在定量分析方面具有绝对的优势(见实验 5.5)。

典型的液相色谱三重四极杆质谱仪结构如图 5-16 所示：对比气相色谱-三重四极杆质谱仪与液相色谱三重四极杆质谱仪，二者主要不同在于离子源系统。液相色谱三重四极杆质谱的常用离子源有电喷雾电离源(ESI)和大气压化学电离源(APCI)，最常用的是 ESI。ESI 是比 APCI 应用范围广的电离方式。ESI 和 APCI 通常产生 $(M+H)^+$ 或 $(M-H)^-$ 等准分子离子，源参数易调，操作简单，仪器灵敏度高。对 APCI 源来说，不足就是给出的结构信息有限，样品易发生热裂解，低质量时基线噪声大。ESI 通常只产生分子离子峰，可以直接测定混合物，并可以测定热不稳定的极性化合物，其易形成多电荷离子的特性可分析蛋白质和 DNA 等生物大分子。通过调节离子源电压控制离子的碎裂(源内 CID)得到化合物的部分结构。质量分析器部分同气相色谱-三重四极杆质谱仪。

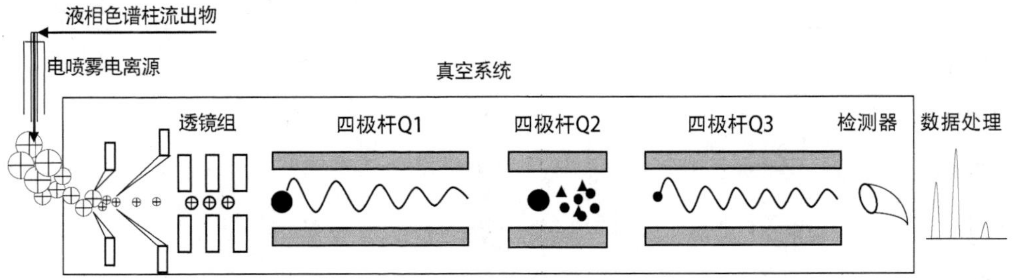

图 5-16　液相色谱三重四极杆质谱仪结构图

三、实验条件

1. 仪器设备

液相色谱三重四极杆质谱仪 Accela-TSQ Quantum Access(Thermo Fisher)，分析天平(感量 0.1 mg)，超声波振荡器，离心机，氮吹仪，涡旋混合器。固相萃取装置：可调节流速，流速范围 1～20 mL/min。

一般实验室常用仪器和设备。

2. 试剂与样品

农田土壤样品若干，纯水(Millipore)，乙腈(农残级)，甲醇(农残级)，磷酸二氢钾(分析纯），磷酸氢二钾（分析纯），磷酸（分析纯），冰乙酸（分析纯），氢氧化钠（分析纯），农药标准溶液（纯度≥96%），固相萃取小柱（填料为 C_{18} 或等效类型填料或组合型填料，500 mg/6 mL），氮气（纯度≥99.999%）。

3. 测试参数

以液相色谱三重四极杆质谱分析农田土壤中磺酰脲类除草剂残留为例（不同仪器型号、不同性质样品应重新确定实验条件，见表 5-11 和表 5-12），配置自动进样器。

色谱柱：C_{18}柱，4.6 mm×250 mm，5 μm；

柱温箱：30℃；

进样量：10 μL；

数据采集方式：选择反应监测（SRM）。

表 5-11　流动相组成

时间(min)	水(0.2%冰乙酸)	乙腈	甲醇
0.00	80%	10%	10%
14.00	10%	45%	45%
16.00	4%	48%	48%
18.00	80%	10%	10%

表 5-12　选择离子参数设定表

测定物质	母离子	定性离子	保留时间(min)	定量离子
烟嘧磺隆	410.4	411;455	10.7	433
噻吩磺隆	387.4	388;410	11.1	432
甲磺隆	381.4	381.7	11.5	381.7
甲嘧磺隆	364.4	365;387	11.9	409
氯磺隆	357.8	358	12.2	358
胺苯磺隆	410.4	411;433	12.4	455
苄嘧磺隆	410.4	411;455	13.9	433
吡嘧磺隆	414.4	415;459	15.0	437
氯嘧磺隆	414.8	437;459	15.3	415

四、实验步骤

1. 试剂准备

用移液器将农药标准溶液逐级稀释，准确配置 0.1 mg/L，0.2 mg/L，0.5 mg/L，1.0 mg/L，2.0 mg/L，5.0 mg/L，10.0 mg/L 的磺酰脲类除草剂系列标准溶液。

2. 样品准备

(1) 样品制备：农田土壤样品过 1 mm 筛后，置于-18℃冷冻箱保存，备用。

(2) 磷酸缓冲溶液配制：0.038 mol/L 的磷酸二氢钾和 0.16 mol/L 的磷酸氢二钾，用磷酸及氢氧化钠调节 pH=7.8。

(3) 目标物提取：准确称取 10 g 土壤样品于 50 mL 聚苯乙烯具塞离心管中，加入 10.0 mL提取液(乙腈+磷酸缓冲溶液，2∶8)，在涡旋混合器中剧烈旋涡 1 min，然后超声提取 5 min，4 000 r/min 离心 5 min。提取步骤重复 3 次，每次提取液均为 10 mL，合并 3 次提取并离心后的上清液于 50 mL 烧杯中，加入约 1 mL 磷酸调节 pH 至 2.5±0.1，待净化。

(4) 固相萃取小柱净化

- 活化：每一个固相萃取柱依次用 5 mL 乙腈、5 mL 磷酸缓冲溶液(pH=2.5±0.1)活化，活化时，不要让液体流干(液面不低于吸附剂顶部)。
- 上样：前述待净化的所有提取液过柱，流速控制 15 mL/min 左右，整个过程中小柱上液面始终高于吸附剂。
- 干燥：抽真空干燥小柱 10～15 min。
- 洗脱：3 mL 乙腈+ 磷酸缓冲溶液(9∶1)洗脱，收集于小试管中，氮气吹至近干，乙腈定容至 1.0 mL。

(5) 样品加标：分别取 0.1 mL，0.5 ml，1.0 mL 浓度为 10 mg/L 的混合标准溶液至平行的 10 g 土壤样品中，按照上述样品前处理步骤进行样品加标，各浓度水平平行制备 3 份。

3. 上机分析

(1) 仪器参数调整及优化：采用正离子模式，扫描范围 100～500 amu，喷雾电压 4 000 V，鞘气压力 20 psi，辅助气压力 5 psi，温度 350℃，碰撞气为高纯氩气。在此基础上通过注射泵将 1 mg/L 农药标准品混合溶液导入电喷雾电离源，对上述参数进一步进行优化，以获取最佳的检测条件，建立质谱方法。

(2) 打开 Xcalibur 软件，点击“method”(方法)按钮，按照色谱及优化后的质谱条件分别进行参数设定，并根据自动进样器型号设定进样体积、洗针方法等参数，保存方法。

(3) 点击“sequence”(序列)按钮，设置标准样品及未知样品类型、进样次数、测定方法及稀释倍数等参数，保存序列文件 1。

(4) 点击“start”(开始)按钮，开始执行分析。

五、实验结果与数据处理

1. 数据采集完毕后，点击“process”(处理)按钮，调用任一标准样品数据(建议选择较低浓度标准样品数据)依次执行色谱峰积分、色谱峰识别、标准样品浓度等参数设置，保存数据处理方法。

2. 打开之前序列文件 1，点击“process”(处理)按钮，调用保存的“process”(处理)文件，另存序列文件 2，执行处理。

3. 点击“Quantity(定量)”按钮，打开序列文件 2，即可获得处理后的结果，包括标准曲线等相关信息。

4. 根据加标样品的分析结果等信息，计算固相萃取前处理的加标回收率。加标回收率计算公式如下：

$$回收率(\%)=\frac{加标试样测定值-试样测定值}{加标值}\times 100\%$$

六、问题与讨论

1. 简述液相色谱三重四极杆质谱仪的工作原理及其基本结构。

2. 简述电喷雾电离源的原理及结构。

七、注意事项

1. 进行质谱参数优化时，当使用 1 mg/L 标准品的响应信号不足时，可以适当提高标准品的浓度，如 2 mg/L，但不可超过 5 mg/L。

2. 流动相的选择除考虑色谱分离效果外，必须考虑组分进入质谱前离子化效率，以便获得最佳的分辨率和最高的灵敏度，因此应该优化流动相的组成但不可简化。

第6章 环境物质的结构和性质表征

6.1 环境样品表征技术概述

随着新的环境问题的不断出现和更为严格的环境污染防治要求，环境监测已经由环境物质的成分定性和定量分析向物质形态、物质结构、元素价态、官能团组成、表面结构和堆积状态等更深层次进行，以便深入了解环境污染物的存在状况、污染机制、危害机理和对生态的影响，为污染物的控制和消减提供理论依据，为开发新的环境污染治理技术和方法提供技术支撑，为新型环境材料的研制和应用提供方法支持。因此，各种用于揭示物质结构和性质的表征技术和方法被越来越多地用于环境物质的研究，如红外光谱分析，X射线粉末衍射分析，扫描/透射电镜分析，颗粒粒度表征技术等。

物质的红外光谱在指证其官能团方面具有鲜明的特征性，其谱带的数目、位置、形状和强度都因化合物中官能团的不同而各不相同，成为定性鉴定和结构分析的有力工具。由此发展起来的红外光谱分析技术在水体环境检测、固体环境检测和气体环境检测方面越来越显示出其优越性。用传统的KBr压片法可以很方便地检出农药残留，并且可以探究材料对重金属以及有机污染物的吸附机理和吸附性能。各种用于气体检测的红外光谱仪器和技术已经成为现场空气质量快速、实时跟踪和监测的有效手段，满足了对空气中氮氧化物、碳氧化物、硫氧化物等无机气态污染物和烷烃、芳烃、酯类、酚类、酮类、金属有机化合物等有机污染物的快速检测需要。红外光谱和其他仪器的联用技术在鉴别复杂环境物质方面优势明显，如气相色谱-傅里叶变换红外光谱(GC-FTIR)联用技术是复杂混合物定性定量的有效手段，已用于化工废水中对二氯苯、间氯代硝基苯、对氯代硝基苯、邻氯代硝基苯、三氯代硝基苯的定性定量测定。

当X射线作用于晶体物质时，由于晶体内部原子或基团的周期性排列，对入射X射线产生特征衍射，衍射峰的形状、位置、强度与晶体物质结构有密切对应关系，由此而产生的X射线粉末衍射分析技术已经成为环境科学研究的重要手段，广泛用于新型环保材料的研制和结构性能分析，如吸附材料的吸附能力和吸附选择性与材料结构的关系剖析，催化剂的催化性能与物相结构关系研究，降解材料的物相结构与降解能力的关系研究等。该技术在揭示污染物的种类、存在状态、组分间相互伴生情况等方面也越来越发挥出重要作用。

污泥、土壤、降雨、污水等环境物质的颗粒度大小及其分布测定是环境领域重要且广泛使用的物理性能表征技术，可以获得固体、水体、大气等环境介质中颗粒物的总量、大小、形状及其分布。颗粒物是各种污染物迁移转换的载体，因此这些信息对于气、固、液三种环境介质中污染物的迁移转换规律、存在状况和环境质量评价非常重要。根据原理不同，颗粒粒度的测定方法有筛分法、显微镜(图像)法、沉降法、库尔特(电阻)法、激光衍射散射法、电泳法、计算机图像成像法和动态光散射法。激光衍射法是依据颗粒物大小不同对入射激光的散射和衍射角度及其衍射强度不同而实现粒度测量,在环境领域普遍使用。

本章选择典型的污染物,通过实验学习以上各种表征技术的方法原理、仪器结构、样品制备方法、测试步骤、数据分析和谱图解析方法,结合环境样品的具体测试,了解这些技术和方法在环境领域的应用。每一实验项目是针对不同的环境样品和测试对象精心设计和制定出来的,操作时要求大家严格按照实验步骤,认真仔细地进行每一步操作,记录完整的实验数据,学习数据处理方法和谱图解析技巧,培养自己的动手能力和独立思考问题及解决问题的能力,为将来的科研工作打下良好基础。

6.2 实验内容

实验 6.1 常见混凝剂的等电点分析

一、实验目的

掌握 Zeta 电位的基本理论;了解 Zeta 电位测定仪基本结构和使用方法;掌握 Zeta 电位仪测定常见混凝剂等电点的方法。

二、实验原理与仪器结构

1. 实验原理

胶体溶液是一种分散质粒子,直径介于粗分散体系和溶液之间的一类分散体系,一般分散质粒子粒径在 1～1 000 nm。经典的 DVLO 理论认为,胶粒体系的稳定性取决于粒子间的短程吸引力(范德华力)和远程排斥力(静电力)之和。通常 Zeta 电位的绝对值越高,体系越稳定,一般以±30 mV 作为衡量标准。

Zeta 电位是表征胶体分散系稳定性的重要指标,通过测量 Zeta 电位来了解溶液的稳定程度。同时,Zeta 电位又与粒子的表面和分散介质的化学性质有关,所以影响 Zeta 电位的因素很多,主要包括:pH 值;溶液电导率;某种特殊添加剂的浓度,如表面活性剂,高分子物质等,其中 pH 是最重要的影响因素(图 6-1)。由于 Zeta 电位反映了水中胶体颗粒的稳定性,通常在污水处理中采用向水中投加混凝剂的方法来破坏体系的稳定程度,降低 Zeta 电位,使得颗粒胶体团聚沉淀,从而达到去除污染物的目的。

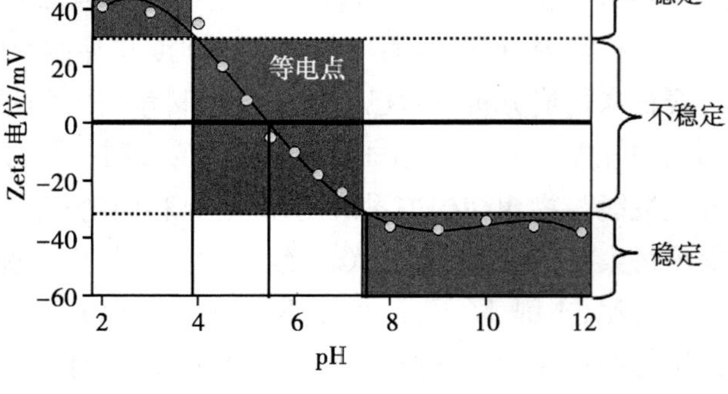

图 6-1 Zeta 电位与 pH 的关系

目前,胶体溶液 Zeta 电位的测量主要依据激光多普勒电泳法,通过测量光的频率和相位变化得到带电粒子的电泳速度。根据 Henry 方程计算得到 Zeta 电位。Henry 方程如下：

$$U_E = \frac{2\varepsilon z f(Ka)}{3\eta}$$

其中　z——Zeta 电位；

U_E——电泳速度；

ε——介电常数；

η——粘度；

$f(Ka)$——Henry 函数，有两个值通常用于 $f(Ka)$ 测定的近似，即 1.5 或 1.0。

2. 仪器的结构与功能

本实验所用仪器为英国马尔文公司生产，型号：Nano ZS 90(图 6-2)。

仪器主要部件及功能：

(1) 激光器：高稳定 He-Ne 激光器，波长 633 nm。提供照射样品中粒子的光源；在测量过程中分光镜将激光光源分成两束，作为散射光和参考光。

(2) 样品池：使用 U 型毛细管样品池。入射光穿过样品池中央照射到颗粒上，使得自身频率发生改变。

(3) 检测器：通过测量运动粒子引起的光强波动来检测散射光的频率，散射光频率的移动与粒子移动速度成比例。

(4) 数字信号处理器：将检测器检测到的散射光频率变化信号经过转化传递至计算机。

(5) 计算机：由 Zetasizer Nano 软件生成频谱，从频谱可计算电泳迁移率及 Zeta 电位信息。

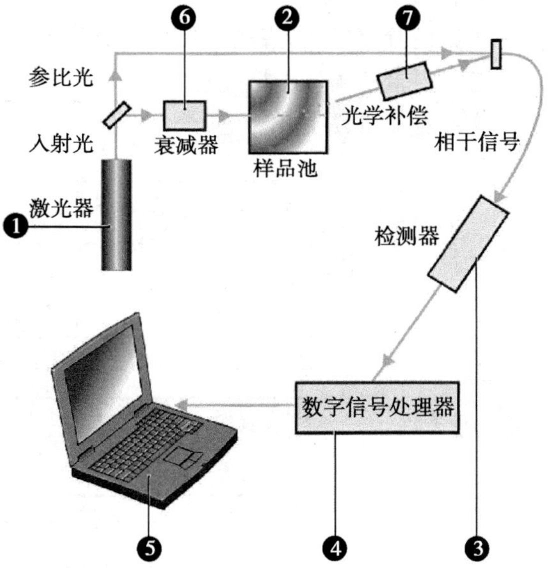

图 6-2　Nano ZS 90 光路示意图

(6) 衰减器：用来调节光学强度装置，降低或增加激光强度。

(7) 光学补偿用来光路聚焦。

三、实验条件

1. 仪器设备

Zeta 电位分析仪(英国 Malvern，Nano ZS90)，磁力搅拌装置。

2. 试剂与样品

(1) 模拟污水：500 mL，浊度值大约为 500 NTU；

(2) 混凝剂：30%聚合氯化铝溶液；

(3) HCl 溶液，NaOH 溶液(浓度均为 0.25 mol/L，体积 100 mL)；

(4) 样品准备：在 500 mL 样品中加入 2 mL 聚合氯化铝溶液，磁力搅拌 20 min，备用。

四、实验步骤

1. 打开仪器电源和自动滴定仪(MPT2)开关,预热 30 min。

2. 点击软件 Zetasizer,新建测量文件:File-New(文件-新建),输入文件名称后保存。测量文件保存后,仪器自动跳转进入默认界面。

3. 测量程序设置

(1) 点击“Measurement”→“manual”→“measurement type”(测量→手动→测量类型),选择“Titration”→“pH”→“Zeta Potential”(滴定→pH→Zeta 点位),在“sample”(样品)选项中,输入样品名称,点击“ ”;在“Dispersant”(分散介质)页面中,分散介质选择水溶液(Water);“General option”(一般选择)中,“Model”类型选择“Smoluchowski”,点击“ ”,“Temperature”(温度)选择 25℃,平衡时间 60 s。

(2) pH 滴定程序设置:点击“ ”进入到“Titration”(滴定)页面设置,输入“HCl”和 NaOH 浓度为 0.25 mol/L,样品体积为 12 mL,设置 pH 范围从当前数值开始,滴定终点 pH=9。设置完毕后,点击“OK”,开始测量,测量到达终点后,仪器软件给出计算结果。

五、实验结果与数据处理

实验结果如图 6-3 所示。

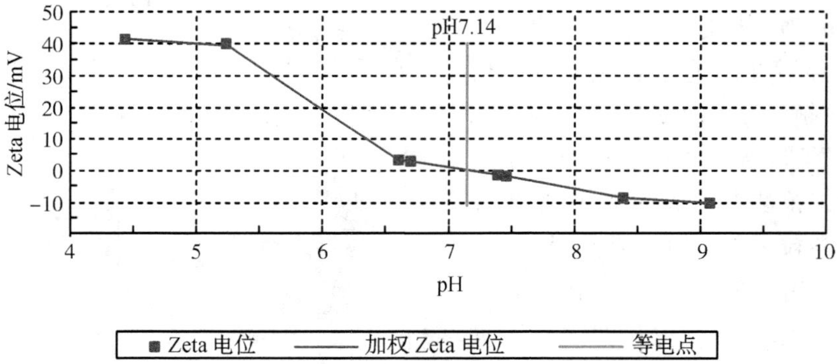

图 6-3 聚合氯化铝溶液 pH-Zeta 电位图

六、问题与讨论

1. 简述本次实验中 Zeta 电位分析仪的工作原理及 Zeta 电位分析仪的基本结构。

2. 简述在测量过程中影响 Zeta 电位的几个重要因素。

七、注意事项

1. 待测样品的颗粒粒径大小均匀,由于使用样品量少,样品一定要有代表性。

2. 在使用 Zeta 电位数据时,一定要说明体系的 pH 是多少,使用何种分散介质。单纯的 Zeta 电位数据没有任何意义。

实验 6.2 三维荧光光谱法表征水中溶解性有机污染物

一、实验目的

掌握荧光光谱的基本原理;了解荧光光谱仪的组成结构和使用方法;掌握三维荧光光

谱分析法的基本原理及应用于表征水体中溶解性有机物的方法。

二、实验原理

1. 荧光的产生

当物质分子吸收了特征频率的光子，由原来的基态能级跃迁至电子激发态的各个不同振动能级。激发态分子通过各种形式消耗了部分能量，迅速下降至第一电子激发态的最低振动能级，并停留约 10^{-9} s 之后，直接以光的形式释放出多余的能量，下降至电子基态的各个不同振动能级，此时所发射的光即是荧光。但若电子以隙间穿越的方式转至激发三重态，由激发三重态的最低振动能级回到基态，即发出磷光。由于发出磷光的过程是跃迁禁阻的，因此时间较长，磷光的寿命也较荧光更长，而相对荧光，磷光的能量更低。

光谱包括激发光谱和发射光谱。激发光谱表示的是不同激发波长下所引起物质发射某一波长荧光的相对效率。在固定发射波长下(通常是选取最大发射波长)，以不同波长的入射光激发荧光物质，以荧光强度对激发波长作图，即得到激发光谱。而在激发光谱曲线的最高处表明处于激发态的分子最多，荧光强度最大，此处称为最大激发波长。当把激发波长固定在最大激发波长处，进行发射光谱扫描，测定出不同波长下相应的荧光强度，以荧光强度与发射波长作图，即得到发射光谱。激发光谱与发射光谱之间的波长差值为定值，称为 Stokes 位移。荧光光谱总是呈现出发射波长位于激发波长的长波一侧，这是由于在电子跃迁的过程中，振动弛豫、内转换等非辐射跃迁损失了部分能量。

2. 影响荧光强度的因素：

(1) 荧光强度与溶液浓度的关系。在稀溶液中，荧光强度与溶液浓度成正比关系；而在较浓的溶液中由于猝灭和自吸收现象，使得浓度与荧光强度无线性关系。

(2) 溶剂对荧光强度的影响。溶剂的极性增大，$\pi \rightarrow \pi^*$ 跃迁所需的能量差减小，跃迁概率增加，从而使荧光光谱红移，发射强度增强。而溶剂的黏度的减小，会增加分子间的碰撞机会，使无辐射跃迁增加，从而使得荧光强度减弱。因此，荧光强度随溶液黏度的减小而减弱。

(3) 温度对荧光强度的影响。温度升高，分子的运动速度加快，使得分子间碰撞的概率增大，外转换去活概率增大，荧光强度下降。

(4) 其他因素。溶液中含有能够吸收激发光或荧光物质发射光的物质，即产生内滤光效应。

(5) 荧光光谱中的散射光。有一小部分光子在与物质分子接触时发生了碰撞，光子的运动方向发生了改变或发生了能量的交换。常见的散射峰有瑞利散射和拉曼散射。

3. 荧光光谱仪的组成及作用：

(1) 光源，提供紫外至红外波长范围内的激发光。常用的光源有氙灯、超连续激光光源、脉冲光源。

(2) 激发单色仪，用于扫描激发光谱。其中利用光栅对混合光进行分光，通过狭缝调节光的带宽。

(3) 样品仓，根据不同的样品和测试种类可配置不同的样品测试附件，如自动滴定分析仪、固体样品支架、控温装置、磁力搅拌装置等。

(4) 发射单色仪，用于扫描发射光谱。

(5) 检测器，用于信号的采集，包括参比检测器和荧光检测器。

(6) 主控系统，控制全部光学部件，记录检测器获得的信号，得到荧光光谱图，并可对谱图进行分析处理等。

三维荧光法是将荧光强度表示为激发波长—发射波长两个变量的函数，即三维荧光光谱(Three-Dimensional Excitation Emission Matrix Fluorescence Spectrum ，3DEEM)，它能够表示激发波长(λ_{ex})和发射波长(λ_{em})同时变化时的荧光强度信息。

表 6-1　水体中常见的溶解性有机物的荧光峰位置

荧光峰	Ex/Em(nm)	类型
D	220～230/300～310	类酪氨酸
S	220～230/320～350	类色氨酸
B	270～280/300～310	类酪氨酸，类蛋白
T	270～280/320～350	类色氨酸，类蛋白
N	280/370	未知，同藻类活动相关
A	250～260/380～480	UV 类腐殖酸
M	290～320/380～420	可见海洋类腐殖酸
C	330～350/420～480	可见类腐殖酸
P	398/660	叶绿素

三、实验条件

1. 仪器设备

HORIBA FLuoroMax4 荧光光谱仪。

2. 试剂与样品

超纯水，天然水体样品。

3. 测试参数

激发波长范围：240～450 nm；扫描间隔：5 nm；狭缝：5 nm。

发射波长范围：290～550 nm；扫描间隔：5 nm；狭缝：5 nm。

四、实验步骤

1. 打开仪器主机，稳定 30 min。插入软件“PassDog”(密码狗)后打开软件“Fluor Essence”(荧光软件)，点开“Experiment Menu button”(仪器主菜单)。

2. 扫描仪器的灯谱：在弹出的“Fluorescence Main Experiment Menu”(荧光光谱仪控制主菜单)菜单框中选择“Spectra”(光谱)，选择扫描激发光谱(Excitation)。设置参数，Ex 激发范围 240～600 nm，狭缝(Silits)为 1.0 nm，间隔 Inc 为 0.5 nm。检测器选择 R1，确认灯的能量。

3. 石英样品比色皿中加入超纯水，扫描水的拉曼峰：在弹出的“Fluorescence Main Experiment Menu”(荧光光谱仪控制主菜单)菜单框中选择“Spectra”(光谱)，选择扫描发射光谱(Emission)。设置参数，Ex 激发波长为 350 nm，狭缝宽度为 5.0 nm，Em 发射范围为 365～450 nm，狭缝宽度为 5.0 nm，间隔 Inc 为 1 nm，检测器选择 S1。根据水的拉曼峰最强位置 397 nm 的强度与 450 nm 处基线的信号，可以计算仪器的信噪比。

4. 在石英比色皿中加入样品至比色皿 2/3 处，扫描不同天然水体的三维荧光谱图：在弹出的“Fluorescence Main Experiment Menu”（荧光光谱仪控制主菜单）菜单框中选择“3D”。设置参数，激发波长范围：240～450 nm；扫描间隔：5 nm；狭缝：5 nm；发射波长范围：290～550 nm，扫描间隔：5 nm；狭缝：5 nm，检测器信号选择 S1c/R1c。

5. 所有测试结束后，关闭软件，关闭仪器。

五、数据处理与谱图解析

根据得到的样品的三维荧光谱图（图 6-4）确定不同峰位置的有机物的种类，并根据峰的强弱，确定有机物含量的高低。

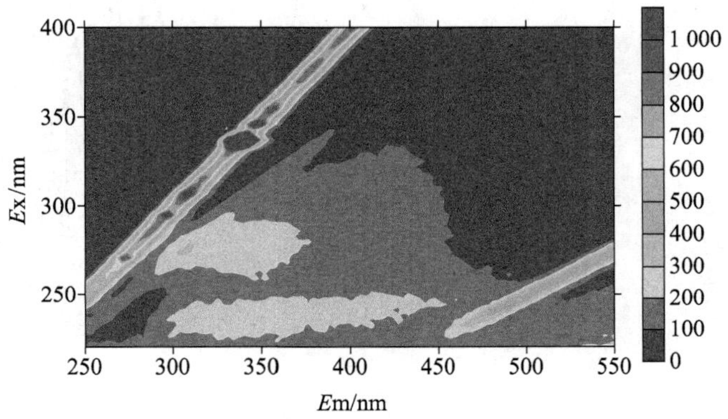

图 6-4　某水样的三维荧光光谱图

六、问题与讨论

1. 列举影响物质荧光强度的因素有哪些？

2. 列举三维荧光技术在不同领域的三个应用实例。

七、注意事项

1. 在准备样品时，对于有颜色的样品要注意其色度，颜色会对荧光光谱产生影响。

2. 扫描灯谱观测灯的能量，随着使用时间的增加，氙灯的能量会有所下降，当能量过低时应该更换氙灯，避免有些含量较低的荧光物质无法检测出。

实验 6.3　溴化钾压片法测定固体污染物的红外光谱

一、实验目的

掌握红外光谱分析法的基本原理；熟悉物质的吸收频率与官能团的关系；熟悉傅里叶变换红外光谱仪（FTIR）的基本结构和工作原理；掌握 Nicolet5700 智能傅里叶红外光谱仪的操作方法；掌握用 KBr 压片法制备固体样品进行红外光谱测定的技术和方法；通过对苯甲酸红外光谱图的解析，了解化合物官能团的定性分析方法。

二、实验原理与仪器结构

1. 实验原理

红外吸收光谱法是利用物质对红外光区电磁辐射的选择性吸收特性来分析分子中基

团结构的定性、定量分析方法。当物质的分子受到频率连续变化的红外光照射时，分子会吸收某些频率的辐射，并由其振动或转动运动引起偶极矩的净变化，产生分子振动和转动能级从基态到激发态的跃迁，使相应于这些吸收区域的透射光强度减弱。记录红外光的百分透光率（或吸光度）与入射光波数或波长的关系曲线，就得到物质的红外光谱。根据光谱图中吸收峰的位置、强度和峰形，可以获知物质分子中包含哪些基团，从而推断该未知物的结构，根据峰的面积并结合朗伯-比尔定律，可以对未知物进行定量分析（图 6-5）。

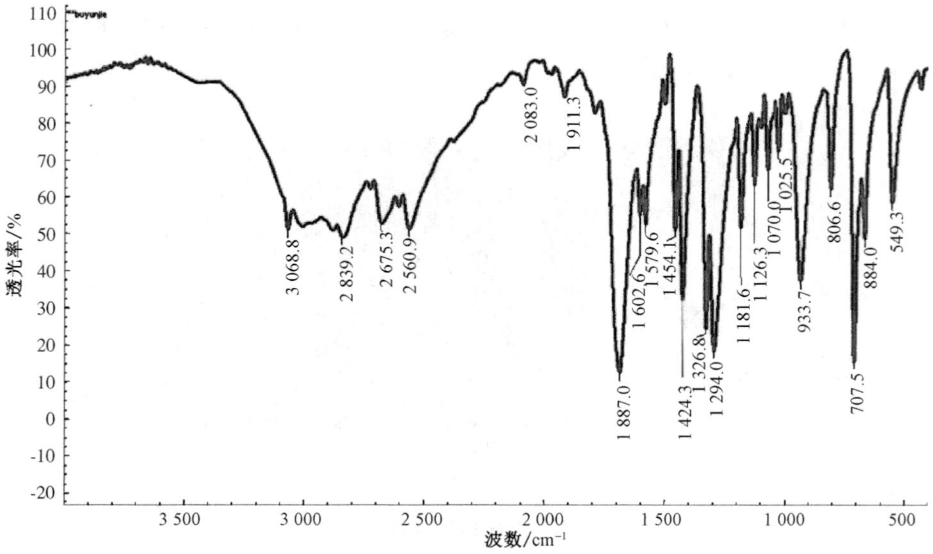

图 6-5　苯甲酸的红外光谱

可见，物质产生红外吸收的两个基本条件是：①红外光应具有能满足物质产生振动跃迁所需的能量；②红外光与物质间有相互偶合作用，必须使分子的偶极矩发生变化。将分子振动时伴有瞬时偶极矩变化者称为红外活性振动，相应的分子称为红外活性分子。大部分无机物和几乎全部有机物均是红外活性分子，可用红外光谱分析技术进行鉴别，因此，红外光谱分析法在环境领域应用广泛。

压片法是实现固体粉末样品红外光谱测定的常用方法，通常将样品均匀地分散于 KBr 粉末中，在油压机上压制成透明薄片进行测试。样品与 KBr 的比例为 1∶100～1∶200，一般选择 1 mg 样品分散于 150 mg KBr 中，研磨 4～5 min，使样品与溴化钾混合物的粒度小于 2.5～2.0 μm。对化合物进行官能团定性的常用方法有已知物对照法和标准谱图查对法。

2. 仪器结构

傅里叶变换红外光谱仪（FTIR）是实现红外光谱分析法的常用仪器，主要由红外光源、迈克尔逊（Michelson）干涉仪、检测器、计算机等系统组成（图 6-6）。光源发出的红外光（波数为 4 000～400 cm^{-1} 中红外区）经干涉仪处理后照射到样品上，被样品吸收后透射过的光信号（携带有官能团信息）被检测器检测，再经过放大器传送到计算机，由计算机对干涉信号进行傅里叶变换的数学处理，得到样品的红外光谱图。干涉仪和检测器由于使用了易潮解的溴化钾晶片容易受潮而损坏，因此红外光谱仪必须在空气湿度小于 60%的环境中放置和使用。

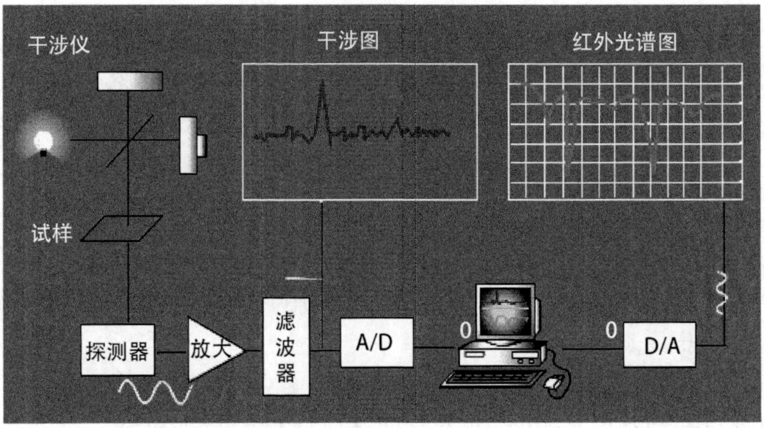

图 6-6　傅里叶变换红外光谱仪结构示意图

三、实验条件

1. 仪器设备

Nicolet5700 智能傅里叶红外光谱仪（Thermo Fisher Scientific，美国热电公司），HY-12 型手动液压式红外压片机及配套压片模具，磁性样品架，红外灯干燥器，玛瑙研钵。

2. 试剂和样品

KBr(光谱纯)，无水丙酮，无水乙醇。固体样品，可以是纯物质如苯甲酸，也可以是混合物如污染的土壤、无机或有机吸附材料等。各类待测样品均需干燥并能在玛瑙研钵内研磨至粒度小于 2.5 μm。

3. 测试参数

波数 400～4 000 cm^{-1} 中红外光源，DTGS 检测器，分辨率为 4 cm^{-1}，扫描次数 32 次，实时背景校正模式进行测定。

四、实验步骤

1. 固体样品的制备

固体(如苯甲酸)试样必须干燥以驱除水分，再用玛瑙研钵研成粒度在 2.5 μm 以下的细粉，不宜研磨的固体样品不能用压片法进行测试。将样品分散于溴化钾中，按样品与 KBr 1∶100～1∶200的比例进行研磨混匀，装于模具内压制成近乎透明的薄片于仪器上完成测试。

2. KBr 空白的制备和测试

取约 150 mg 干燥且已研磨成细粉的 KBr 于压片模具内，在压片机上压制成透明薄片，装入磁性样品架内，放入 Nicolet5700 智能傅里叶红外光谱仪的样品室中，在仪器选择的测量参数下进行测试，得到空白的红外光谱，图中有灵敏的 CO_2 和 H_2O 吸收峰，它们是构成红外测试背景的主要物质，必须进行扣除。FTIR 光谱仪会将此背景自动保存，并在样品测试过程中自动扣除。

3. 样品的红外光谱测定

(1) 取干燥的样品细粉 1～2 mg 于干净的玛瑙研钵中，再加入约 150 mg 干燥且已研磨成细粉的 KBr，在红外灯下一起研磨至二者完全混合均匀，并使混合物粒度在 2.0 μm 以下，将混合物移入干净的压片模具中，堆积均匀，用手压式压片机用力加压约 30 s，制成透明试样薄片。

(2) 小心取出试样薄片，装在磁性样品架上，放入仪器的测量室内，在选择的仪器程序下进行测定，得到样品的红外光谱图，根据需要保存成数据、图片等各种格式。

(3) 测定结束后，取出样品架，拿出样品薄片，将玛瑙研钵，压片模具，试样架等用酒精或丙酮擦洗干净，以备下一样品的测试。

4. 关机和清洗

测试完成后退出软件，关闭电脑，盖好仪器。所有接触过 KBr 的器皿包括玛瑙研钵、钥匙、镊子、压片模具、磁性样品架等都要用水清洗，再用纯水润洗，最后用蘸有酒精的脱脂棉擦洗并在红外灯下干燥。

五、数据处理与谱图解析

1. 仔细观察得到的红外光谱图，通过基线和吸收峰的透光率判断谱图质量(合格谱图的基线透光率必须大于等于 75%，谱图中的大多数吸收峰的透光率位于 10%～80%范围内，最强吸收峰的透光率 10%～30%)，否则需要重新测试，直至谱图合格为止。对质量合格的谱图，用软件进行基线校正及适当平滑处理并校正背景中的 CO_2 吸收，最后标注主要吸收峰的波数值，储存数据，打印谱图。

2. 根据分子官能团和相应振动的关系，运用红外光谱基本理论和知识对谱图进行解析和官能团鉴别，确定结构，判断污染物的种类。对于纯物质，可用仪器自带软件和谱库等辅助功能对谱图进行解析和检索，并判断各主要吸收峰的归属，得出化合物的结构，再与已知结构进行对比和确认。

六、问题与讨论

1. 为什么测试粉末固体样品的红外光谱时选用 KBr 制样？有何优、缺点？
2. 用 FTIR 仪测试样品的红外光谱时为什么要先测试背景？
3. 如何用红外光谱鉴定饱和烃，不饱和烃和芳香烃的存在？
4. 醇类、羧酸和酯类化合物的红外光谱有何区别？

七、注意事项

1. 由于干涉仪和检测器使用了容易潮解的 KBr 晶体，所以湿度对仪器影响较大，实验时应控制实验室相对湿度低于 60%。空气湿度大时，可打开空调及抽湿设备帮助降低房间湿度。

2. 空气中的 CO_2 和 H_2O 有较强的红外光谱，是构成背景的主要物质，如果不扣除，其谱峰会叠加在样品谱图上，影响对样品谱图的解析和判断，所以每个样品测试时都必须进行实时的背景校正(可通过软件实现此功能)。

3. 压片用 KBr 必须是分析纯及以上，使用前应研细至 200 目以下，并在 120℃以上温度下烘至少 4 h 后置于干燥器中备用。颗粒大会产生光的散射，且制备好的空白 KBr 片不透明，一般要求透光率应在 75%以上(与空气相比)。

4. 压片法要求试样中不能含有游离水，因为水本身有红外吸收，会严重干扰样品谱图，而且会侵蚀 KBr 盐片。

5. 压片时试样和 KBr 的比例要合适，以使光谱图中的大多数吸收峰的透射比处于 10%～80%范围内。最强吸收峰的透光率如大于 30%，则说明取样量太少；相反，如最强吸收峰的透光率接近 0，且为平头峰，则说明样品量太多，此时均应调整取样量后重新测定。

6. 样品测试间隙用脱脂棉蘸酒精擦拭模具，以免相互干扰。模具用完之后应立即用水清洗并擦干，再用脱脂棉蘸酒精擦拭，置干燥器中保存，以免锈蚀。

实验 6.4　液体污染物的红外光谱测定——液膜法

一、实验目的

掌握红外光谱分析法的基本原理；熟悉傅里叶变换红外光谱仪的基本结构；掌握用液膜法制备液体样品进行红外光谱测定的技术和方法；了解不同性质液体样品的制样技术及其在红外光谱测定中的应用；通过谱图解析或标准谱图检索，了解用红外光谱图鉴定未知物质的一般过程。

二、实验原理与仪器结构

1. 实验原理

当红外辐射作用于液体物质分子时，如果分子中某个基团的振动频率和红外辐射频率一致，则二者就会产生共振，此时，光的能量通过分子偶极矩的变化传递给分子，这个基团就吸收一定频率的红外光，产生振动跃迁，从而产生红外吸收光谱。如果红外光的辐射频率和分子中各基团的振动频率不一致，则红外光与基团不会产生共振，该部分红外光就不会被吸收。因此，用频率连续改变的红外光照射待测试样，并用仪器记录样品分子吸收红外光的情况，就得到试样的红外吸收光谱图。通常，分子发生振动能级的跃迁时总是伴随有转动能级的跃迁，因此所得的红外光谱不是简单的吸收线，而是一个个吸收带。利用液体物质选择性吸收红外辐射后能产生特征的红外光谱这一特性可以对液体物质进行结构鉴定和组分的定性和定量。

对于液体样品，完成红外光谱测试有三种方法：

(1) 液体池法：沸点较低，挥发性较大的试样，可注入封闭液体池中，液层厚度一般为 0.01～1 mm。液体池有固定厚度液体池和可拆卸液体池两种。

(2) 液膜法：沸点较高的试样，直接滴在两片盐片之间，形成液膜，然后放入仪器光路中进行检测。

(3) 溶液法：对于一些吸收很强的液体，当用调整液膜厚度的方法仍然得不到满意的谱图时，可用适当的溶剂配成稀溶液后按液体池法或液膜法进行测定。常用的红外光谱溶剂应在所测光谱区内自身没有强烈的吸收，不侵蚀盐窗，对试样没有强烈的溶剂化效应等。CCl_4 和 CS_2 是基本能满足要求的常用红外光谱溶剂。一些固体也可以通过溶解成为溶液进行测定。

本实验采用液膜法完成液体样品的测试。常见的红外窗片(盐片)性能见表 6-2，测试时可根据样品的性质进行选择。

表 6-2　红外窗片及其性能

名称	性能指标	使用说明
溴化钾窗片 KBr （或 NaCl）	易潮解，透过波数 7 800～400 cm^{-1}， （1～25 μm）透过率大于 92%	适用于不含水的液体样品
氟化钙窗片 CaF_2	不易潮解，透过波数 7 800～1 100 cm^{-1}， （1～9 μm）透过率大于 90%	含水和不含水的样品
硫化锌窗片 ZnS	不易潮解，透过波数 7 800～700 cm^{-1} （1～14 μm）透过率大于 85%	含水和不含水的样品
溴化砣窗片 KRS-5	不易潮解，透过波数 7 800～200 cm^{-1} （1～50 μm）透过率大于 92%	含水和不含水的样品
硒化锌窗片 ZnSe	不易潮解，透过波数 7 800～440 cm^{-1} （1～23 μm）透过率大于 68%	含水和不含水的样品
石英窗片 SiO_2	不易潮解，透过波数 190 nm～4.5 μm 透过率大于 92%	含水和不含水的样品
氟化镁窗片 MgF_2	不易潮解，透过波数 0.11～8.5 μm 透过率大于 90%	含水和不含水的样品
氟化钡窗片 BaF_2	不易潮解，透过波数 7 800～800 cm^{-1} （1～12 μm）透过率大于 90%	含水和不含水的样品

2. 仪器结构

实现液体样品红外光谱测定的仪器是傅里叶变换红外光谱仪（FTIR），主要由红外光源，迈克尔逊（Michelson）干涉仪，检测器，计算机及红外软件等系统组成（见实验 6.1）。工作原理：光源发出的红外辐射，经干涉仪转变成干涉图，通过试样后得到含试样信息的干涉图，由检测器和电子计算机采集，并经过快速傅里叶变换，得到吸收强度或透光度随频率或波数变化的红外光谱图。

用于样品测试的液体池结构如图 6-7 所示。液体池是由后框架，垫片，后窗片，间隔片，前窗片和前框架 7 个部分组成。后框架和前框架由金属材料制成；前窗片和后窗片为溴化钾晶体薄片；间隔片由聚四氟乙烯材料制成，起着固定液体样品的用途，厚度为 0.025 mm，0.05 mm，0.1 mm，0.5 mm，1.0 mm 5 种，可依据样品性质进行选择，吸收强的样品选择厚度小的间隔片。

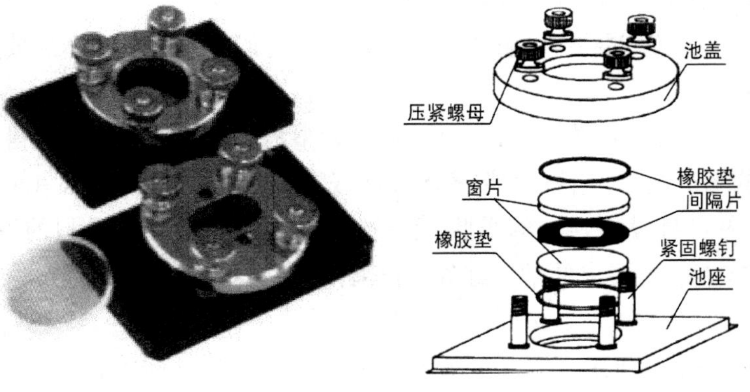

图 6-7　HF-8 可拆液体池及其结构

三、仪器与试剂

1. 仪器设备

Nicolet5700 智能傅里叶红外光谱仪(Thermo Fisher Scientific,美国热电公司),25 mm 锁式液体样品架,KBr 盐片,KRS-5 盐片(有毒,需要佩戴手套),ZnSe 盐片,封闭液体池。

2. 试剂和样品

无水丙酮,二氯甲烷,无水乙醇,四氯化碳,苯或甲苯(AR),水,丙三醇、乙酸等,它们既是试剂也可作为待测样品;其他高沸点待测液体样品。

3. 测试参数

设定测量波数 400～4 000 cm^{-1},DTGS 检测器,分辨率为 4 cm^{-1},扫描次数 32 次,实时背景校正模式进行测定。

四、实验步骤

1. 液体样品的制备和测定

取一对 KBr 或 KRS-5 窗片,放入锁式液体样品架上固定,在选定的程序下测定空白窗片的红外光谱图,得到背景谱图。取出窗片,用滴管取少量待测液体样品滴在一块窗片上,将另一块窗片覆盖在上面,轻轻转动以赶走气泡,使样品在两盐窗间形成一层没有气泡的透明液膜,放入锁式液体样品架中固定,并置于红外光谱仪的样品室中,在选定的程序下测定样品红外光谱图。通常,FTIR 会在测试过程中自动扣除空白吸收,得到样品的谱图。

2. 仪器测试程序

进入测试对话框→设置仪器参数→背景测试→样品测试→谱图处理 →保存并打印谱图→取出样品室中样品。

3. 关机和清洗

测试完成后退出软件,关闭仪器和电脑。用蘸有乙醇或丙酮的脱脂棉轻轻擦洗窗片,不易擦洗干净的窗片可再用正己烷或乙酸乙酯等溶剂擦洗,擦洗时要佩戴手套和口罩,必要时需用滑石粉抛光处理,使窗片表面干净平滑,低温红外灯下干燥,置于干燥器内保存。对窗片有污染,不易用常见溶剂擦洗干净的液体样品不能用液膜法进行测定。

五、数据处理与谱图解析

判断谱图质量,必要时可以重新测定。用软件对所测谱图进行平滑和基线校正,扣除 CO_2 干扰峰,复杂样品还可以根据需要进行求导处理,以增加谱图分辨率,标注主要吸收峰,储存数据,打印谱图。

利用已掌握的红外光谱分析基本知识解析谱图,其中特征吸收峰的位置、形状和强弱是判断官能团并确定物质结构的主要依据。判别出各主要吸收峰的归属后,即可推断出待测污染物可能的结构式及其种类。对于纯净单一组分的污染物,可用仪器自带的谱库如萨特勒标准谱图库(Sadtler)进行检索,直至查到与所测样品红外光谱图完全一致的谱图才能确定化合物结构,必要时再用标准品进行对比。用分子式索引查阅萨特勒标准谱图集的方法:化合物分子式→化合物英文名称→谱图号→谱图。

六、问题与讨论

1. 简述液膜法制样方法的适用范围和操作要点。

2. 下面 3 句话包含哪些基本知识?

(1) 可拆式液体池的盐片应保持干燥透明,切不可用手触摸盐片表面。

(2) 每次测定前后均应在红外灯下反复用无水乙醇及滑石粉抛光,用镜头纸擦拭干净,在红外灯下烘干后置于干燥器中备用。

(3) 溴化钾盐片不能用水冲洗。

3. 挥发性大的液体样品如何实现红外光谱测定?简述其测定过程。

七、注意事项

1. 用液膜法进行易挥发液体样品测试时,动作要快,否则样品迅速挥发,得不到理想的谱图。

2. 对于不易用溶剂清洗的液体样品,可以不用商品盐片,用压片机压制一个空白 KBr 盐片,将样品均匀地涂抹在其上进行测试。

3. 含水的液体样品要选择耐水的盐片,如 CaF_2、BaF_2、ZnSe 等,并注意 H_2O 峰的干扰。

4. KRS-5 盐片很贵,使用时要小心。铊盐对人体有害,使用时需佩戴手套和口罩。

实验 6.5　聚合物薄膜或纤维样品的红外光谱测定——衰减全反射光谱法

一、实验目的

了解衰减全反射红外光谱法(ATR-FTIR)的原理和特点;掌握用于 ATR-FTIR 的智能 OMNI 采样器的工作原理和使用方法;熟悉 ATR-FTIR 直接测定特殊样品(用压片和涂膜法无法进行制样测定的样品)的技术和方法;熟悉几种聚合物或纤维膜的衰减全反射红外光谱图的特点和解析方法;通过谱图解析及标准谱图的检索,了解由红外光谱鉴定未知物的一般过程。

二、实验原理与仪器结构

1. 实验原理

ATR-FTIR 是利用晶体对入射红外光的全反射原理完成物质红外光谱测试的一种分析方法。当入射角大于临界角时,入射光由高折射率的光密介质(晶体)透入低折射率的光疏介质(样品)一定深度后,会折回射入全反射晶体中,其中能被样品吸收部分的光强度会减弱,不吸收部分的光被全部反射而强度不变,即产生衰减全反射现象,由 FTIR 记录并转换后得到物质的衰减全反射红外光谱。测定时将样品置于反射晶体上,用一定压力压紧样品,所得谱图反映的是光线经过的那部分样品的化学键及分子运动特征,即样品的表面或界面的化学特征,它与红外光透过样品(透射法)而产生的红外光谱形状一致,表征的是物质表面官能团的结构信息,适于难以用普通透射法完成制样并测定的样品。ATR 光谱强度取决于有效穿透强(深)度、反射次数、样品与反射晶体的紧密贴合程度及样品本身对红外光的吸收大小。

2. 仪器结构

智能 OMNI 采样器的结构及其工作原理如图 6-8 所示。

智能 OMNI 采样器采用 Ge 为全反射晶体材料,晶体的上表面为球面,可以使样品与晶体的接触面积很小。晶体上方安装有压力杆,测试时可将样品紧紧压在晶体上,二者之间形

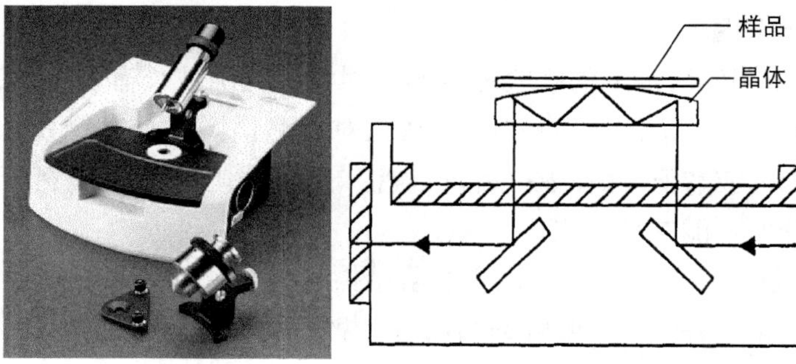

图 6-8　智能 OMNI 采样器结构及其工作原理

成“点对点”接触，克服了多次内反射晶体与样品不能紧密接触的缺点。因此，虽然只有一次反射，OMNI 采样器仍然可以得到高质量的光谱。工作时，红外辐射穿透样品的深度 d_p 与入射波长 λ，晶体折射率 n_1，样品折射率 n_s，入射角 α 有如下关系：$d_p=\lambda/2\pi n_1[\sin^2\alpha-(n_s/n_1)^2]^{1/2}$，可见，对于给定的样品，穿透深度只与波长有关，穿透深度越大，吸收峰越强。长波处（低波数处）吸收峰因透入样品深度大而谱峰强度大，测量灵敏度高；短波处（高波数处）则正好相反，谱峰强度小，灵敏度低。这种在高波数范围内出现的歧视现象，是它区别于透射法的根本所在，因此必须利用仪器提供的软件对 ATR 谱进行校正。一般来说，穿透深度只有几个 μm，所以这种单次衰减全反射 ATR 红外光谱法，适用于常规方法难以测试的样品，如微小、微量样品，硬度大难以制备的样品，强吸收不透光的样品，难溶（熔）难粉碎的样品等。其特点是制样简单，无破坏性，对样品大小、形状、含水量没有特殊要求，可以实现原位测试、实时跟踪，但其灵敏度比透射法低。

三、实验条件

1. 仪器设备

Nicolet5700 智能傅里叶红外光谱仪（美国热电公司），智能 OMNI 采样器。

2. 试剂及样品

无水丙酮，无水乙醇，高分子聚合物，纤维膜，纸。

3. 测试参数

单反射 ATR-OMNI 采样器（Ge 晶体）：分辨率为 4 cm^{-1}，扫描次数为 32 次，光谱范围为 4 000～675 cm^{-1}。

四、实验步骤

1. 打开 FTIR 红外光谱仪主机和电脑，预热 30 min；
2. 安装智能 OMNI 采样器附件，出现仪器自动识别提示；
3. 打开操作软件，设置实验参数；
4. 剪取一片干净的高分子聚合物、纤维膜或纸质样品，将测试面直接放在 OMNI 采样器的 Ge 晶体上，旋紧采样器的固定旋钮，使探头压紧样品；
5. 按照仪器操作程序进行测定：进入测试对话框→设置仪器参数→背景测试→样品测试→保存谱图→取下样品→擦拭晶体和探头。每个样品可选择多个采样点进行多次测试，直至谱图中信息符合要求为止。

五、数据处理与谱图解析

1. 由于 ATR-FTIR 法谱图的吸收强度与入射红外光的波长有关，为便于与透射法的测定结果进行对比，需要对谱图进行校正，方法是对所测谱图进行基线校正及适当平滑处理，标出主要吸收峰的波数值，保存数据后，打印谱图。利用已掌握的红外光谱分析知识解析谱图，推出待测物质可能的结构式。

2. 对谱图进行解析，判别官能团，推测物质结构和种类。对于纯物质，可用仪器自带软件对图谱进行检索，得出各主要吸收峰的归属，推出化合物的结构，并与谱库内的已知化合物结构进行比对。

3. 本法不宜测定厚度大的块状固体，硬度大的固体和直径小的丝状样品（毛发）。

六、问题与讨论

1. 简述智能 OMNI 采样器的适用范围和操作要点。

2. 简述 OMNI 采样器"点对点"接触式采样测定物质红外光谱的原理和优缺点并比较 ATR-FTIR 与透射法 FTIR 的不同之处。

七、注意事项

1. 用智能 OMNI 采样器测试含水的液体样品时，要用仪器自带的样品架（池）进行固定，易挥发液体样品不能测试。

2. 每测试完一个样品，要用脱脂棉蘸乙醇仔细擦拭反光晶体和探头，确保探头上没有样品残留。

实验 6.6　电子废弃物的 X 射线衍射分析（物相鉴定）

一、实验目的

掌握用 X 射线衍射法（XRD）进行物相定性分析的基本原理；熟悉 X 射线粉末衍射分析仪的基本结构和工作原理；熟悉 D8 Advance X 射线衍射仪的使用方法；熟悉基于 PDF 卡片进行物相检索的原理和相应衍射数据处理软件；掌握压片法样品制备技术。

二、实验原理与仪器结构

1. 实验原理

每一种结晶物质都有各自的化学组成和晶体结构。当 X 射线照射到晶体时，如果晶体中原子与原子，分子与分子及原子与分子之间的距离，或晶面与晶面之间的距离，与 X 射线的波长在同一数量级，就能产生衍射现象。每一种结晶物质都有自己独特的衍射花样，它们的特征可以用各个衍射晶面间距 d 和衍射线的相对强度来表征。d 与晶胞形状和大小有关，相对强度 I/I_0 与质点的种类及其在晶胞中的位置有关，它们之间的关系遵循布拉格衍射方程：

$$2d_{h*k*l*}\sin\theta_{nh*nk*nl*}=n\cdot\lambda$$

式中，h，k，l 为晶面指数，为一组量子化参数；n 为光谱级次。所以任何一种结晶物质的衍射数据 d 和 I/I_0 是其晶体结构的必然反映。光利用 X 射线衍射仪测定结晶物质的衍射光谱，并与已知标准物质的衍射光谱进行比对，可判定待测物质的化学组成和晶体结构，这就是 X 射线粉末衍射法物相定性分析的基本原理。对于多种结晶物质混合的粉末样品，其衍射光谱是每一种晶体物质衍射光谱的简单叠加，互不干扰，相互独立，通过一定的方法与已知大量标准单相物质的衍射光谱（PDF 卡片）进行峰位、峰形及峰强度的逐一比对，就可以判断出粉末试样所包含的晶体种类，完成物相鉴定。

2. 仪器结构

X 射线衍射仪主要由以下部分组成。

(1) 高稳定度 X 射线光管：高压下，高速运动的电子轰击金属靶，使其产生测量所需 X 射线，改变 X 射线管阳极靶材质可改变 X 射线的波长（本实验采用 Gu 靶为辐射光源，λ＝1.5406 Å），调节阳极电压可控制 X 射线源的强度。由于高速电子轰击金属靶时放出大量的热，故 X 射线衍射仪必须装备水冷系统。

(2) 自动进样器：9 位自动进样器可以实现样品自动测试，样品架具有样品及样品位置取向的调整机构系统。样品须是结晶性固体粉末或块状固体。

(3) 测角仪：可以对衍射角进行准确测定。

(4) X 射线检测器：检测衍射强度或同时检测衍射方向，通过仪器测量记录系统或计算机处理系统可以得到多晶衍射图谱数据。

(5) 衍射图的处理分析系统：现代 X 射线衍射仪都附带安装有专用衍射图处理分析软件的计算机系统，使复杂的谱图处理和解析变得自动和智能，极大提高了衍射仪的物相鉴定能力。

D8X 射线衍射仪及其衍射光路如图 6-9，图 6-10 所示。

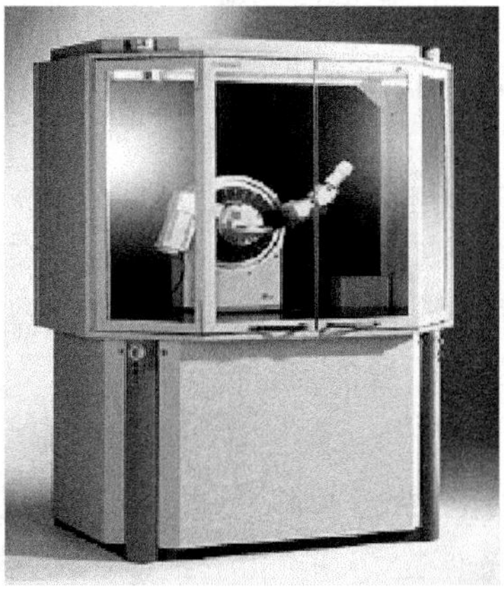

图 6-9　D8X 射线衍射仪

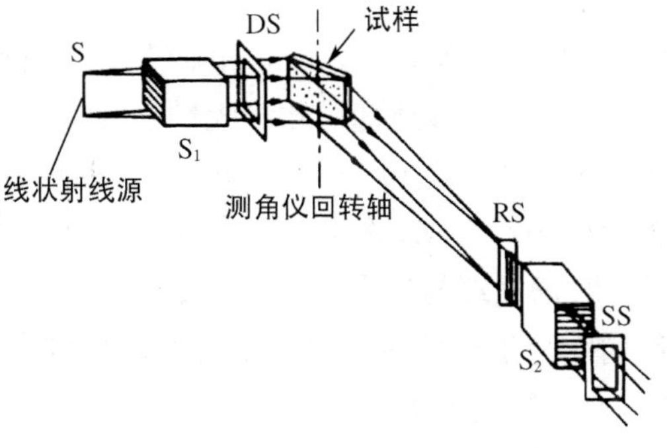

图 6-10　X 射线衍射仪的光路图

X 射线光源发出的线状光束 S 经 S_1 梭拉光栏（限制 X 射线在垂直方向的发散）和 DS 发散狭缝光栏（限制 X 射线的照射宽度）聚焦后照射到样品上，产生 X 衍射线，再经接收狭缝光栏 RS、梭拉光栏 S_2 和防散射光栏 SS 后，照射到探测器上被检测。由于光栏的限制，除 X 衍射线外的杂散射线均被光栏遮挡。

三、实验条件

1. 仪器设备

公司 D8 Advance X 射线粉末衍射仪(铜靶,X-ray Diffraction Analyzer, Bruker);标准聚酯样品架;循环冷却水仪(北京众合);稳压电源;玛瑙研钵;载玻片。

2. 试剂与样品

无水乙醇;待测样品是经预处理的电子废弃物,磨细备用。

3. 测试参数

铜靶 X 光管,波长 0.154 6 nm;管电压为 40 kV,管电流 40 mA;步长 0.06°,扫描速度 0.3 °/s;扫描范围 10°~90°。

四、实验步骤

1. 开机

严格按照顺序开启稳压电源,开水冷系统,打开仪器。待系统启动完毕,开启高压,打开电脑并运行 XRD commands(XRD 运行操作)软件,预热 20~30 min 后进行仪器初始化,包括自动进样器初始化、X 光管初始化和探测器初始化。

2. 制样

取适量样品研磨至无颗粒感,均匀地装入样品框至样品框满。用载玻片轻轻把粉末样品压紧、压平,尽量使表面光滑均匀,刮去框外多余部分。点击软件上的“load”按钮,使进样器伸展到合适位置,开启仪器自动门锁,将样品按顺序放至进样器上,关闭推门。

3. 测试

在测试软件内设置实验参数,包括步长、扫描时间、扫描角度范围等;缓慢加载高压至 40 kV,电流至 40 mA。点击“Start”(开始),开始测量;测试完成后在“File”(菜单)内“Save as”(保存)结果。如果采用自动连续测量,打开“Job”(工作),编辑测试序列,调入已经编号的测试程序,设置数据储存路径,点击“Start”(开始),仪器按程序自动完成测量。

4. 关机

取出样品,在 XRD Commander(XRD 运行操作软件)中将电压、电流分别降低为 20 kV 和 5 mA(如已降至初始值,此步无须操作),逆时针将仪器高压旋钮转动 30°,关闭高压(仪器顶部四角灯灭),等待 5~10 min,以便循环水充分冷却 X 射线光管,然后关闭仪器电源,最后关闭循环冷却水,关闭 XRD Commander(XRD 运行操作软件)软件和电脑。

五、数据处理与谱图解析(物相鉴定)

用谱图分析软件对测出的衍射谱图分别进行基线校正、背景扣除、平滑等处理,进行物相鉴定分析,得出样品所包含的主要物相,将每一物相的鉴定结果列于表中。X 射线粉末衍射法进行物相定性分析的原理是基于以下两点:①任何一种物相都有其特征的衍射谱图;②任何两种物相的衍射谱图不可能完全相同,多相样品的衍射峰是各物相的简单叠加。物相定性分析方法是将样品的衍射谱图与标准谱图进行对照。目前已知的晶体物质有成千上万种,在规定条件下对所有已知晶体物质进行 X 射线衍射分析,获得一套所有晶体物质的标准 X 射线衍射花样图谱,建立数据库。目前应用广泛的 XRD 数据库是国际衍射数据中心推出的 PDF 卡片库,收集有 100 万张各物质的衍射数据,并且还在逐年扩展。当对某种物质进行物相分析时,只要将实验所测 XRD 结果与数据库中的标准衍射花样图谱进行比对，就可以确定样品的物相。依据 PDF 卡片库建立的物相检索软件主要有 EVA 软件和 Jade 软件。

六、问题与讨论

1. 对实验过程中出现的问题进行分析讨论。

2. 简述 X 射线衍射分析的特点和应用。

3. 简述 X 射线衍射仪的工作原理。

4. 简述 X 射线衍射分析法进行物相鉴定的方法。

七、注意事项

1. 由于 X 射线对人体有辐射作用，测试进行过程中尽量不要靠近仪器。

2. 仪器的工作电压是几十千伏的高压电流，因此环境湿度必须小于 60%，且保证接地良好，室内最好无灰尘。

3. 测试时仪器的防护门必须关紧，不然点击测试，系统会自动锁死，需三步解锁方能打开。

4. 自动进样器的左侧金属条严禁用手触摸，以免样品尘埃沾污，影响位置识别，使测试无法正常完成。

5. 样品必须制备成表面光滑的平面，样品架的边缘必须干净，无样品残留。

实验 6.7　污泥粒度及其分布分析

一、实验目的

掌握激光粒度分析法的原理和基本知识；熟悉激光粒度仪的结构和用途；熟悉马尔文 Mastersizer 3000 激光粒度仪的使用方法和仪器特点；熟悉激光粒度分析仪的样品处理方法，送样要求和分析注意事项；通过对污泥粒度大小及其分布的测量，学会对激光粒度仪测试结果的分析。

二、实验原理与仪器结构

1. 实验原理

激光粒度分析法是基于光的散射和衍射现象（通称为衍射）实现粒度大小及其分布测试的一种粒度分析方法。当一束单色性很好并且波长固定的激光平行照射到颗粒物时，颗粒表面对激光会产生衍射现象，在不同衍射方向（角度）产生衍射光，衍射光的角度与颗粒的粒径成反比，即大颗粒的衍射光角度小，小颗粒的衍射光角度大。换言之，激光光束在通过不同大小的颗粒时其衍射光会落在不同的位置，位置信息反映颗粒大小。如果激光光束通过同样大小的颗粒时其衍射光会落在相同的位置，即在该位置上的衍射光的强度叠加，所以衍射光强度的信息反映样品中相同大小的颗粒占总颗粒百分比的多少。如果能够同时获得衍射光的位置和强度信息，就可得到颗粒粒度分布的结果。实际上激光衍射法就是采用一系列的光敏检测器来测量未知粒径的颗粒在不同角度上的衍射光的强度，使用衍射模型夫朗和费（Fraunhofer），再通过数学反演米氏模型（Mie），得到样品颗粒的粒度分布。污泥粒度及其分布的测量是水处理领域经常要面对的问题，如污泥脱水，污泥厌氧消化等，粒度及其分布的测量数据对指导污泥的进一步处理和处置非常重要。本实验通过原始污泥和消化污泥粒度及其分布的测量，了解粒度测量在解决环境问题中的广泛应用。

2. 仪器结构

马尔文激光粒度仪的理论依据是 Fraunhofer 衍射理论和完全的米氏光散射理论。其工作原理为：激光发出的单色光变换成为平行光，经过样品池遇到散布其中的颗粒时，发生衍射和散射，从而在后方产生光强的相应分布，其被检测器接收并转化为电信号，再经过复杂的程序处理得出颗粒粒径及其分布。仪器主要由激光光源，傅里叶透镜，样品池，样品分散系统，检测器，计算机及数据处理软件组成(图 6-12)。

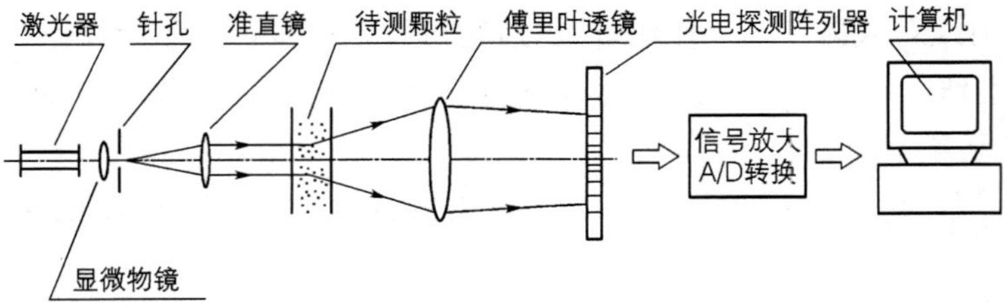

图 6-12　激光衍射仪的结构

实验使用的 Mastersizer 3000 激光衍射粒度仪的动态测量范围为 0.01～3 500 μm。根据进样方式不同，可分为干法测试系统和湿法测试系统，前者以空气为分散剂直接以固体颗粒物进样测试；后者以水为分散剂，将待测的颗粒物分散在水(或其他辅助分散剂)中进行测试。

三、实验条件

1. 仪器设备

马尔文 Mastersizer 3000 激光粒度仪，Hydro LV 湿法分散系统，200 mL 烧杯，玻璃棒，牛角勺。

2. 试剂与样品

活性污泥和厌氧消化污泥(上海自来水厂)，分别标记为 TWAS 和 MAD。由于采用米氏理论进行结果计算，激光粒度仪对待测样品有一定要求：

(1) 必须知道待测样品的光学参数(折射率、吸收率)或主要成分；

(2) 必须提供样品的分散条件。

四、实验步骤

(一) 湿法测量——自动模式

1. 打开位于主机左侧面上的仪器开关，蓝灯闪烁，同时湿法分散器的指示灯闪亮。

2. 打开计算机，点击桌面上的 Mastersizer 3000 操作软件，仪器蓝灯由闪烁变为常亮，说明主机、湿法测量系统和软件的连接正常，预热 30 min 后进行测试。

3. 点击软件右下角附件连接按钮“CAN”，在弹出的菜单里选择“CAN1：Hydro LV”(湿法分散系统)。

4. 清洁系统：在测试开始前和测试结束后都需要清洁系统，如果管路连接自动进水，可通过“工具”菜单中的“附件”进入到 Hydro LV 的操作窗口，“清洁”模式选择“标准”方式，仪器会自动清洁三次。

5. 编辑标准化操作规程(Standard Operation program，SOP)文件，建立测试方法：在首页菜单下的“新建”中选择“SOP”，进入 SOP 设置窗口的附件类型选择窗口后，选择“Hydro LV”(湿法系统)，按确定键进入 SOP 编辑器，依次进行设置。

(1) “标识”：输入样品名称。

(2) “颗粒类型”：选择非球型。

(3) “物质”：材料名称可以输入，也可以从浏览数据库中选择(点击右边下拉菜单→浏览数据库→弹出 174 个物质→选择和自己样品接近的物质，污泥用主成分进行选择)；输入样品的折射率(如果是从数据库里选择的物质，会自动弹出折射率数据，对于混合物先用默认折射率 1.54 进行测试)；输入吸收率(如果是从数据库里选择的物质，会自动弹出吸收率，对于混合物，深黑色物质为 1，浅色物质 0.1)；输入密度(一般大于 1，若要得到等效球体的比表面积则需输入准确的密度值)。

(4) “分散剂”：自动测量为水，手动测量可以选用适合待测物的分散剂。

(5) “说明”：对方法进行简单注解。

(6) “测量时间”：背景测量持续时间一般为 10 s；样品测量持续时间一般为 10～12 s，分散很不均匀的样品测量时间要长一些，如 10～20 s。

(7) “顺序”：选择测量次数(默认 5 次，一般选择 3 次)。

(8) “遮光度”：选择合适的遮光度上下限，对于颗粒为几十微米的大颗粒，遮光度范围为 10%～20%；几个微米的小颗粒为 6%～10%；几百纳米的颗粒为 4%～6%；很不均匀的样品为 10%～20%；颗粒很少的样品，遮光度下限一般较小，如 0.1%。

(9) “启用筛选”：选择勾上。

(10) “附件”：搅拌速度一般为 2 000～3 000 r/min；样品槽注入行为选“自动”(没连接自动进水管路时选“手动”)；选择合适的超声模式(一般样品用“无”，颗粒有团聚时要用超声进行辅助分散，功率为 50%，时间不宜超过 5 min)。

(11) “清洁类型”：一般为“标准”。

设置完成后点击左上角下拉菜单进行保存(建议用姓名保存为自己的方法)。

6. 点击首页菜单“运行 SOP”，选择新建或以前保存的 SOP，在跳出的窗口中点击“开始”，仪器运行“初始化”“自动对光”后进入“背景测量”。

7. 当软件提示加入样品时，将样品加入分散池，直到遮光度达到设置的范围后按“开始”键进行测试。测试过程中仪器会自动显示操作进程。

8. 测试完成后，仪器自动进入清洁系统。当清洁完毕，如需继续测试，可以点击“开始”键继续下一个样品测试。

9. 测量结束后，需再次清洁样品池以避免长时间不用滋生细菌等污染物。

10. 测试结果会自动添加到记录列表中，建议测试完成后再按“保存”键以确保数据保存成功。如需拷贝数据，可先在记录列表中选中所需数据行，在右侧数据分析中选中所需数据，复制到 Word 中，自带 U 盘或硬盘进行存储。

11. 结果编辑：当测试完成后，如果发现样品名称输入错误或者样品的光学参数设置错误时，可以通过结果编辑方式进行修正，而无须重新测样。在测试结果的记录列表中选择需要编辑的记录，点右键，选择“编辑结果”，进入设置窗口进行修改，仪器自动完成计算，并以新文件添加进记录列表中，查看新记录即可看到修改后的数据或分布图。

12. 关机：先退出软件，再关闭电脑，最后关闭仪器。

（二）湿法测量——手动模式

对于新样品，建议先采用手动模式进行测量，以考查各个参数的准确值，具体方法如下：

1. 在“首页”菜单中选择“手动测量”，进入测试窗口。在弹出的手动测量设置窗口里按顺序设置样品信息，如样品名称，光学参数，测量时间，测量次数等；在附件中设置搅拌速度，超声方式等(具体可参照上述SOP编辑内容，也可以点击右上角的箭头逐条设置)。

2. 当设置完成后，点击“确定”键，进入测试窗口，确认搅拌处于工作状态(按搅拌速度后的“开始”键)，点击“开始”，仪器先初始化，再自动对光。

3. 按开始键进入背景测量。

4. 背景测试完成后，按仪器提示加入样品，直到遮光度达到范围后点击“开始”键进行测试。在测试过程中仪器会自动显示每步操作进程。

5. 测试过程中如果需要加超声分散或者改变搅拌速度，可通过右侧的超声控制和搅拌控制来相应调整。

6. 测试过程中如果需要改变样品名称和注解等，也可以通过右侧第二个选项“样品文档”来实时改变。

7. 当测试完成后，页面上会显示多次测试的趋势图和数据统计值。如需继续测试，可以再点击“开始”重复测试。

8. 测试完成后再次清洁系统，避免污染。清洁可以通过测试序列中的“清洁系统”或者右侧的附件控制部分来清洁。也可以退出测试窗口后通过“附件”控制来清洁。

9. 测试结果会自动添加到记录列表中，选择相应的记录在报告中显示或者打印即可。建议测试完成后再点击“保存”，确认数据被保存。

五、实验结果与数据处理

Mastersizer 3000会给出很多粒度参数，包括各种平均粒度和粒度分布，可以根据需要导出测试结果。对活性污泥和厌氧消化污泥的测试而言，我们需要得出表示粒度大小的D[3,2]和D[4,3]等粒度平均值，以及D10、D50和D90，以判断样品的粒度分布情况，根据这些结果，比较活性污泥和厌氧消化污泥的颗粒大小及其分布。

六、问题与讨论

1. 什么是粒度测试的重复性和准确度？为什么说重复性是衡量粒度仪性能最重要的指标？

2. 影响粒度测试结果重复性和准确度的主要因素有哪些？

3. 粒度及其分布测试时为什么要对样品进行分散？常用的分散方法有哪些？

4. 在粒度分析测试报告表上，D10、D50、D0.9各代表什么？

5. 粒度分布曲线的纵坐标和横坐标的含义分别是什么？

6. 为什么激光粒度分析法需要知道样品的折射率、吸收率等光学参数？

七、注意事项

1. 污泥的颗粒随着放置时间的延长会发生变化，取样后应立即测量，不能马上测量时可短期(24 h 内)存放在冰箱(4℃)内。

2. 污泥样品测量时搅拌速度不能太快，以免颗粒破碎，导致结果不准确。

3. 污泥成分复杂，最好先测出其折射率和光吸收率等光学参数。

4. 如果需要在纯水分散介质中测试，选择手动测量模式。

第 7 章　环境微生物的快速鉴定与基因技术

7.1　环境微生物分析技术概述

微生物广泛分布于水、土壤、空气等多种环境介质中，并能在其中发挥重要的作用。在饮用水、空气等清洁介质中，人们常通过检测其中的微生物种类和数量，评价致病菌暴露风险并进行疾病预防。在污水处理厂等相关生物处理过程中，通过监测主要功能菌或指标微生物种类和数量的变化，建立其与环境因素之间的关系，从而对工艺生产运行状况进行质量控制。可见，对环境体系中微生物进行快速定性、定量分析，在环境科学与工程学科中具有重要意义。本章以不同环境介质中典型微生物的监测为实例，介绍传统生物培养方法和现代分子生物学技术在当代环境分析学科中的应用和发展前景，并比较其优缺点。

7.1.1　不同环境介质的微生物采样及保存

7.1.1.1　环境水样

环境水样主要包括天然水体（如江、河、湖、海）、饮用水和污水。用于微生物分析的环境水样，需采用高压灭菌的清洁容器收集。根据环境水样类型以及目标微生物的不同，环境水样的采集有不同的要求。当饮用水样品微生物含量较低，常需要采集大体积的水样（1～1 000 L）进行微生物富集。另外，由于饮用水中含有一定剂量的消毒剂，水样采集后需加入硫代硫酸钠（$Na_2S_2O_3$）中和消毒剂，防止水中残留的消毒剂在水样运输过程中对细菌灭活，确保所采集的水样能够保持刚被采集时的状态。天然水体和污水样品微生物含量较多，采样 50～100 mL 即可满足后续分析的要求。

用于微生物分析的环境水样在从采样现场到实验室运输途中，通常需要 4℃低温保存，以减少微生物在运输过程中再生长或者死亡。同时，缩短样品从采集到实验室分析的时间也可以很大程度上提高分析结果的准确性。绝大多数微生物分析标准要求样品在采集后 24～72 h 进行分析。

对于低浓度微生物水样，可通过微孔过滤或离心分离等手段进行微生物富集。过滤法适合低浊度水样。常用于过滤微生物的滤膜孔径为 0.22 μm 或者 0.45 μm，截留于膜表面的微生物可直接倒扣至培养基培养，或再次悬浮于小体积（1～5 mL）液体中，用于后续培养或者分子生物学分析。值得注意的是，0.22 μm 或者 0.45 μm 的滤膜理论上可用于液体除菌，但是一部分微生物量仍可通过滤膜，还可能黏附于过滤容器上，造成一定量的微生物损失。因此，建议在实验之前通过加标回收的方式评价不同滤膜对不同微生物的回收率。离心分离法可用于低浊度和高浊度样品的微生物富集。将水样以 3 000 r 离心 30 min 或者 6 000 r 离心 10 min，离心后去除上清液，底部沉淀物可以再次悬浮于 2～20 mL 无菌水溶液中用于后续培养或者分子生物学分析。

7.1.1.2　土壤样品

土壤能提供微生物生长繁殖的各种营养物质和有利条件，被视为微生物的"天然培养基"，是微生物最为活跃的场所。基于不同的研究目的，可对不同类型、不同深度的土壤样品进行采集。土壤表层土采集深度通常为 5～20 cm，去除枯枝落叶和碎石颗粒等杂质并过筛后，装入无菌自封袋中，实验室－80℃冷冻保存，用于后续微生物分析。

可用于传统平板培养的微生物不到土壤微生物总量的 10%，甚至更低，绝大多数微生物处于不可培养状态，需要用基于土壤微生物 DNA 提取的分子生物学技术进行土壤微生物鉴别和多样性分析。环境土壤样品成分复杂，其中腐殖酸等成分将影响所提取土壤 DNA 的纯度并严重抑制聚合酶链式扩增（Polymerase Chain Reaction，PCR）中 Taq（thermus aquaticus）DNA 聚合酶以及限制性内切酶活性，对后续实验影响很大。如何去除腐殖酸等杂质，并获得完整、高纯度 DNA 是土壤 DNA 提取的关键。

土壤 DNA 提取一般分为直接法和间接法两类。直接提取法是直接裂解土壤微生物，再提取 DNA。该方法的优点是直接从土壤样品中获得 DNA，更能体现土壤微生物多样性，缺点是 DNA 纯度较低且提取过程中腐殖酸同时溶出，影响后续实验分析。间接法是通过离心等方式先将微生物与土壤分离，再提取 DNA。该方法的优点是提取的 DNA 纯度较高，但回收率低，不能提取所有细菌的 DNA。目前市场上有许多基于上述原理的商品化土壤 DNA 提取试剂盒，如 Power Soil DNA Isolation Kit，Fast DNA Spin Kit for Soil 等可供选用。试剂盒法方便快捷，所提取 DNA 的纯度和完整度较高，成本亦较高。具体采用何种方法提取 DNA，依据研究目的和土壤性质而定。提取后的 DNA 常用琼脂糖电泳检验完整性，用光密度比值 OD_{260}/OD_{280} 和 OD_{260}/OD_{230}（Optical Density，OD）来判定 DNA 的纯度。一般要求 OD_{260}/OD_{280} 在 1.6～1.8 之间，OD_{260}/OD_{230} 大于 2。

7.1.1.3　空气样品

大气中的微生物包括细菌，真菌，放线菌等多种。估计每立方米空气中存在的细菌数超过 10^6 个。大气微生物可附着在气溶胶颗粒物上，随空气流动传播对人体健康产生潜在不利影响。影响室外空气微生物群落组成的因素主要有大气温度、湿度、风速和光照等，而室内空气微生物群落变化则与室外空气源、通风时间和房间占用情况等因素有关。

大气微生物的采集方法主要有自然沉降法和气流撞击法。自然沉降法就是空气微生物通过重力作用沉降到培养基上培养，该方法无法对空气体积进行定量，并且重力沉降受气流等环境因素的影响，实验误差较大。气流撞击法利用动力抽气，每分钟抽取恒定的气流量，将微生物收集到 0.22 μm 的无菌滤膜上，该膜可以直接在培养基上培养，也可以直接用于 DNA 抽提。该方法能收集到附着在悬浮颗粒物上的细菌，且不受气流影响，采样量准确。目前市面上采用的 Anderson 等大气分级采样器，采用串联冲击分级原理可以分级采集超细粒子、细粒子和较大颗粒物，适用于室内和室外样品的采集。膜滤法采集微生物气溶胶可分为以下几个主要步骤：①将石英纤维滤膜置于铝箔纸中，在500℃～550℃烘箱中烘烤5～12 h，将灭菌干燥后的滤膜冷却后放入无菌自封袋；②在采样点架置空气采样器，用75%乙醇清洗采样头内外，将滤膜用消毒后的镊子小心放入采样器，避免污染；③打开采样器并持续运行24 h；④样品收集完毕后，将滤膜小心取出，样品收集面朝内折叠，置于灭菌铝箔上，称重、保存；⑤将滤膜转移入无菌离心管，加入磷酸盐缓冲溶液，4℃低速离心3 h；⑥去除滤膜、上清液，将底部颗粒物转移，用于后续分析。采样器抽气流速可根据分析需求进行调整，每张滤膜收集的空气体积为5～1 000 m^3。

7.1.2 微生物分析方法

现行微生物分析标准中的主要方法是传统培养法。传统培养方法能够真实反映样品中存活的微生物，对实验室仪器要求较低。同时，传统方法往往也存在培养周期长，特异性差、敏感度低、无法检测非可培养态（Viable but Non-culturable，VBNC）细菌等缺点。相较而言，分子生物学方法比较快捷，具有高特异性和低检测限的优点。下文介绍近年来在微生物定性定量分析和群落结构分析中运用较为广泛的几种分子生物学分析方法。

7.1.2.1 微生物定性定量分析

可用于微生物定性定量分析的方法主要包括聚合酶链式反应（Polymerase Chain Reaction，PCR），荧光定量PCR（Real-time Quantitative PCR，qPCR），数字PCR（digit PCR，dPCR），荧光原位杂交（Fluorescence in Situ Hybridization，FISH）和DNA微阵列芯片（DNA Microarray）等。

1. 聚合酶链式反应（PCR）

常规的PCR主要是基于温度变化时DNA链"变性—复性—延伸"的原理，通过设计特异性的引物，对目标微生物的特征基因片段进行扩增，从而判定样品中是否含有该类微生物并初步估计其浓度水平。PCR反应体系必备五要素为引物、DNA聚合酶、dNTP、模板和Mg^{2+}，PCR扩增的终产物可以根据后续电泳条带的位置和亮度进行定性和半定量分析。PCR技术灵敏度高、特异性好，并且操作简便，在环境微生物领域具有广泛应用。PCR可以和多种其他技术联用，实现不同的分析目的。例如，PCR可以和克隆、测序联用，针对细菌菌落进行种属鉴定，通过对PCR产物进行酶切后电泳分析，通过图谱比对分析目的核酸序列的基因型。

2. 荧光定量PCR（qPCR）

荧光定量PCR技术在PCR体系中加入了荧光探针或染料，从而可以利用荧光信号变化实时监测PCR扩增过程中每一轮循环扩增产物量的变化，通过荧光信号达到指定阈值时候对应的扩增循环数值（Cycle Threshold，Ct）和标准曲线对起始模板进行相对和绝对定量。同PCR一样，qPCR主要包含了"变性—复性—延伸"三个温度变化步骤，qPCR的总循环数一般为40。在扩增过程中，荧光信号的增加和PCR扩增产物的数量成正比。在某一特定的样品中，若目的核酸片段的数量较多，在扩增循环早期（低Ct值）即能观察到荧光信号的跃增。若目的核酸片段的数量稀少，可能在扩增循环的晚期（高 Ct 值）能观察到荧光信号的跃增。Ct 值可用于计算核酸的起始拷贝数。与 PCR 相比，qPCR 具有以下四个优点：①可以实时监控 PCR 的反应过程；②可以在每个扩增循环结束时精确地测定产物的数量；③浓度测定范围广，可跨越若干数量级；④扩增和检测同步进行，不需要后续额外实验分析。且 qPCR 比常规 PCR 技术灵敏度更高，特异性更强，在定量分析领域具有广阔的发展前景。

3. 数字 PCR（dPCR）

由于 qPCR 依赖一定浓度梯度的标准品进行定量，其受到标准品质量以及待测样品浓度范围等各种限制。数字 PCR 则是一种不依赖标准品即可进行定量，而且可以实现较 qPCR 更低的检测限的技术。

dPCR 的基本原理是将样品和定量 PCR 预混试剂随机分配到大量独立反应单元中（每个反应单元中可能存在 1 个目的核酸片段或者不存在目的核酸片段），在每个独立反应单元进行 PCR 扩增，获得扩增信号的记录为 1，未扩增的则记为 0。反应结束后，根据记录为 1 的单元数量得出目的核酸片段的绝对拷贝数。基于此原理，dPCR 测定的不确定性来自测定样本体积的误差和每个分配的独立单元格含有多于 1 个目的核酸片段的可能性，后者可以根据泊松公式通过概率修正所得目的核酸片段的数量。因此，增加独立单元格分配的数量，可以增大 dPCR 方法的灵敏度。有研究表明，dPCR 对水体中存在的有机质等 PCR 抑制物有更好的抵抗性能，在 eDNA（environmental DNA）检测方面比荧光定量 PCR 更有优势。

4. 荧光原位杂交（FISH）

FISH 的原理是利用非放射性荧光物质（如生物素、地高辛等）标记的 DNA 或 RNA 序列作为探针，按照碱基互补原则与待测样品的 DNA 或 RNA 进行特异性结合，再通过荧光显微镜等观察微生物特定核苷酸序列的存在、数目和定位。FISH 的目标分子通常是具有保守序列的 16S rRNA，因其在生物体内拷贝数较多，分布广并且功能稳定，依据其序列设计相应探针，可实现目标微生物原位检测。FISH 技术的主要步骤包括探针制备、样品固定、预处理、原位杂交、洗脱以及荧光信号检测与结果分析。在原位杂交过程中，主要影响因素为温度、杂交缓冲液甲酰胺浓度和洗脱液中 NaCl 浓度等。FISH 具有快速、可原位及可实现定量分析等优点，然而由于细菌普遍存在的自发荧光现象可能导致假阳性结果，此外一些生长缓慢的细胞，其 rRNA 含量较低，也可能导致荧光信号很弱而出现假阴性结果。

5. DNA 微阵列芯片（DNA Microarray）

DNA 微阵列芯片又称基因芯片（Gene Chip），指在表面集成了具有相当密度（阵点间距小于 500 μm）核酸探针阵列的微小基片，如硅片、玻璃片或者塑料片等。根据碱基互补原理，将荧光标记的待测样品与芯片上的核酸探针进行杂交，通过杂交信号检测得到基因序列和表达丰度等方面的信息。在基片上进行高密度微阵列制备是微阵列芯片的关键步骤。微阵列芯片具有高通量、自动化、低成本等诸多优点，能够一次分析大量基因并进行大信息量筛选，可大大提高检测效率。但微阵列技术对低丰度样品的灵敏度较低，此外对于相似序列样品，有交叉杂交现象。

7.1.2.2 微生物群落结构分析

用于微生物群落结构分析的方法较多，比较常见的包括传统的变性梯度凝胶电泳(Denaturing Gradient Gel Electrophoresis, DGGE)，末端限制性酶切片长度多态性(Terminal Restriction Fragment Length Polymorphism, T-RFLP)，单链构象多态性(Single Strand Conformation Polymorphism, SSCP)等方法。近年来，高通量测序技术(High-thoughput Sequencing)迅猛发展，逐渐成为微生物群落结构分析的主要研究手段。

1. DGGE

DGGE 技术是在普通凝胶电泳基础上发展起来的 DNA 分离技术，最早由 Lerman 等于 1984 年提出。1993 年该技术用于微生物群落结构研究。DGGE 技术的主要原理是利用碱基序列存在差异的 DNA 在含不同浓度变性剂的聚丙烯酰胺凝胶(Polyacrylamide Gel Electrophoresis，PAGE)中解链行为的差异，根据电泳迁移速率的变化，将片段大小完全相同但碱基组成不同的 DNA 片段分开。在微生物群落结构及多样性分析研究中，普遍采用的 PCR-DGGE 是先将提取的样品 DNA 进行 PCR 扩增后，再进行 DGGE 分离、割胶、测序。其主要步骤包括样品 DNA 提取，样品 16S rDNA(或 18S rDNA)基因片段 PCR 扩增，DGGE 电泳以及后续结果分析。在 DGGE 电泳步骤中，通过预实验确定最佳变性剂梯度、凝胶浓度、电泳温度和时间等实验条件是决定 DGGE 结果好坏的关键因素。DGGE 也存在如下缺点：①实验步骤较为繁琐，摸索最适实验条件耗时较长；②只有占群落细菌数量一定比例的类群才能被 DGGE 检测；③对 DGGE 条带中微生物分类鉴定需要进行条带切割、PCR 扩增和测序等步骤，且往往由于分辨率低，所割取亮带包含两种以上微生物的信息导致测序失败。

2. SSCP

SSCP 是一种核酸分离技术，与 DGGE 类似，可以分离长度相同但序列不同的核酸。其原理是利用非变性条件下，单链 DNA 分子由于分子间相互作用，可以形成一定的构象，当单链 DNA 的一个碱基发生改变时，其分子的空间构象会发生变化。空间构象不同的单链 DNA 分子在非变性聚丙烯酰胺凝胶中因排阻能力不同在 PAGE 电泳中彼此分开。SSCP 技术的主要步骤包括 PCR 扩增 DNA，变性，非变性聚丙烯酰胺凝胶制备，电泳，染色及结果分析。SSCP 技术实验成本低、操作相对简单、灵敏度较高，但 SSCP 对实验温度要求较严格、对大片段核苷酸($>$400 bp)检出率较低，无法检出少量空间构象差异不大的片段。

3. T-RFLP

利用 T-RFLP 技术分析微生物群落时，首先确定目标 DNA 片段，根据目标基因上保守区域(16S rDNA 或 18S rDNA)设计一对引物，其中一个引物的 5′末端用荧光物质标记，然后提取待测样品总 DNA，经 PCR 扩增后，所得扩增产物的一端就带有了这种荧光标记物。再利用适当的限制性内切酶消化 PCR 扩增产物，获得长短不一的限制性片段(T-RFs)，通过 DNA 测序仪可以检测到末端带有荧光标记物的片段。由于核苷酸序列具有多态性，不同长度的末端限制性片段可代表不同微生物，而相同长度的末端限制性片段则代表至少一种微生物的存在，因此 T-RFLP 技术可以用来反映微生物菌落组成的情况。T-RFLP 技术具有分辨率高、简单快速、易于实现自动化等特点。但 T-RFLP 实验过程中影响因素众多，样品总 DNA 提取、PCR 条件优化以及限制性内切酶的选择均对结果产生影响。此外，T-RFLP 图谱中每个 T-RFs 可能不止对应一个菌种，易造成对细菌种群多样性的低估。

4. 高通量测序

最早的第一代测序(First Generation Sequencing, FGS)技术首先由 Wu 等提出，后经 Sanger 进行了改进，故又称 Sanger 测序法。第二代测序法则以 454 焦磷酸测序和 Illumina 测序应用最为广泛。其中，Illumina 因测序成本低，市场份额较高。虽然不同测序平台具体技术原理存在差异，第二代测序法仍存在一些共同点，例如，都包括基因片段化、文库制备、空间上聚集 PCR 扩增产物、循环阵列测序等基本步骤。高通量测序可改对上百万余 DNA 分子进行序列测定，可获得复杂环境微生物群落结构的丰富信息。目前高通量测序技术已经发展到了第三代。第三代测序技术(Third Generation Sequencing, TGS)最大特点是单分子测序技术(Single Molecule Sequencing, SMS)，测序无须经过 PCR 扩增过程。Harrs 等在 Science 首次报道了他们开发的真正单分子测序技术(Ture Single Molecule Sequencing, TSMS)，其原理是在随机打断的待测 DNA 样品片段的末端添加 poly(A)，然后与检测芯片的 poly(T)杂交、定位，并逐一加入荧光标记的末端终止子，洗涤、采集荧光信号后，切开荧光染料和抑制基团，再洗涤、加帽，掺入下一个核苷酸，进行下一轮反应，最终获得完整的序列信息。其后，Pacific Biosciences 公司推出了单分子实时技术(Single Molecule Real Time, SMRT)，该方法在聚合反应的同时就可以读取测序产物，其测序速度快，并且具有读长较长的优点。此外，Oxford Nanopore Technologies 推出了基于纳米孔原理的 GridIOn 测序仪，ZS Genetic 则试图将高分辨的透射电镜引入到 DNA 测序研究之中。目前关于高通量测序技术的研究层出不穷，然而如何降低测序成本，并且快速地对海量测序数据信息进行分析是今后的研究重点。

7.1.2.3　活性细胞的表征方法

1. 反转录 PCR(RT-PCR)

死亡细胞的 RNA，尤其是 mRNA，半衰期很短，会迅速降解，因此可以用 RNA 来表征具有代谢活性的细胞。反转录 PCR(Reverse Transcription PCR, RT-PCR)是以 RNA 为基础的分子生物学技术，其原理是将提取样品的 RNA 反转录成 cDNA，再以 cDNA 为模板进行 PCR 扩增检测。反转录技术也可以和 qPCR 联用，用于定量分析基因表达、RNA 病毒含量测定等。

2. 活性 PCR(Viable PCR)

传统 PCR/qPCR 技术无法判断 DNA 来自活菌或死菌，因此，为定量环境样品中存活微生物开发具备识别细菌活性状态的分子生物学方法具有重要意义。

叠氮溴化丙锭(Propidium Monoazide, PMA)和叠氮溴化乙锭(Ethidium Monoazide, EMA)是两种能够透过凋亡细胞的细胞膜而不能透过完整未受损的活细胞膜的核酸染料，它们进入细胞后和 DNA 不可逆共价结合，使得凋亡细胞的 DNA 无法被后续 PCR 反应扩增。因此，有技术将 PMA 或 EMA 和 PCR/qPCR 结合，所形成的 PMA(EMA)-PCR/qPCR 联合法既可以区别活细菌和死细菌，又可以对细胞膜未破损的仍具有活性的非可培养态部分细菌进行检测。对水体特定病原菌灭活实验发现，三种方法所测得微生物数量排序为：qPCR＞PMA-qPCR＞平板培养法，表明了 PMA-qPCR 测定活性细菌的有效性。PMA 和 EMA 两种染料通过细胞膜的渗透性能不尽相同。EMA 不仅能进入破损的细胞膜，对活细胞的完整细胞膜也有一定的渗透作用，而 PMA 则会被活细胞完整的细胞膜有效排除，其细胞毒性效应也较低。当使用细胞膜完整性作为判断凋亡活细胞标准时，PMA-qPCR 技术往往更具有优势。实际应用中，染料的具体选择还需综合考虑样品类型，样品中死细胞数量，染料浓度，光源以及温育时间等诸多因素。

3. 流式细胞仪(FCM)

流式细胞仪(Flow Cytometry，FCM)耦合细胞染色也常用于鉴别凋亡/活细菌。FCM 是一种可以对单个细胞或其他生物粒子进行快速计数的方法，能同时实现对细胞大小、形状、荧光信号等多参数的同时测定。将细胞染色法和 FCM 相结合，可同时测定样品中细菌的总数及细胞的数目。采用碘化丙啶(PI)和噻唑橙(TO)对样品进行染色，PI(或其他类似染料)无法穿透完整的细胞膜，只能对细胞膜破损的凋亡细胞进行染色，而 TO(或其他类似染料)可以对所有细胞进行染色。使用染色法和 FCM 联用，可以根据两种染料染色的不同结果对样品中凋亡细菌与活细菌进行区分。

7.1.2.4 基于蛋白质的生物学分析方法

基于 DNA/RNA 的分子生物学方法在基因层面提供了微生物种类和丰度、群落结构、功能等信息，但是，这些基因是否在某一特定环境中被表达却无从考量。基因表达存在时空差异性，而且微生物之间或与特定环境的相互作用也可能引起基因的选择性表达，因此以蛋白质为研究对象的生物学分析方法能更直接反映环境系统中微生物功能及其动态变化。

环境样品中总蛋白质的生物学分析步骤包含样品中总蛋白质的提取、蛋白质的分离及蛋白质的鉴定和分析。根据蛋白质分离方法的不同，可以分成凝胶电泳法(gel-based)和液相色谱法(liquid chromatography-based)。凝胶电泳法将完整的蛋白质进行分离，可以生成微生物群落的蛋白质表达谱并进行不同样品间的比较。凝胶法分离后的蛋白质可进一步酶解，并进行质谱分析，鉴定蛋白质的种类。与凝胶法不同，色谱法首先将蛋白质酶解为短肽，再通过液相色谱进行分离，并进一步用质谱进行物质鉴定，后者又被称为“鸟枪法”。

7.2 实验内容

实验 7.1 多种环境介质的 DNA 提取

一、实验目的

了解总脱氧核糖核酸(DNA)提取的基本原理；学习并掌握样品总 DNA 提取的基本操作方法；了解各类环境样品 DNA 提取的基本思路。

二、实验原理

从样品中分离纯化基因组脱氧核糖核酸(DNA)的技术称 DNA 提取。环境样品总 DNA 的提取是微生物分子生态学研究中最重要的实验技术之一,提取 DNA 的质量将直接影响后续分析结果的可信度。

DNA 存在于细胞内,在细胞中以脱氧核糖核蛋白复合物(DNP)形式存在。从细胞中提取 DNA 时,先把 DNP 与细胞碎片等其他杂质分开,再进一步将 DNA 与核蛋白分离,得到纯化的 DNA。DNA 呈弱酸性,溶于水,不溶于乙醇、氯仿等有机溶剂,其钠盐比游离酸 DNA 易溶于水。提取 DNA 时常采用 1 mol/L 的氯化钠浓度以增加 DNA 在水中的溶解度。DNA 在酸性溶液中易水解,一般保存于 pH=8.0 的弱碱性溶液中。

DNA 的提取主要包括以下三个方面。

1. 细胞的裂解

细胞裂解指用物理、化学或酶促方法使细胞裂解释放出 DNA 的过程。环境样品常用的细胞裂解方法有物理裂解法(机械裂解法)、化学裂解法和酶裂解法。常用物理方法有:煮沸、冻融、微波、超声、研磨或玻璃珠振荡等;化学法包括浓盐、表面活性剂、热酚等,酶解法包括溶菌酶、蜗牛酶、蛋白酶等。DNA 提取中可选用上述一种或多种细胞裂解法,以提高细胞裂解效率,并保持 DNA 分子的完整性。

2. 蛋白质的去除和 DNA 沉淀

酚-氯仿抽提法是传统的蛋白质去除方法,其作为蛋白质变性剂,同时抑制脱氧核糖核酸酶(DNase)的降解作用。抽提过程中,变性蛋白质的密度比水大比酚-氯仿小,因而离心后会沉淀在水相与酚-氯仿相中间。小心取出水相,多次重复抽提,可以彻底去除蛋白质。利用 DNA 不溶于乙醇的特点,水相中加入终浓度为 75%的乙醇,低温沉淀 DNA,离心即可分离 DNA。异丙醇也常被用于沉淀 DNA。

3. DNA 纯化及 DNA 提取效果的检测

沉淀得到的 DNA 常含有腐殖酸、酚、氯仿等杂质,会影响后续分子生物学操作,需要进行纯化。纯化方法主要有电泳回收、氯化铯密度梯度离心、纯化试剂盒纯化等。氯化铯密度梯度离心有很好的分辨率,双链 DNA,单链 DNA,RNA 及蛋白质具有不同的密度,离心时形成不同密度的区带,该方法需要超速离心,适合大量 DNA 的制备。电泳回收是 DNA 琼脂糖电泳后,切割下含有 DNA 的胶块,用胶回收试剂盒回收凝胶中的 DNA,该方法得到的 DNA 纯度高,是分子生物学操作中常用的 DNA 纯化方法。纯化试剂盒纯化指利用纯化试剂盒直接对 DNA 进行纯化的方法,目前常用的 DNA 纯化试剂盒大多采用纯化柱离心法,即在一定的条件下,核酸被选择性吸附到核酸吸附材料上,从而与其他杂质分离。受限于核酸吸附材料的核酸吸附量,该方法适用于少量 DNA 纯化。

提取 DNA 的量和纯度是衡量 DNA 提取质量的重要参考指标,常用琼脂糖电泳检测 DNA 完整度,用 OD_{260}(核酸吸光度)、OD_{280}(蛋白质或氨基酸的吸光度)和 OD_{230}(其他杂质,如酚、盐类、多糖等的吸光度)的值来判定 DNA 的浓度及纯度。标准 DNA 样品浓度为 1 μg/mL时,其 $OD_{260}=0.02$,所以当 $OD_{260}=1$ 时,dsDNA 浓度约为 50 μg/mL,ssDNA 浓度约为 37 μg/mL。OD_{260}/OD_{280}反应核酸中蛋白质、RNA 的情况,纯 DNA 的 $OD_{260}/OD_{280}\approx 1.8$,该比值若大于 1.9,说明 DNA 中很可能有 RNA 污染;若小于 1.6 则说明 DNA 中有蛋白质、酚等污染。OD_{260}/OD_{230}表征 DNA 受多糖、酚、盐类等污染的程度，纯净的核酸OD_{260}/OD_{230}应该为 2～2.5，过大或过小都说明核酸中有其他杂质污染。

环境样品种类较多，如饮用水、河流湖泊水、污水、土壤、沉积物、活性污泥、厌氧污泥等，对于气体样品、较为洁净的水样(如饮用水、海水)DNA 提取可以先用 0.22 μm 滤膜过滤，将微生物截留到膜上，再将膜剪碎放入离心管中裂解细胞提取 DNA。污水、污泥样品可以先离心，去上清液后按土壤、沉积物类似的方法裂解细胞提取 DNA。河流湖泊水根据水质情况选择过滤或离心处理后提取 DNA。试剂公司推出了针对各类样品的商品化 DNA 提取试剂盒，其中一些能很好地提取小量 DNA，如 Mo Bio 公司和 MP Bio 公司，这两个公司的试剂盒种类全，且提取的 DNA 质量较好，一般无须再纯化，即能满足后续分析实验的纯度需要，但价格昂贵。下面以传统的 DNA 提取法为例说明水样及土壤样品的 DNA 提取。

三、实验条件

1. 仪器设备

样品处理器(MP FastPrep)，水浴锅，单道可调微量移液器，台式高速离心机。

2. 试剂与样品

无菌 0.22 μm 微孔滤膜，TE 溶液(10 mmol/L Tris-HCL，1 mmol/L EDTA，pH＝8.0)，DNA 提取缓冲液(100 mmol/L Tris-HCl，100 mmol/L EDTA，100 mmol/L Na_3PO_4，1.5 mol/L NaCl，1% CTAB，pH＝8.0)，20 mg/mL 溶菌酶，10 mg/mL 蛋白酶 K，10 mg/mL RNase A，20% SDS，酚：氯仿：异戊醇(25：24：1)，氯仿：异戊醇(24：1)，5 mol/L NaCl，3 mol/L NaAc(pH＝5.2)，无水乙醇，70%乙醇，异丙醇，无菌 Tip 头，1.5 mL、2 mL 和 50 mL 离心管。

四、实验步骤

1. 水样总 DNA 提取

(1) 用 0.22 μm 微孔滤膜过滤水样，根据水样的微生物含量确定需要过滤水的体积，确保滤膜上截留有足够数量的微生物，若微生物细胞数少于 10^3将难以提取 DNA。

(2) 将滤膜对折(有微生物的面朝内)，剪碎，放入 2 mL 离心管，加 1 mL TE 充分振荡混匀，去除滤膜，13 000 r/min 离心 1 min，去上清液。

(3) 沉淀再悬浮于 500 μL 的 TE 中，加 20 μL 20 mg/mL 溶菌酶，室温放置 10 min；加 40 μL 蛋白酶 K，37℃放置 1 h。

(4) 加 1/3 体积 5 mol/L NaCl，剧烈振荡混匀，13 000 r/min 离心 5 min，转移上清液至 1.5 mL 离心管中。

(5) 加等体积酚：氯仿：异戊醇(25：24：1)，剧烈振荡，13 000 r/min 离心 10 min，溶液分为三层，中间白色层为变性蛋白质，小心转移上清液至 1.5 mL 离心管中。重复此步操作，抽提至无可见白色蛋白质层为止。

(6) 加等体积氯仿：异戊醇(24：1)，剧烈振荡，13 000 r/min 离心 10 min，上清液转移至1.5 mL离心管中。

(7) 上清液加入 0.6 倍体积异丙醇，冰上静置 30 min，13 000 r/min 离心 10 min，去除上清液。

(8) 加 500 μL 70%乙醇洗涤沉淀，小心去除洗涤液。

(9) 加 300 μL TE 重新溶解沉淀，再加 5 μL 10 mg/mL RNaseA 于 65℃放置 10 min，加1/10体积 3mol/L pH＝5.2 的 NaAc，2.5 倍体积无水乙醇，－20℃放置 30 min 沉淀 DNA，13 000 r/min离心 10 min，去除上清液。

(10) 加 500 μL 70%乙醇洗涤沉淀，去除洗涤液。

(11) 沉淀于 50℃烘干，加 50 μL TE 溶解。测定$\widehat{OD}_{260}/\widehat{OD}_{280}$与$\widehat{OD}_{260}/\widehat{OD}_{230}$，确定 DNA 的纯度和浓度，DNA 于－20℃保存备用。

2. 土壤样品总 DNA 提取

(1) 于 50 mL 离心管中加入 5 g 土壤和 20 mL 无菌水，混匀，8 000 r/min 离心 5 min，去除上清液。再加入 20 mL 无菌水重复上述操作。

(2) 加入 13.5 mL DNA 提取缓冲液(100 mmol/L Tris-HCl，100 mmol/L EDTA，100 mmol/L Na_3PO_4，1.5 mol/L NaCl，1% CTAB，pH＝8.0)，3 g 无菌玻璃珠，置于 Fast Prep 样品处理器上，设置运行参数：速度 4.0，运行 4×30 s，运行仪器，破碎细胞。

(3) 加入 100 μL 10 mg/mL 蛋白酶 K 和 200 μL 20 mg/mL 溶菌酶，37℃水浴 30 min，每隔 10 min 颠倒混匀(或用 37℃恒温摇床，225 r/min 振荡 30 min)。

(4) 加入 1.5 mL 20% SDS 溶液，65℃水浴 2 h，每隔 20 min 轻柔颠倒混匀。

(5) 8 000 r/min 离心 15 min，小心转移上清液至无菌离心管中。

(6) 上清液加等体积氯仿：异戊醇(24：1)抽提；重复 2～3 次，直至无变性蛋白析出为止。

(7) 上清液中加入 0.6 倍体积的异丙醇，－20℃放置 30 min，沉淀 DNA。

(8) 12 000 r/min 4℃离心 20 min 收集 DNA 沉淀。

(9) 预冷的 70%乙醇漂洗沉淀两次，干燥后用 100 μL 双蒸水(ddH_2O)溶解，加入10 μL 10 mg/mL RNase A，65℃放置 30 min，转入 1.5 mL 离心管，即为 DNA 粗提液。测定OD_{260}/OD_{280}及OD_{260}/OD_{230}，确定 DNA 的纯度和浓度，粗提的 DNA 于－20℃保存备用。根据需要可用氯化铯密度梯度离心或胶回收试剂盒进行纯化。

五、实验结果与数据分析

提取出来的 DNA 除做吸光度测定，一般还要进行琼脂糖电泳，观察 DNA 的完整程度。较为完整的 DNA 在琼脂糖胶上会形成一条明亮的条带，如图 7-1所示。该图为实验室研究生提取活性污泥总 DNA 的电泳图，该 DNA 完整度较好，适于进行后续分析。

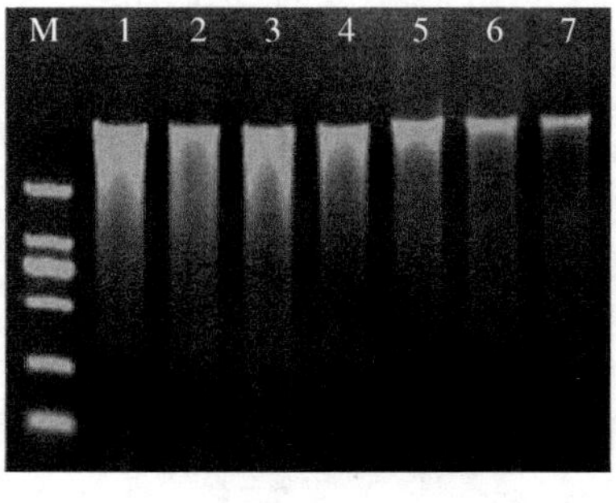

图 7-1　基因组 DNA 琼脂糖电泳图

注：M：① DL2000 marker；② 1～7：总 DNA

六、问题讨论

1. 影响 DNA 提取效率的因素有哪些？

2. 如何根据 OD 值来判断 DNA 的纯度及浓度？

七、注意事项

1. 最好使用新鲜样品，低温保存的样品置冰上解冻且不要反复冻融。

2. 样品务必裂解完全、彻底，这是影响 DNA 提取率的关键因素。固体样品提取时，如果没有 FastPrep 样品处理器，可采用涡旋振荡器代替，振荡时间可延长至 10 min。

3. 加入氯仿后要充分混匀，但是动作要轻柔，避免 DNA 断裂。离心分离的离心力和时间要足够。

4. 转移上清液时，确保不要吸入中间的蛋白层及有机相。如果所得 DNA OD_{260}/OD_{280} 比值偏低，可以用氯仿：异戊醇(24：1)重新抽提一次，再沉淀，溶解。

5. DNA 沉淀离心后，去上清液、去除洗涤液等操作务必小心，不要将 DNA 也一并丢弃。不建议直接倒去上清液，特别是洗涤后的 DNA 可能与管壁黏合不牢，容易被溶液带走。比较可靠的做法是用移液器小心地将液体吸出，吸液体时 Tip 头不要碰到 DNA 沉淀。

6. DNA 干燥要适度，过分干燥的 DNA 很难完全溶解。

7. DNA 溶解可以用无菌水或 TE 缓冲液，但如果要长期保存，建议用 TE 缓冲液。TE 缓冲液中的 EDTA 可以螯合 Mg^{2+} 和 Mn^{2+}，从而抑制 DNase，并且 TE 缓冲液 pH=8.0，可以防止 DNA 酸降解，利于 DNA 长期稳定保存。

实验 7.2　PCR 扩增总 DNA 中 16S rDNA 及琼脂糖凝胶电泳

一、实验目的

学习 PCR 扩增原理；了解 PCR 扩增过程中各因素对扩增结果的影响；掌握 PCR 扩增实验的操作方法；学会利用琼脂糖凝胶电泳法分析 PCR 扩增结果及实验可能存在的问题。

二、实验原理

PCR 是聚合酶链式反应的简称，也可称为 DNA 体外扩增技术。PCR 是以单链 DNA 为模板，4 种 dNTP 为底物，在模板 3′末端有引物存在的条件下，用 DNA 聚合酶进行互补链的延伸。

1. PCR 循环

PCR 循环一般分为变性(Denature)，退火(Anneal)，延伸(Extension)三个基本步骤(图 7-2)。变性是指模板双链 DNA 片段在高温时碱基对间的氢键断裂，DNA 双螺旋结构

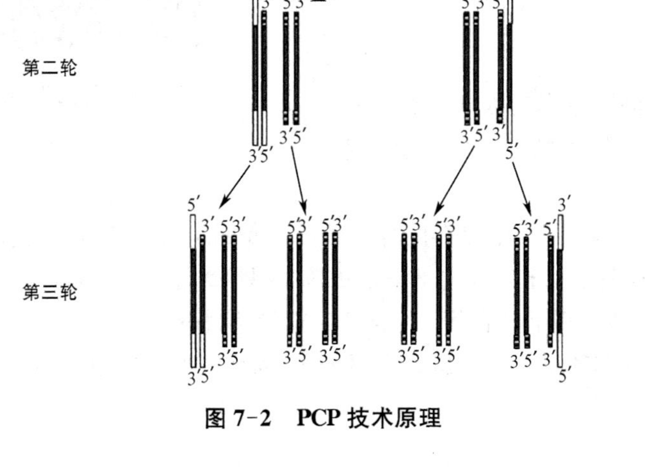

图 7-2　PCP 技术原理

解体，由双链变成单链。退火指特异性寡核苷酸引物在适当温度下与单链模板上的目的DNA序列互补结合。由于引物浓度较高，长度较短，在适宜温度下，引物与模板互补结合的速度要比两条模板链重新形成双链的速度快。延伸是指DNA模板-引物结合物在DNA聚合酶的作用下，以dNTP（四种脱氧核糖核苷三磷酸混合物，即dATP、dTTP、dGTP和dCTP的混合物）为反应原料，靶序列为模板，按碱基配对原则，合成一条新的与模板DNA链互补的半保留复制链的过程。目前常用的DNA聚合酶是Taq DNA聚合酶，这种酶能耐受长时间高温，最适温度是72℃，在最适条件下每个酶子每分钟可以合成约1 000 bp的DNA。

重复变性-退火-延伸的过程，就可获得更多的“半保留复制链”，而且这种新链又可成为下次循环的模板。理论上，每增加一个循环，目的DNA分子数就扩大一倍，即以指数方式增加。实际上，经历约25个循环以后，PCR反应条件逐渐恶化（扩增产物的积累，引物及dNTP浓度的逐渐减少，DNA聚合酶活性的降低等），PCR产物趋于饱和，反应进入平台期，非特异性扩增产物逐渐增多。对于环境样品而言，为了降低非特异性扩增及PCR反应偏好性的影响，一般采用25～30个循环为宜。

2. PCR反应必备五要素

PCR反应必须具备的五要素是引物，dNTP，DNA聚合酶，模板与镁离子。

（1）引物

引物是PCR特异性反应的关键。反应中，每条引物的浓度一般为5～100 pmol/L，引物浓度偏高会引起错配和非特异性扩增，且可增加引物之间形成二聚体的机会，浓度过低则合成产物量减少。一般根据合成引物的nmol数加适当体积无菌超纯水将引物稀释为100 mmol/L的储存液，再稀释十倍得到10 mmol/L的使用液。50 μL反应体系中加入1 μL使用液即可。引物设计原则：长度一般15～30 bp，常用18～27 bp，有效长度不能大于38 bp；序列Tm值（Tm值就是DNA熔解温度，指DNA的双螺旋结构降解一半时的温度）一般控制在55℃～60℃，尽可能保证上下游引物的Tm值一致，一般相差不超过2℃；有效引物中（G+C）的比例为40%～60%；引物间无3′端互补、二聚体或发夹结构；引物3′端最末及倒数第二个碱基要求严格配对；引物3′端最好不用T，因为末端为T时，在错配的情况也能引发新链的合成，引物3′端的最佳碱基选择是G和C，因为它们形成的碱基配对比较稳定；引物应与核酸序列数据库里除目的序列外的其他序列无明显同源性。

（2）dNTP

dNTP的质量与浓度和PCR扩增效率有密切关系。dNTP很不稳定，多次冻融会使dNTP降解，保存不当其易变性失活。在PCR反应中，常用的dNTP浓度为20～200 μmol/L，使用浓度高低取决于扩增片段的长短，扩增的片段长，需要的dNTP多，反应中四种dNTP的浓度要相等（等物质的量）。过高或过低的dNTP浓度都对PCR反应不利，dNTP浓度过高易产生错误碱基的掺入，浓度过低则降低扩增产物产量。实验中常用的dNTP浓度为每50 μL反应体系中加入0.5 μL 10 mmol/L each的dNTP使用液。

（3）DNA聚合酶

DNA聚合酶对复制精确性影响较大，常用的Taq DNA聚合酶由于没有3′→5′核酸外切酶活性，所以对合成的碱基没有校对作用，复制精确性较低。一些具有3′→5′核酸外切酶活性的 DNA 聚合酶则复制精确性较高，PCR 产物的突变率低。典型的 PCR 反应约需 DNA 聚合酶量 0.5～2.5 U/50 μL，酶浓度过高可引起非特异性扩增，浓度过低则不能得到足够的扩增产物。

(4) 模板

单、双链 DNA 均能作为模板，每个 PCR 反应中加入的模板数量可在 10^2～10^5 分子间变化，必要时可低至 50 个分子。模板加入量不宜过多，加入过多的模板实际上也引入了多余污染物，难于得到纯净的 DNA，当扩增产物不理想时，减少模板用量会得到意想不到的效果，而且模板浓度过高会导致反应的非特异性增加。

(5) 镁离子(Mg^{2+})

Mg^{2+} 浓度与 DNA 的解链温度、产物特异性及忠实性、引物二聚体的形成、酶活力及产物产量等因素有关。PCR 反应中使用的游离 Mg^{2+} 浓度为 0.5～2.5 mmol/L，但 dNTP、模板与产物 DNA、引物、EDTA 都会与 Mg^{2+} 结合，所以 Mg^{2+} 的加入量要考虑这些物质的浓度。一般 PCR 反应中，当 dNTP 浓度为 200 μmol/L 时，Mg^{2+} 浓度为 1.5～2.0 mmol/L 为宜。Mg^{2+} 浓度过高，反应特异性降低，出现非特异扩增，Mg^{2+} 浓度过低会降低 Taq DNA 聚合酶的活性，使反应产物减少。Mg^{2+} 浓度与 PCR 反应成功与否关系密切，必要时可考虑按不同浓度加入 Mg^{2+}，寻找出其反应最适浓度。

除上述 PCR 反应五要素外，必要时，可以在反应体系中加入一些 PCR 添加剂。加入酶保护剂，如甜菜碱、小牛血清蛋白(BSA)、明胶或二硫苏糖醇(DTT)，对扩增长片段或需时较长的 PCR 反应效果明显。对于扩增长片段或高 GC 含量的片段时，可加入甜菜碱、二甲亚砜、甘油或甲酰胺以降低 DNA 变性温度。加入四甲基氯化铵能增加引物与模板配对的严格性，能提高 PCR 效率和反应特异性。加入 Tween 20 会减少可能存在的阴离子去污剂对酶的抑制作用。添加剂的用量不宜过高，一般 2%(v/v)即可。有些添加剂浓度过高还会抑制 PCR 反应，如二甲亚砜达 5%时即可抑制 PCR 反应，所以 PCR 添加剂在不同反应体系中的用量应通过实验来调整和合理选择，合理准确的使用会使一些难以进行的 PCR 反应获得很大改善，得到试验所需要的理想结果。

3. 琼脂糖凝胶电泳

琼脂糖凝胶电泳是分离纯化 DNA 最常用的实验技术。琼脂糖是从琼脂中提取的聚合长链分子，能形成具有刚性的凝胶，凝胶孔径的大小与凝胶的浓度有关，浓度越大孔径越小。DNA 分子带负电荷，电泳时由负极向正极泳动，在分子筛效应影响下，DNA 分子根据分子质量大小及构型的不同，形成不同的 DNA 条带。DNA 在凝胶中的迁移速度与其相对分子质量的对数值成反比。溴化乙锭(EB)是一种扁平分子，带正电荷，电泳时从正极向负极泳动。电泳时，DNA 分子与 EB 相遇结合形成 EB-DNA 复合物，该复合物在紫外光下显橙红色荧光，其荧光强度与 DNA 的含量成正比。电泳后，DNA 可分出不同的区带，达到分离、鉴定和提纯 DNA 片段的目的。用已知片段大小和浓度的分子质量标准物作参考，根据条带的相对位置可粗略估计样品 DNA 的片段大小，根据条带的荧光亮度可粗略估计样品 DNA 的浓度。

本实验以 PCR 扩增水样总 DNA 中的 16S rDNA 为例，学习 PCR 的原理和一般操作过程，以大肠杆菌 DNA 作阳性对照，以无菌水作阴性对照。学习用琼脂糖电泳判定 PCR 扩增成功与否，并学会用琼脂糖电泳图分析实验中可能存在的问题。

三、实验条件

1. 仪器设备

PCR扩增仪，单道可调微量移液器(2.5 μL、10 μL、100 μL、1 000 μL)，电泳仪，水平电泳槽，凝胶成像仪，1.5 mL离心管，0.2 mL薄壁管，无菌Tip头。

2. 试剂与样品

(1) 模板DNA：水样总DNA和大肠杆菌(*E.coli*)总DNA。

(2) Taq DNA聚合酶及其缓冲液：商品化的Taq DNA聚合酶均配有10×Buffer，有的Buffer里面含有1.5mmol/L MgCl，没有的需要自己另行加入，使用前注意查看说明书。

(3) dNTP：2.5 mmol/L each，dATP、dCTP、dGTP、dTTP浓度均为2.5 mmol/L。

(4) 引物：选用扩增16S rDNA上V3区的引物，扩增产物大小约200 bp，引物名中的数字是大肠杆菌16S rDNA碱基编号的序号，引物名及序列分别为：338F：5′-ACTCCTACGGGAGGCAGCAG-3′；518R：5′-ATTACCGCGGCTGCTGG-3′。

(5) 琼脂糖。

(6) 50×TAE电泳缓冲液(pH＝8.5)：每1 000 mL含Tris 242.0 g，NaAc 57.1 mL，$Na_2EDTA \cdot 2H_2O$ 37.2 g。使用时稀释100倍。

(7) 6×Lodding Buffer：0.25%溴酚蓝，36%蔗糖，0.6% Tris碱。

(8) 溴化乙锭的配制：称取0.1 g溴化乙锭，溶于10 mL水，配成终浓度为10 mg/mL的母液，于棕色瓶中保存。溴化乙锭为强致癌剂，使用时务必小心。可用无毒害的GelRed替代溴化乙锭。

(9) DNA Marker：可选用TaKaRa的DL2000。

四、实验操作

1. 预混液的配制

取一个1.5 mL离心管，按表7-1用量，根据样品数计算出各试剂的加入量(本实验中模板仅为水样总DNA、*E.coli*总DNA，加上一个阴性对照，共计需要3个反应管，由于管壁吸附等损耗，预混液按4个反应体系配制)，依次加入无菌水、10×buffer、dNTP、上下游引物、Taq DNA聚合酶(注意：不加模板DNA)，用微量移液器轻轻混匀(不要产生气泡)。

表7-1 PCR反应体系的配制

试剂	每25 μL中加入体积(μL)	预混液中加入(μL)
10×buffer	2.5	10
dNTP	1	4
338F(10 μmol/L)	0.5	2
518R(10 μmol/L)	0.5	2
Taq DNA聚合酶	0.25	1
无菌水	19.25	77
模板	1	—

2. 分装

每个无菌 0.2 mL 薄壁管中加入 24 μL 预混液。

3. 加模板

在上述已加入预混液的薄壁管中分别加入 1 μL 的水样总 DNA、*E.coli* 总 DNA(阳性对照)、无菌水(阴性对照),做好标记。

4. 打开 PCR 仪,按下述条件设置扩增程序,运行。

94℃ 3 min → 94℃ 30 s,55℃ 30 s,72℃ 40 s(30 个循环)→72℃ 5 min→15℃

运行结束后,关闭 PCR 仪,取出样品,PCR 产物于 4℃或−20℃保存备用。

5. 制胶

配制质量浓度约为 1%的琼脂糖凝胶,称取琼脂糖 0.2 g,加入 20～25 mL 0.5×TAE,微波加热至完全溶解,待冷却到约 50℃,加入 EB(EB 是致癌剂,操作中注意戴好防护手套),终浓度 0.5 μg/mL,轻轻摇匀,倒入放有制胶板的制胶器中,插上梳子凝固待用。

6. 点样

待凝胶完全凝固,轻轻拔出梳子,拿制胶板的两侧将凝胶从制胶器中取出,连制胶板一起放入电泳槽中,加入 0.5×TAE 至淹没凝胶,5 μL PCR 产物与 1 μL 6×lodding buffer 混匀后加入加样孔中,在一个空孔中加入 4 μL DL2000 Marker,记录点样次序和加样量,注意 Tip 头不要扎破胶孔边缘的凝胶。

7. 电泳

连接电泳槽电极导线,点样孔端接负极,另一端接正极,打开电源,调电压至 8～12 V/cm,电泳 30 min 左右,当溴酚蓝移到距胶孔 2～4 cm 时,停止电泳。

8. 观察电泳结果

取出凝胶,在凝胶成像仪的托板上将凝胶从制胶板中倒出,312 nm 波长紫外灯下观察,有橙红色荧光带的位置即为 DNA 条带,电脑拍照记录电泳图谱。

五、实验结果与数据分析

1. 记录观察结果:

阳性对照＿＿＿＿＿＿＿ 水样总 DNA ＿＿＿＿＿＿＿ 阴性对照＿＿＿＿＿＿＿

注:阳性对照有目的条带,水样总 DNA 有目的条带,阴性对照无目的条带,说明 PCR 实验成功。

2. 参考电泳图(图 7-3)

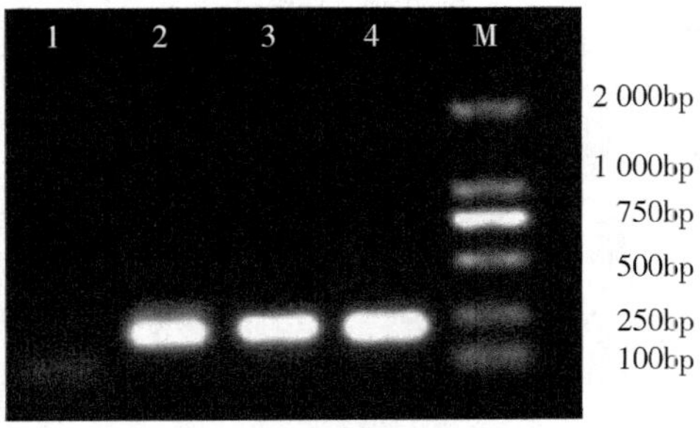

图 7-3　PCR 产物琼脂糖电泳图

注:1—阴性对照;2—阳性对照;3—样品;4—样品;M—DL2000 Marker

六、问题与讨论

1. 什么是PCR？PCR技术的基本原理是什么？该技术在环境领域有何应用？

2. 简述PCR五要素在PCR过程中的功能及各要素对PCR结果的影响。

3. 设计PCR引物时，需要注意些什么？

4. 如果PCR产物电泳后发现样品没有出现目的条带，可以从哪些方面来分析出现此种情况的原因？

七、注意事项

1. 阴性对照是PCR结果可靠性的保证，每一次PCR都必须设置阴性对照，只有在阴性对照无目的条带，而样品出现目的条带时才能证明PCR实验成功。阴性对照出现目的条带，说明试剂被污染或操作过程中引入了污染，实验结果不可信。

2. 设置阳性对照，可以避免假阴性结果。如果出现样品无目的条带，且阳性对照无目的条带，则很可能是PCR操作出现问题或PCR试剂失效。阳性对照出现目的条带，样品没有目的条带的情况则很可能是样品DNA质量不够好(DNA浓度过低或存在抑制PCR反应的物质等)或样品中目的基因浓度低于PCR检测限。

3. 不同公司生产的Taq DNA聚合酶的酶浓度不同，根据说明书的推荐用量加入合适体积的酶，大多DNA聚合酶的最适温度是72℃，也有一些较为特殊的，要根据说明书设置延伸温度。

4. 由于PCR实验中加入试剂量都比较少，为了避免试剂未加入反应体系的操作失误，按体积从多到少的顺序加入试剂，且每次都需将Tip头插入液面以下。

5. EB是致癌剂，使用中要注意防护并控制污染范围。有条件的实验室建议用Gel Red、SYBR Green、Gold View、Gel Green等毒性较小的染料替代EB，使用时注意选用合适的激发光波长。

实验7.3 活性污泥样品RNA提取和反转录PCR

一、实验目的

学习核糖核酸(RNA)提取及反转录PCR的原理；了解RNA提取中外源、内源RNA酶污染的去除方法；掌握RNA提取方法及反转录PCR的基本操作方法。

二、实验原理

1. RNA提取

在进行实时荧光定量PCR、Northern杂交分析、cDNA文库构建、cDNA末端快速扩增等研究时均需要高质量的RNA，所以提取纯度高、完整性好的总RNA是研究微生物表达组学的重要前提，是分子生物学研究的基础。RNA的提取过程有五个关键点：①样品细胞的有效破碎；②核蛋白复合体的有效变性；③RNA酶(RNase)的有效抑制；④RNA从DNA和蛋白混合物中有效分离；⑤杂质的有效去除。其中，最关键的是抑制RNase的活性。RNA不稳定，极易被内源或外源的RNase降解，所以在RNA提取过程中始终围绕着保护RNA的完整性进行，避免其被RNase降解。围绕这条主线，要关注无RNase工作环境的建立，反应中无RNase条件的保持，RNA电泳及结果分析等一系列的细节问题。

为了获得高质量 RNA，必须使用 RNA 酶抑制剂或采用破碎细胞和灭活 RNA 酶同步进行的方法，最大限度地降低细胞破碎过程中所释放的 RNase 活性。同时，避免偶然引入实验室内的其他潜在的痕量 RNA 酶也很重要。

下面列举外源 RNase 污染的来源及去除方法。

（1）玻璃制品、塑料制品和电泳槽的污染

灭菌的一次性使用塑料制品基本无 RNA 酶，可以不经预处理直接用于制备和贮存 RNA。实验室用的普通玻璃器皿和塑料制品通常有 RNA 酶污染，玻璃器皿使用前可以在 180℃条件下干烤 8 h 灭活 RNase；塑料制品或其他用于 RNA 制备的用品可以用 0.1% 焦碳酸二乙酯(DEPC)的水溶液浸泡以灭活 RNase。DEPC 是 RNA 酶的强烈抑制剂，通过和组氨酸的咪唑环结合使蛋白质变性，可灭活所有蛋白质，但其作用也不是绝对的。玻璃或塑料器皿在 0.1% DEPC 水溶液中浸泡 24 h，取出于 121℃湿热灭菌 20 min，烘干备用。高温处理可以彻底去除器皿上残留的 DEPC，以防 DEPC 通过羧甲基化作用对 RNA 的嘌呤碱基进行修饰。用于 RNA 电泳的电泳槽需要用去污剂洗干净，再用水冲洗，干燥后灌满 3%的 H_2O_2溶液，于室温放置 10 min，再用 0.1%DEPC 处理过的水彻底冲洗电泳槽。用于 RNA 实验的玻璃器皿、塑料制品和电泳槽最好能做上特殊标记，存放在指定地点，作为 RNA 实验专用。

注意：DEPC 是一种潜在的强致癌剂，操作应尽量在通风橱中进行，并避免接触皮肤。DEPC 在水溶液中不稳定，极易分解，所以处理塑料制品及容器的 0.1% DEPC 水溶液必须现配现用。利用 DEPC 高温下易分解为乙醇和 CO_2 的性质，将使用后的 DEPC 溶液于 121℃高压灭菌至少 30 min 以去除溶液中的 DEPC，避免环境污染。

（2）实验人员造成的污染

RNA 酶最主要的潜在污染源是实验人员的双手。因此，在涉及 RNA 的一切操作过程中，实验人员都应戴一次性手套，一旦接触未经处理的玻璃器皿和其他物品，手套就可能沾染上 RNase，因此进行 RNA 实验时应定时更换手套。

（3）溶液的污染

配制用于 RNA 提取和分析实验的溶液时，也要充分注意去除 RNase。用 RNA 研究专用的化学试剂配制溶液，用经无 RNase 处理过的药匙称取试剂，将溶液装入无 RNase 的玻璃器皿。溶液尽量用 DEPC 水配制，室温放置 24 h，然后 121℃湿热灭菌 20 min。

注意：DEPC 可与胺类迅速发生化学反应，因此不能用来处理含有 Tris 的缓冲液。可利用未开封的 Tris 晶体，用 DEPC 处理水配制无 RNA 酶的溶液。DEPC 水指终浓度含 0.1% DEPC 的水，配制方法是在 1 L 双蒸水中加入 1 mL DEPC 原液，摇匀过夜。DEPC 处理水是指用终浓度为 0.1% DEPC 处理过的水，配制方法是在 1 L 双蒸水中加入 1 mL DEPC 原液，摇匀过夜后经过高温灭菌是彻底去除了 DEPC 的无菌无 RNase 水。

另外，细菌细胞内存在大量 RNase，在细胞破碎的同时，RNase 也被释放出来。提取 RNA 时要注意抑制内源 RNase 活性，所以 RNA 提取的样品要新鲜，一般是取样后立即提取 RNA，如不能立刻进行提取，样品应保存在－80℃或含 RNase 抑制剂的溶液中。RNA 提取应始终在低温下进行以抑制内源 RNase 酶活性，如在冰上操作，4℃离心，并尽快去除蛋白质。加入去除蛋白质的试剂可去除内源 RNase 污染，RNase 作为一种蛋白质,去除蛋白质的试剂可非特异性的抑制其活性。酚、氯仿、蛋白酶K、十二烷基硫酸钠、盐酸胍、异硫氰酸胍等均可抑制内源RNase活性,实验中一般选择性地加入一种或几种。

Trizol是一种新型总RNA抽提试剂,含有苯酚、异硫氰酸胍等物质,能迅速破碎细胞并抑制细胞释放出的核酸酶,可以直接从细胞或组织中提取出高总产量的总RNA,结合机械破碎可获得更好的裂解样品,是目前常用的RNA提取试剂。

2. 反转录PCR

反转录PCR(Reverse Transcription, RT-PCR)又称为逆转录PCR。其原理是:提取组织或细胞中的总RNA,以其中的RNA作为模板,采用随机引物或Oligo(dT)利用逆转录酶将RNA反转录成cDNA,再以cDNA为模板进行PCR扩增,从而获得目的基因或检测基因表达。该技术主要用于分析基因转录的产物,获取目的基因,合成cDNA探针以及构建RNA高效转录系统等。

RT-PCR技术在环境领域中已被用于检测RNA病毒、酶基因在特定环境条件下的表达情况等。按传统方法,水中肠道病毒检测依赖于动物细胞培养,这种方法费时费力。目前,已经有水生微生物学家用RT-PCR的方法检测出环境中的肠道病毒。RT-PCR的另一重要应用是mRNA分析,估计代谢活性。从某种意义上说,PCR可以检测遗传潜能,而RT-PCR能检测出实际的基因活性。

实验中,RT-PCR可以分为两个步骤:第一步,在单引物和逆转录酶的作用下,合成RNA互补的cDNA链;第二步,以cDNA为模板进行PCR扩增,加入引物和Taq酶等进行常规PCR。也可用试剂盒进行一步法RT-PCR,即反转录和PCR在一个反应管中依次进行。实验中要注意:反转录体系对RNA总量有要求,做反转录前必须测定RNA浓度。合成cDNA时如选择随机引物,体系中所有的RNA分子都充当了cDNA第一链合成的模板,则cDNA中约96%来源于核糖体RNA(rRNA)。真核细胞mRNA具有3′端poly(A+)尾,用oligo(dT)作为合成cDNA第一链的引物,仅有mRNA可被转录。由于mRNA仅占总RNA的1%~4%,因此以oligo(dT)为引物合成的oligo(dT)比随机引物所得到的cDNA的浓度和复杂性均要小。对于要研究特定mRNA的情况,可以用目的mRNA的互补序列的寡核苷酸作为合成cDNA的引物,这类引物仅产生所需要的cDNA,特异性更高,利于后续的PCR分析。

三、实验条件

1. 仪器设备

小型台式高速冷冻离心机,FastPrep样品处理器,PCR仪,超微量紫外分光光度计(Nanodrop 2000),单道可调微量移液器,电泳仪,水平电泳槽,凝胶成像仪,离心管,Tip头,2 mL研磨管,1 mm玻璃珠(或氧化锆珠),0.5 cm玻璃珠。

研磨管的准备:2 mL研磨管中装入约1.5 g 1 mm玻璃珠(或氧化锆珠)及一颗0.5 cm玻璃珠,高压灭菌,烘干备用。

2. 试剂与样品

(1) 试剂:Trizol(Invitrogen公司),氯仿(AR),异丙醇(AR),无水乙醇(AR),RNA纯化试剂盒,逆转录酶,RNase-Free水,RNA酶抑制剂(RNasin),随机引物(或用逆转录试剂盒)，Taq 酶，dNTP，特异性的上下游引物，琼脂糖，6×Lodding Buffer，0.5×TAE，DNA Marker，溴化乙锭溶液。

75%乙醇溶液配制方法：75 mL 无水乙醇加 25 mL DEPC 水，混匀。

(2) 样品

由于 RNA 极易被内源或外源的 RNase 降解，用于提取 RNA 的样品最好是新鲜样品，如不能立刻抽提 RNA，样品需要远距离运输或长期储存，建议先将样品(土壤、活性污泥、细胞、组织等)保存在 RNA 保存液(RNAwait、RNAlater)中，或先用液氮冷冻，放入 −80℃冰箱保存备用。冷冻的样品提取 RNA 时，不要先解冻，直接加入 Trizol 进行 RNA 提取。

四、实验步骤

1. 从活性污泥中提取微生物总 RNA

(1) 在无菌且含有玻璃珠的 2 mL 研磨管中加入活性污泥 1.5 mL，12 000 r/min 离心 5 min，去上清液，收集沉淀。此步骤重复三次(约收集 4.5 mL 活性污泥的沉淀)。

(2) 加入 1 mL Trizol，放入 FastPrep 样品处理器，设置条件：高速振荡 40 s(如没有 FastPrep 样品处理器，可用涡旋振荡器振荡 5 min 代替)，室温放置 10 min。

(3) 加入 0.2 mL 氯仿，盖紧离心管，用手剧烈振荡离心管 15 s，冰上静置 15 min。

(4) 4℃，12 000 r/min 离心 15 min。小心转移上层水相于新的离心管中。这是关键的一步，离心后溶液分成三层，RNA 溶解在上清液里，所以从离心机取出离心管时要避免晃动，以免管内物质振荡导致下层沉淀激起。吸取上清液的时候一定要轻且慢，切忌吸入沉淀。如有必要可重复上述步骤一次。

(5) 加入 2/3 体积预冷的异丙醇，轻轻击打，冰上放置 10 min，12 000 r/min 离心 10 min，去除上清液。

(6) 加入 1 mL 75%乙醇洗涤沉淀，去除残留的有机试剂。涡旋混匀，务必使沉淀悬浮于乙醇中，冰上放置 1～2 min，4℃ 12 000 r/min 离心 5 min，去上清液。重复上述步骤一次。

(7) 小心弃去上清液，室温干燥 5～10 min，使乙醇完全挥发。注意不要过分干燥，过干的 RNA 将难以溶解。加入 50 μL 经 DEPC 处理的水溶解 RNA，此即为粗提 RNA，可进一步采用 RNA 纯化试剂盒纯化 RNA。提取的 RNA 置−80℃冰箱保存备用。

(8) 用超微量分光光度计 Nanodrop 2000 测定 RNA 浓度及纯度。纯 RNA 的 OD_{260}/OD_{280}的比值为 2.0，一般认为 $R=OD_{260}/OD_{280}$值在 1.8～2.0 时，RNA 中蛋白或其他有机物的污染是允许的；当 $R<1.8$ 时，说明 RNA 中蛋白或者其他有机物的污染比较明显，应重新纯化。当 $R>2.2$ 时，说明 RNA 已经水解成为单核酸了。OD_{260}/OD_{230}的比值表征 RNA 受多糖、酚、盐类等污染的程度，其值 <2.0 表明 RNA 中有碳水化合物(糖类)、盐类或有机溶剂污染。

2. 两步法 RT-PCR

(1) 反转录

在 0.2 mL 薄壁管中，按表 7-2 各试剂比例配制反转录体系(或按反转录试剂盒说明配制)。

表 7-2　反转录体系配制比例

试剂	加入量
逆转录酶缓冲液(5×)	4 μL
dNTP(10 mmol/L each)	1 μL
逆转录酶	1 μL
RNasin	1 μL
随机引物(50 μmol/L)	1 μL
总 RNA	0.5～1 μg
RNase-Free H_2O	补足到 20 μL

设置 PCR 仪运行条件：30℃反应 10 min，42℃反应 50 min，然后于 95℃加热 5 min 以终止逆转录反应。

(2) PCR 扩增

在 0.2 mL 薄壁管中，按表 7-3 比例配制 PCR 体系。以没有反转录的 RNA 样品和无菌水分别作为阴性对照。

表 7-3　PCR 体系配制比例

试剂	加入量
10×PCR 缓冲液	2.5 μL
dNTP(10 mmol/L each)	0.25 μL
上游引物(10 μmol/L)	0.5 μL
下游引物(10 μmol/L)	0.5 μL
Taq DNA 聚合酶	1 U
反转录得到的 cDNA	2 μL
无菌水	补足到 25 μL

放入 PCR 扩增仪中，设置合适 PCR 条件进行扩增，参考条件见表 7-4。

表 7-4　PCR 扩增条件

温度	程序	时间	
95℃	预变性	3 min	
95℃	变性	30 s	26～38 个循环
55℃	退火	30 s	
72℃	延伸	30 s	
72℃	延伸	10 min	

琼脂糖电泳检测 PCR 扩增情况，凝胶成像仪观察并拍照。

五、实验结果与数据分析

1. PCR 结果记录

RNA 对照________________　　cDNA ________________

无菌水对照________________

注:cDNA 有目的扩增条带,RNA 对照无目的条带,无菌水对照无目的条带,说明 RNA 提取及反转录实验成功。如无菌水对照有目的条带,说明 PCR 受到污染;如 RNA 对照有目的条带,说明提取的 RNA 不纯,含有基因组 DNA 污染。

2. 数据分析

参考 RNA 电泳图(图 7-4),提取较好的 RNA 电泳图中可见三个条带,原核分别是 23S,16S 和 5S 核糖体 RNA,而真核则分别为 28S,18S 和 5S 核糖体 RNA。

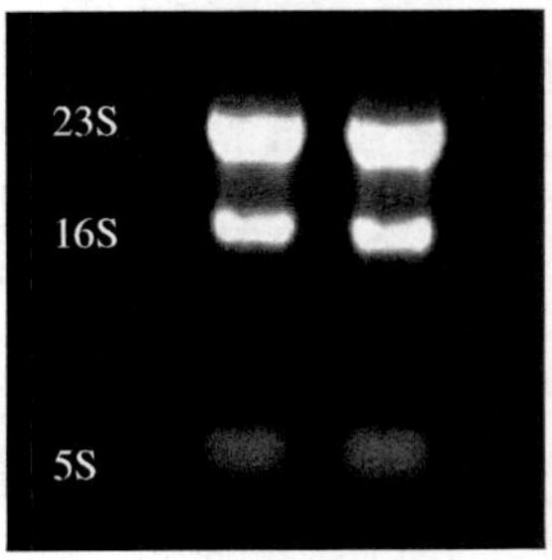

图 7-4　总 RNA 琼脂糖电泳图

六、问题讨论

1. RNA 提取时避免 RNase 污染至关重要,请简述如何避免外源 RNase 污染。

2. 什么是 RT-PCR? 在 RT-PCR 时设置阴性对照和 RNA 样品对照有何意义,如何设置?

七、注意事项

1. 实验过程中要防止 RNA 的降解,保持 RNA 的完整性。在总 RNA 提取时,注意避免 mRNA 的断裂。

2. 原核生物 RNA 无 poly(A)尾,所以不能用 Oligo(dT)引物反转录,只能采用随机引物进行反转录。

3. RNA 提取时很可能会混入基因组 DNA,为了避免 DNA 污染,可以在反转录前采用转录级的 DNA 酶处理,也可以采用试剂公司推出的具有去除基因组污染功能的反转录试剂盒来消除 DNA 污染。

实验 7.4　实时荧光定量 PCR 技术测定废水生物处理中氨氧化细菌浓度

一、实验目的

了解实时荧光定量 PCR 的实验原理;了解 Taqman 探针法定量原理及 SYBR Green 定量的原理;了解绝对定量和相对定量的原理;学习并掌握绝对定量的标准品制备方法及定量 PCR 实验的操作规程。

二、实验原理

实时荧光定量 PCR(real time quantitative PCR)技术是美国 Applied Bisystems 公司于 1996 年推出的一种核酸定量技术。该技术是在 PCR 反应体系中加入荧光基团,利用荧光信号的累积实时监测整个 PCR 进程,最后通过标准曲线或内标基因对未知模板进行定量分析的方法。与常规 PCR 相比,它具有特异性更强,能有效解决 PCR 产物污染,自动化程度高,对模板准确定量等特点。实时荧光定量 PCR 敏感性通常达 100 copy/mL,且线性范围宽,重复性好。在实时荧光定量 PCR 中,以 PCR 循环数(Cycle)为横坐标,以每个循环收集的荧光强度为纵坐标得到一条 S 形曲线，这条曲线称为扩增曲线(图 7-5)。在扩增曲线的指数增长区域内适当位置上设定一个荧光检出界限，这个限值即为荧光阈值(threshold)。Ct 值的确定与荧光阈值的设定密切相关，一般来讲，PCR 起始的前 3～15 个循环的荧光信号变化不大，接近一条直线，也称为基线，是由于测量的偶然误差引起的。荧光阈值的默认设置是 3～15 个循环荧光信号标准偏差的 10 倍。实时荧光定量 PCR 扩增过程中，每个反应管内的荧光信号达到设定的阈值时所经历的循环数，即扩增曲线与阈值线交点的横坐标，称为 Ct 值(C 代表 Cycle，t 代表 threshold)。Ct 值是一个很重要的概念，在 PCR 的指数扩增区域内，每个模板的 Ct 值与该模板的起始拷贝数的对数存在线性关系，起始拷贝数越多，Ct 值越小。以起始拷贝数的对数值为横坐标，Ct 值为纵坐标，可制作一条已知起始拷贝数的标准品和 Ct 值的关系的标准曲线，根据标准曲线和未知样品的 Ct 值即可计算出未知样品的起始拷贝数。

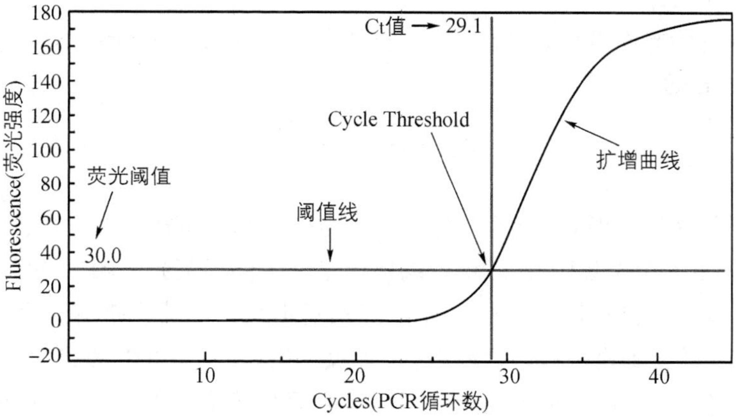

图 7-5　实时荧光定量 PCR 的扩增曲线图

一个理想的 PCR 反应，反应每进行一个循环，PCR 产物量增加一倍，即为之前的 2 倍。n 个循环后，产物量理论上应为原来的 2 的 n 次方倍，即：

$$X = X_0 \times 2^n$$

式中　n——扩增反应的循环次数；

X——第 n 次循环后的产物量；

X_0——初始模板量。

实际 PCR 反应中由于存在多种因素影响 PCR 的进程，使 PCR 没有按理想的方式进行，这就需要引入扩增效率的概念，扩增效率(Efficiency)指每经过一轮循环，目的产物量增加了多少，用百分数或小数表示均可。非理想状态的产物浓度可按下式计算：

$$X = X_0(1 + E)^n$$

式中　n——扩增反应的循环次数；

X——第 n 次循环后的产物量；

X_0——初始模板量；

E——扩增效率。

可见，扩增效率越接近1，反应越接近理想的PCR反应。所以定量PCR实验中，扩增效率是一个非常重要的参考值，一般扩增效率为80%～120%，越接近1，越理想；过高或过低的扩增效率说明PCR反应偏离理想实验过多，定量结果不准确。一般而言，效率低于100%，可能是由于PCR反应体系中存在抑制PCR反应的因素，而高于100%，可能是由于污染，非特异性扩增或引物二聚体造成的。

1. 荧光定量的原理

根据使用的荧光类型，实时荧光定量PCR可分为两大类：荧光染料法和荧光探针法。荧光探针法主要包括：TaqMan探针、分子信标、蝎型探针等，其中TaqMan探针是应用相对较多的类型。荧光染料法应用的染料主要是SYBR Green Ⅰ。下面介绍两种主要的类型，即TaqMan探针和SYBR Green Ⅰ的定量原理。

(1) TaqMan探针法的定量原理

TaqMan探针为寡核苷酸，5′端标记一个报告荧光基团(Reporter)，3′端标记一个猝灭荧光基团(Quencher)。

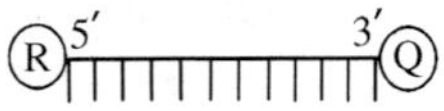

TaqMan探针法定量时，反应液中加入了一对引物和一条特异性的寡核苷酸荧光探针，探针的5′端标记了一个报告荧光基团，3′端标记了一个猝灭荧光基团。探针完整时，由于猝灭荧光基团与报告荧光基团离得很近，报告荧光基团发射的荧光被猝灭荧光基团所吸收，引物退火时，探针结合到目的基因片段上；延伸反应时，具有5′→3′核酸外切酶活性的Taq酶将探针降解为核苷酸，此时报告荧光基团与猝灭荧光基团分离，荧光检测系统接收到荧光信号。每扩增一条DNA链，就有一个探针被降解，有一个荧光分子形成，从而实现了荧光信号的累积与PCR产物的形成完全同步，产生的荧光分子数与PCR产物的数量成比例。因此，根据反应中荧光强度即可计算出初始模板的数量。TaqMan探针的定量原理如图7-6所示。

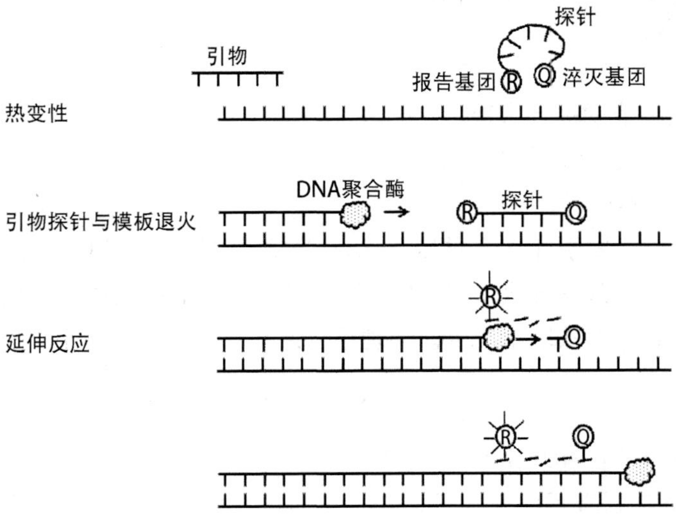

图7-6　TaqMan探针的定量原理

(2) SYBR Green Ⅰ荧光定量原理

SYBR GreenⅠ是一种可以与所有双链 DNA 双螺旋小沟区域结合的具有绿色光激发波长的染料。当它与 DNA 双链结合后,荧光信号增强为原来的 20 倍以上;双链 DNA 解链时,染料从 DNA 上释放出来,荧光信号急剧减弱,因此荧光信号的强度与双链 DNA 分子数量相关,因此根据延伸后的荧光强度可以监测 PCR 的进程(图 7-7)。由于 SYBR Green Ⅰ可以与所有的双链 DNA 分子结合,所以反应中如存在目的片段以外的双链 DNA,如非特异性扩增产物、引物二聚体等,会对定量的结果产生影响,产生假阳性或使定量结果偏高。但可以通过溶解曲线分析,优化反应条件,得到更为准确的定量结果。相对于 TaqMan 探针而言,SYBR Green Ⅰ具有对 DNA 模板没有选择性、使用方便、灵敏度高、价格便宜等优点;缺点是对引物特异性要求高,易产生假阳性结果。

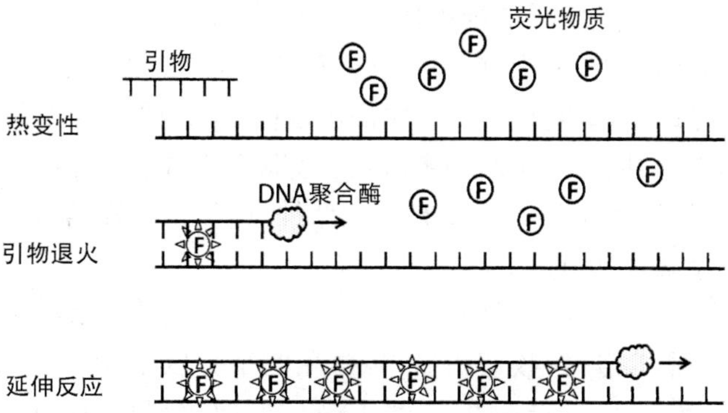

图 7-7　SYBR Green Ⅰ的定量原理

SYBR Green Ⅰ法定量时每次都要进行熔解曲线分析,根据熔解曲线的结果判断实验结果是否可信。熔解曲线分析是通过对 PCR 产物加热,随着温度的升高,双链扩增产物逐渐解链,导致荧光强度逐渐下降,当到达某一温度时,大量的 PCR 产物解链,荧光急剧下降,这个温度即为 PCR 产物的熔解温度(Tm)。利用该特点以及不同 PCR 产物的 Tm 值不同,可对 PCR 的特异性进行鉴定。

下面列举了几种常见的熔解曲线分析结果:样品熔解曲线是单一峰,且无模板对照的熔解曲线无明显峰,说明 PCR 扩增产物单一且无引物二聚体,此时定量结果准确(图 7-8a);样品熔解曲线有两个以上的峰,说明 PCR 反应过程中有非特异性扩增,此时定量不准确,需要优化反应条件(图 7-8b);样品熔解曲线是单一峰,但是无模板对照的熔解曲线也有峰,且出峰的温度低于样品的熔解温度,说明有引物二聚体存在,此时定量也不准确,需要优化反应条件(图 7-8c)。

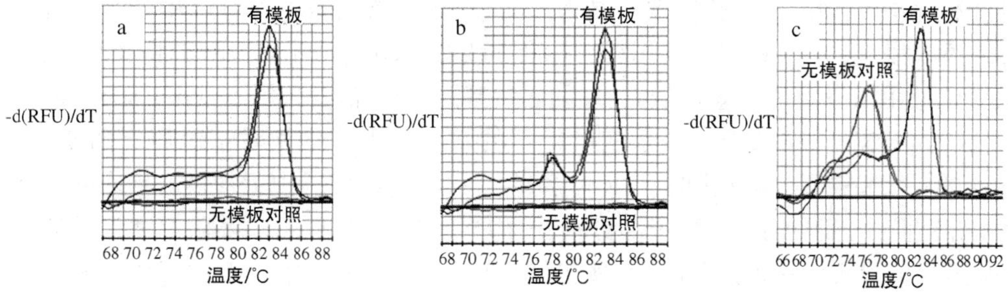

图 7-8　熔解曲线分析

2. 绝对定量和相对定量

根据定量方式不同，实时荧光定量 PCR 可分为绝对定量和相对定量。

(1) 绝对定量

绝对定量就是用一系列已知浓度的标准样品制作标准曲线，曲线的横坐标是基因的拷贝数，纵坐标是 Ct 值。在定量标准曲线的同时，扩增未知样品，根据未知样品的 Ct 值和标准曲线，计算出未知样品的目的基因起始拷贝数。标准样品可以是含有和待测样品相同扩增片段的克隆质粒、纯化后的 PCR 产物、cDNA 或体外合成的单链 DNA，用紫外分光光度计或荧光酶标测定标准品浓度，再根据质粒或 cDNA 分子量换算成拷贝数，进行系列稀释即可制作标准曲线，定量 PCR 实验中常用 5 倍或 10 倍系列稀释。这一方法的动力学范围广，可以达到 9 个数量级。制作标准曲线一般取五个点，每点做三个平行样，浓度范围要能覆盖样品的浓度区间，以保证定量的准确性。对于长期稳定使用的标准品也可以适当减少重复的次数，有研究表明，质粒型标准品稳定性好，不易降解，实验中可以长期反复使用，但若存放过久，如 6 个月以上，仍建议重新测定质粒浓度；而其他类型的 DNA 都是线性片段，稳定性差，一般使用 14 天以上要重新测定浓度。克隆质粒的获得，可以用纯培养的模式菌种作为出发菌株克隆目的片段。如果没有模式菌株，也可以用混合样品的 DNA 作为模板克隆目的片段，再测序确认即可。

一条理想的定量 PCR 标准曲线要满足以下条件：基线平整，无模板对照(No Template Control, NTC)，无明显扩增，指数期明显，各样品的平台区汇于一起，线性范围宽。拟合优度(R^2)大于 0.98，越接近 1，结果可信度越高。扩增效率(E)0.8～1.2，越接近 1，越理想。

(2) 相对定量

相对定量就是在定量目的基因的同时定量看家基因的浓度，以内参基因的表达量来表示目的基因表达的情况，一般利用相对定量的方法分析目的基因的表达情况。在 RNA 分析时，由于提取 RNA 的得率不同、RNA 反转录为 cDNA 的效率不同等客观因素，绝对定量得到的拷贝数并不能很好地说明细胞内 RNA 的实际情况。因此，在进行基因表达调控研究中会用一些看家基因来标准化目的基因的表达情况，以校正因样品初始浓度不同而造成的差异。这些用来标准化目的基因的看家基因就称为内参基因。常用的看家基因有 β-actin，GAPDH，18SrRNA 等。相对定量方法有两种，即比较 Ct 法(Delta-deltaCt，ddCt 或 ΔΔCt)和相对标准曲线法，这些方法定量的结果均用样本间目的基因表达量的倍数关系来表示。运用相对定量时，首先要用梯度稀释的目的基因和内参基因作两条标准曲线比较它们的斜率，若两组标准曲线扩增效率基本相仿，那么后续实验中就可以用 ddCt 法；若差异较大(斜率差大于 0.1)，则只能选用相对标准曲线法。ddCt 法中，样品与对照的目的基因的 Ct 值变化量用 ΔCt,q 表示，样品与对照的内参基因的 Ct 值变化用 ΔCt,cb 表示，则 $-\Delta\Delta Ct = -(\Delta Ct,q-\Delta Ct,cb)$，$2^{-\Delta\Delta Ct}$表示实验组目的基因的表达量相对于对照组的变化倍数。ddCt 法的一大特点是，当优化的 PCR 体系建立后，在每次实验中无须再对看家基因和目的基因作标准曲线，而只需对待测样品分别进行 PCR 扩增即可；每次实验都默认目的基因和看家基因的扩增效率一致，而并非真实扩增情况的反映，因此实验条件需要严格优化。这种方法对于样品量大，但研究的基因数目相对较少的情况特别有用，因为一旦实验条件优化好后就无须再作标准曲线，节约了试剂材料成本，实验操作也相对简单。

目的基因和内参基因的扩增效率不一致时使用相对标准曲线法定量。这种方法考虑了不同基因扩增效率的差异，用标准曲线来校正扩增效率。这里制作标准曲线的标准品可以是任何含有目的基因和内参基因的 cDNA，不需要知道浓度，只要知道稀释倍数。未知样品根据标准曲线计算浓度值，将目的基因的值除以内参基因得到一个比值，再选择一个参照，如未处理样本对照，所有样本的比值除以参照的比值，计算结果即为表达的倍数关系。

用双标准曲线法做相对定量分析，无须像 ddCt 法那样对实验进行严格的优化，但每次实验都必须对目的基因和看家基因作两组标准曲线。相对标准曲线法，适合于样本量不大，但研究的基因较多的情况。

下面我们以 SYBR Green Ⅰ法绝对定量未知样品中氨单加氧酶为例来说定量 PCR 实验具体如何操作。

三、实验条件

1. 仪器设备

PCR 仪，超微量分光光度计 Nanodrop2000，凝胶成像仪，电泳仪，水平电泳槽，恒温摇床，恒温培养箱，定量 PCR 仪，单道可调微量移液器，台式高速离心机，离心管，Tip 头，1.5 mL离心管，光学 8 联管等。

2. 试剂与样品

TaqDNA 聚合酶，dNTP，上下游引物，无菌水，琼脂糖，lodding buffer，EB 溶液，TAE 电泳缓冲液，胶回收试剂盒，pMD-18T 载体，T4 连接酶，LB 液体培养基，LB 固体培养基，100 mg/mL 氨苄西林溶液，质粒小量提取试剂盒，SYBR Green Ⅰ定量试剂盒等。

定量氨氧化菌的氨单加氧酶基因的引物为：amoA-F：5′-GGGGTTTCTACTGGTGGT-3′；amoA-R：5′-CCCCTCKGSAAAGCCTTCTTC-3′。

样品为纯化的活性污泥总 DNA。

四、实验步骤

1. 标准质粒的制备

(1) 以活性污泥 DNA 为模板，以 amoA-F 和 amoA-R 为引物，PCR 扩增目的氨单加氧酶基因，扩增条件：95℃ 3 min；95℃ 15 s，52℃ 30 s，72℃ 1 min，30 cycles，72℃ 5 min，目的片段 465 bp，按试剂盒操作说明胶回收纯化目的 PCR 产物。

(2) 胶回收产物与 pMD18T 载体于 1.5 mL 离心管中按表 7-5 配制连接体系，室温过夜连接，置 4℃保存备用。

表 7-5　连接体系的配制

试剂	体积(总体积 10 μL)
T4 buffer	1 μL
T4 连接酶	1 μL
胶回收产物	5 μL
pMD18T 载体	0.5 μL
无菌水	2.5 μL

(3) 大肠杆菌感受态细胞的制备

挑取*E.coli* Top10 单克隆菌落，接种到装有 1 mL LB 液体培养基的 1.5 mL 离心管中，37℃ 160 r/min 过夜培养。取 400 μL 培养液接种到盛有 40 mL LB 液体培养基的 250 mL 三角瓶中，37℃ 160 r/min 培养 90 min($OD_{600}\approx0.6$)，取出置冰上 30 min，倒入预冷的无菌 50 mL 离心管中，4℃ 6 000 r/min 离心 5 min，弃上清，加入 20 mL 预冷的 0.1 mol/L 氯化钙溶液，悬浮菌体，冰上放置 30 min。4℃ 6 000 r/min 离心 5 min，菌体在离心管底形成一白色圈，此时的菌体沉淀非常松散，小心地倒掉上清液，注意不要把菌体倒出。加入 1 mL 预冷的 0.1 mol/L 氯化钙溶液，于冰上摇匀，置冰上于 4℃保存备用(使用期限约一周)。

(4) 连接产物转化大肠杆菌感受态细胞

取 100 μL 感受态细胞加入含有 10 μL 连接产物的离心管中，冰上放置 30 min，42℃热激 90 s，迅速置于冰水混合物中 2 min，加入 1 mL LB 液体培养基，37℃ 160 r/min 培养1 h，取 200 μL 均匀涂布于含 60 μg/mL 氨苄西林的 LB 平板，37℃倒置培养过夜，挑取平板上长出的单克隆菌落至 500 μL 含 60 μg/mL 氨苄西林的液体 LB 中，37℃ 160 r/min 培养 5～8 h。

(5) 转化子鉴定

取 1 μL 培养物为模板，用 M13 引物或 amoA 引物 PCR 扩增，琼脂糖电泳，产物片段大小与插入目的片段大小相同的即为阳性转化子。选择 2 个阳性转化子送样测序。测序结果与插入的目的基因序列比对，正确的阳性的转化子即为含有标准质粒的菌株，保存菌种备用。

(6) 标准质粒的提取及浓度换算

取 20 μL 含有标准质粒的菌株的菌液(或挑取单克隆菌落)转接到 3 mL 含 60 μg/mL 氨苄西林的 LB 液体中过夜培养 12～16 h。按质粒小量提取试剂盒操作说明抽提质粒 DNA，Nanodrop 2000 测定质粒 DNA 浓度，按如下公式换算为拷贝数浓度，即得已知拷贝数的标准质粒。

$$\text{DNA 拷贝数浓度(copies/}\mu\text{L)}=\frac{W}{\text{DNA 碱基数}\times 660}\times 6.02\times 10^{23}$$

式中 W——DNA 的质量浓度，g/μL；

DNA 碱基数——质粒 DNA 的碱基数量；

660——每对碱基的平均分子量。

2. 定量环境样品中氨单加氧酶基因浓度(以氨单加氧酶基因的浓度来表示氨氧化菌的活力)

(1) 标准质粒的梯度稀释

将已知拷贝数的质粒 pMD-amoA 稀释到浓度为 10^8 copies/μL。取 4 个 1.5 mL 的离心管，分别标记 10^7，10^6，10^5，10^4，向每管加入 90 μL 双蒸水，取 10 μL 10^8 copies/μL的标样加入 10^7管中，充分混匀后，按上述操作继续稀释，注意每次均要更换 Tip 头。梯度稀释的准确程度直接关系到标准曲线的斜率和相关系数 R^2 的值，务必严格按要求操作。

(2) 定量 PCR 反应体系

标准的定量 PCR 实验推荐反应体系是 50 μL，为了节约实验成本，经实验摸索后发现用 20 μL 反应体系也可以得到稳定的实验结果，所以推荐用 20 μL 反应体系，可以按表 7-6 配制反应体系。

表 7-6 定量 PCR 反应体系配制

试剂	体积(总体积 20 μL)
SYBR Mix	10 μL
amoA-F(10 μmol/L)	0.4 μL
amoA-R(10 μmol/L)	0.4 μL
Rox	0.4 μL
ddH_2O	6.8 μL
模板	2 μL

(3) 预混液的制备

实验中需要作一条 5 个点的标准品曲线、一个无模板对照和一个未知样品，总计 7 个样品，每个样品 3 个平行样，则需要 21 个反应管，为了弥补分装的损失，按 1∶1.25 比例扩大反应预混液的体积，按表 7-7 比例配制。

表 7-7 预混液配制

试剂	体积
SYBR Mix	10 μL × 26.25 = 262.5 μL
amoA-F(10 μmol/L)	0.4 μL × 26.25= 10.5 μL
amoA-R(10 μmol/L)	0.4 μL× 26.25= 10.5 μL
Rox	0.4 μL× 26.25= 10.5 μL
ddH_2O	6.8 μL× 26.25= 178.5 μL

(4) 预混液的分装及添加模板

取 7 个 0.2 mL 离心管，每管分装 63 μL 预混液，在每管中分别加入 7 μL 上述的模板(梯度稀释的标准质粒、未知样品)，无模板对照里加入 7 μL 无菌水。

(5) 分装

将上述 7 个已加入模板的反应液充分混匀后分别按每管 20 μL 分装到 8 联管的三个反应管中，盖上盖子。

注意：96 孔板式加热的定量 PCR 仪器易受荧光物质污染(如 ABI7500)，操作中要注意避免污染 8 联管的管壁，从而减少对仪器的污染。

(6) 上机，设置软件参数运行

8 联管低速离心后按顺序放置到定量 PCR 仪里，按表 7-8 条件设置仪器运行参数，在每个循环结束时，即 60℃后检测荧光值。

表 7-8　定量 PCR 运行参数

温度(℃)	时间(min)	
95℃	5 min	
95℃	1 min	40 个循环
50℃	1 min	
60℃	1 min	

溶解曲线分析:60℃～95℃,逐渐升温,每升高一摄氏度检测一次荧光值。待程序运行结束后用软件分析定量及溶解曲线的结果。

设置样品表,选择样品类型,标准样品要设定已知的拷贝浓度,待测样品设为未知样品,阴性对照设置为 NTC,标明平行样品。

五、实验结果与数据分析

1. 实验数据记录

记录实验日期,详细实验步骤及仪器运行参数。

2. 实验数据处理

软件分析实验结果,观察标准曲线是否符合基本要求,即 $R^2 \geqslant 0.98$,E0.8～1.2;观察熔解曲线以确定定量结果是否准确。

3. 参考实验结果图(图 7-9,图 7-10)

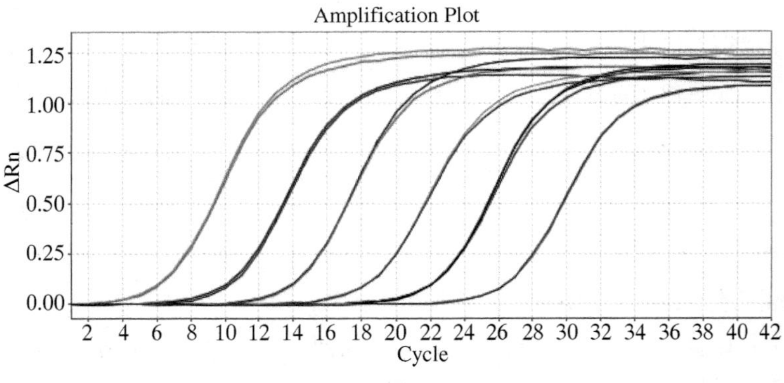

图 7-9　扩增曲线

六、问题与讨论

1. SYBR Green Ⅰ法实验中,为何每次实验都要进行溶解曲线分析?

2. 什么是绝对定量?一条理想的标准曲线要满足哪些条件?用于标准曲线制作的标准样品有哪些类型,什么类型的 DNA 作为标准样品最佳?

3. 如何根据溶解曲线来判断实验结果是否准确?对于不同情况导致的结果不准确分别要怎么解决?

七、注意事项

1. 仪器运行程序设置时，务必要注意是否已经设置了获取荧光值。

2. 从严格意义上讲，绝对定量每次样品的检测都要作标准曲线，因为每次实验的扩增效率可能会有所不同。如果能保证每次的扩增效率一致，也可以将基因的标准曲线先制作完成，做样品检测时只要将标准曲线的斜率和截距直接导入就可以重复使用。对于样品很多，目的基因很多的情况，这种做法能提高实验效率节约试剂费用。严谨起见，在样品测定时，可以同时测定 1～2 个标样，如果标样的 Ct 值与作标线时该标样的 Ct 值偏差小于 0.5，就可以放心使用这条标线；如果偏差过大则不建议使用。

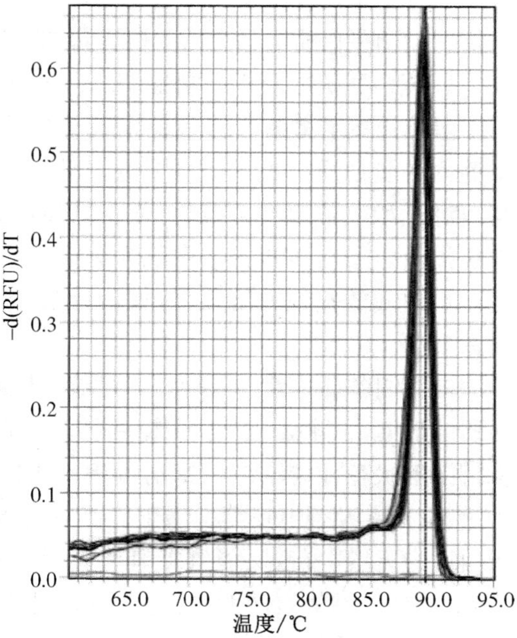

图 7-10　熔解曲线

3. 标准品稀释和加入模板后均要充分混匀，对于低浓度时尤为重要。建议用移液器反复吹打或手指轻弹管底混匀，静置 1～2 min，以使 DNA 分子在溶液中充分扩散。

4. 实验人员的手上可能会沾染荧光物质，一旦引入实验体系会导致实验结果不准确，所以在定量 PCR 实验操作中，特别是在接触光学 8 联管和使用定量 PCR 仪时，要戴干净手套。

5. 实时荧光定量 PCR 结果的好坏往往取决于 DNA 的纯度，DNA 中如果含有抑制 PCR 反应的物质会导致定量结果不准确，所以需要纯度较高的 DNA。若怀疑 DNA 中污染有 PCR 抑制剂，可采用十倍稀释 DNA 后定量 PCR 检测，观察定量结果与稀释度是否吻合。如果有 PCR 抑制剂，稀释后 DNA 的定量结果乘以十则必定大于 DNA 原液的定量结果。

实验 7.5　活性污泥中蛋白质的提取和双向电泳分析

一、实验目的

了解双向电泳的原理；了解蛋白质双向电泳的实验流程；学习并掌握蛋白双向电泳的实验操作。

二、实验原理

蛋白双向电泳（Two-dimensional electrophoresis，2-DE）是等电聚焦电泳和十二烷基磺酸钠聚丙烯酰胺凝胶电泳（Soduim dodecyl sulfate SDS-polyacrylamide gel electrophoresis，SDS-PAGE）的组合，即先进行等电聚焦电泳，此时蛋白质按其等电点分离，然后再进行 SDS-PAGE，这种条件下蛋白质按分子量大小分离，染色后得到二维分布的蛋白质图。最后将图像扫描成像后可以借助软件分析，进行各实验组间的比较。蛋白质双向电泳是将蛋白质等电点和分子量两种性质结合起来进行蛋白质分离的技术，具有较高的分辨率和灵敏度，是分析和检测蛋白质的强有力手段。蛋白双向电泳实验主要分为三个阶段。

1. 蛋白质提取及样品制备(Sample preparation)

蛋白质的有效提取是双向电泳分析的基础。细胞外溶解性蛋白质可以直接分离，而细胞内的蛋白质的提取则需要通过物理、化学或酶法破碎细胞，用适当的溶剂(如水、稀盐、稀酸、稀碱或缓冲溶液等)使蛋白质溶解，再通过离心去除细胞碎片等杂质，即获得蛋白粗提液。蛋白质粗提液中除含有蛋白质外，还含有多糖类、核酸等杂质，需要进一步提纯。蛋白质的提纯方法很多，如沉淀法或核酸酶消化法去除核酸、盐析法或沉淀法纯化蛋白质等。

样品制备要达到的目标是尽可能使样品中非共价键结合的蛋白质复合物解聚，扩大蛋白质溶解度，去除盐、脂类、多糖和核酸等可能干扰物，保证蛋白质在等电聚焦过程中继续保持溶解状态，以提高 2-DE 分辨率。蛋白质样品制备的影响因素包括蛋白质的溶解性、分子量、电荷数及等电点等。用于样品处理的缓冲液建议在低离子强度的基础上，既能保持蛋白质的天然电荷，又能维持其溶解性。可以利用离液剂(如尿素、硫脲)，去垢剂(SDS、Chaps、SB3-10 等)，两性电解质，还原剂(DTT、TBP)等化合物促使样品中的蛋白质溶解；也可以借助不同溶解能力的缓冲液对溶解度不同的蛋白进行分别处理，从而降低样品的复杂性。

2. 第一向等电聚焦(Isoelectric Focusing，IEF)电泳

等电聚焦电泳是一种特殊的聚丙烯酰胺凝胶电泳，凝胶中加入两性电解质，从而使凝胶在电场中形成连续的 pH 梯度。蛋白质是两性电解质，在不同的 pH 环境中可以带正电荷、负电荷或不带电荷。对每个蛋白质来说都有一个特定的 pH 值，在这个 pH 值条件下，蛋白质的净电荷为零，在电场中不发生移动，这个特定的 pH 值就称为该蛋白的等电点。蛋白质的等电点 pH 通常在 3～12，绝大多数 pH 在 4～7。对于某个蛋白质而言，当溶液 pH 值小于它的等电点时，该蛋白带正电荷；当溶液 pH 值大于它的等电点时，该蛋白带负电荷；溶液 pH 值等于它的等电点时，该蛋白不带电荷。等电聚焦电泳在特定 pH 值范围的预制胶条上进行，含有各种不同等电点的蛋白质混合样品在电场的作用下，各蛋白质分子向与其所带电荷相反的电极方向移动，其可能得到或失去电子，随着移动的进行，蛋白质所带的电荷和迁移速率下降。当蛋白质迁移至其等电点 pH 位置时，其净电荷数为零，在电场中不再移动。蛋白质最终被聚焦在其等电点附近一个很窄的 pH 梯度凝胶区域内。胶条的 pH 范围、长短及所加的电场强度都会对等电聚焦结果产生影响。根据所需要电泳的蛋白质性质选择合适 pH 范围的胶条，一般选用 pH 范围窄的胶条，施加高电压可得到较好的聚焦效果。常用胶条长度有 7 cm、11 cm、17 cm、18 cm、24 cm 等规格，小尺寸胶条电泳时间短，可用于优化样品制备等预实验，而大尺寸胶条电泳时间长，用于对复杂样品进行更为彻底的分析并鉴别出实验需要的蛋白。

3. 第二向十二烷基磺酸钠聚丙烯酰胺凝胶电泳(SDS-PAGE)

聚丙烯酰胺凝胶电泳(polyacrylamide gel electrophoresis，PAGE)是以聚丙烯酰胺凝胶作为支持介质的一种常用电泳技术。聚丙烯酰胺凝胶是由单丙烯酰胺和甲叉双丙烯酰胺在引发剂过硫酸铵(APS)和催化剂四甲基乙二胺(TEMED)作用下，聚合交联形成具有

三维网状结构的凝胶。聚丙烯酰胺凝胶电泳可根据不同蛋白质分子所带电荷的差异及分子大小的不同所导致的不同迁移率将蛋白质分离成若干条带，如果蛋白样品中只含有一种蛋白质，电泳后就只有一个条带。十二烷基磺酸钠(SDS)是一种阴离子表面活性剂，作为变性剂和助溶剂，它能使蛋白质的氢键和疏水键断裂，使分子去折叠，破坏蛋白质分子的二级结构和三级结构。在蛋白质中加入过量还原性的二硫苏糖醇(DTT)，多聚体内的二硫键被还原成巯基，使得蛋白质分子解聚成多肽链。解聚后的氨基酸侧链与SDS充分结合形成蛋白质-SDS复合物，该复合物携带的负电荷远远超过蛋白质分子原有的电荷量，从而消除了各种蛋白质分子间天然的电荷差异。所以，各种蛋白质-SDS复合物在电泳时的迁移率，不再受原有电荷和分子形状的影响，只取决于蛋白质或亚基的分子量大小。当蛋白质的分子量在15～200 KD时，电泳的迁移率与分子量的对数呈线性关系。这种电泳方法称为SDS-聚丙烯酰胺凝胶电泳，简称SDS-PAGE。

PAGE凝胶根据胶浓度和缓冲液pH值的不同分为浓缩胶和分离胶，蛋白质样品在浓缩胶中移动速度快，在分离胶中移动速度慢，在快慢交替界面蛋白质被压缩成一薄层，有利于提高电泳的分辨率。第二向电泳时只要配制分离胶，然后将聚焦好的蛋白胶条用低熔点琼脂糖封到分离胶上即可。

三、实验条件

1. 仪器设备

超声破碎仪，高速离心机，台式高速冷冻离心机，Bio Rad双向电泳系统，扫描仪，单道可调微量移液器，水平摇床，Tip头，离心管等。

2. 试剂与样品

(1) 提取缓冲液：7 mol/L尿素，2 mol/L硫脲，4% (w/v) 3-[(3-胆固醇氨丙基)二甲基氨基]-1-丙磺酸(CHAPS)，10 mmol/L 4-(2-氨乙基)苯磺酰氟盐酸盐三(羟甲基)氨基甲烷缓冲液(Tris-HCl)，1 mmol/L乙二胺四乙酸(EDTA)，50 mmol/L DTT，25 mmol/L 4-(2-氨乙基)苯磺酰氟盐酸盐(PefablocSC)，2 mmol/L 4-(2-氨乙基)苯磺酰氟稳定剂(Pefabloc protector)。

(2) 丙酮，80%丙酮，100%三氯乙酸(TCA)：500 g TCA溶于100 mL水。

(3) 水化上样缓冲液：7 mol/L尿素，2 mol/L硫脲，2% CHAPS，0.001%溴酚蓝，定容后分装为500 μL每管，于−20℃保存。使用时加入65 mmol/L DTT，0.2%(w/v)Bio-Lyte两性电解质。

(4) 胶条平衡缓冲液

① 胶条平衡缓冲液母液：6 mol/L尿素，2% SDS，0.375 mol/L Tris pH=8.8，20%甘油，于−20℃保存；

② 胶条平衡缓冲液Ⅰ：胶条平衡缓冲液母液10 mL，0.2 g DTT；

③ 胶条平衡缓冲液Ⅱ：胶条平衡缓冲液母液10 mL，0.25 g碘乙酰胺。

(5) 低熔点琼脂糖封胶液：0.5%低熔点琼脂糖，25 mmol/L Tris，192 mmol/L甘氨酸，0.1% SDS，0.001%溴酚蓝，加热溶解至澄清，室温保存。

(6) PAGE凝胶制备试剂：ddH_2O，30%丙烯酰胺-亚甲基双丙烯酰胺(Acrylamide-Bisacrylamide, Acr-Bis)(29∶1)，1.5 mol/L Tris pH值8.8，1 mol/L Tris pH值6.8，10%

SDS，10%过硫酸铵（APS），四甲基乙二胺（TEMED）。

（7）5×Tris-甘氨酸电泳缓冲液：125 mmol/L Tris，1.25 mol/L 甘氨酸，0.1%（m/v）SDS，pH=8.3。

（8）考马斯亮蓝染色液：将 0.25 g 考马斯亮蓝（Coomassie Brilliant Blue）R-250 溶解在 90 mL 甲醇：水（1：1，v/v）和 10 mL 冰乙酸中，用滤纸过滤，室温保存备用。

（9）脱色液：90 mL 甲醇：水（1：1，v/v）和 10 mL 冰醋酸的混合液。

四、实验步骤

1. 活性污泥蛋白质的提取及制备

取活性污泥 100 mL，4 500 r/min 离心 20 min 收集沉淀，重新悬浮于 50 mL 0.9% NaCl 溶液中以洗去多糖类杂质，4 500 r/min 离心 20 min，去上清液。沉淀重悬于 50 mL 50 mmol/L Tris-HCl（pH=7）缓冲液，4 500 r/min 离心 20 min，去上清液。沉淀重悬于 10 mL 提取缓冲液中，充分混匀，置冰上 2 h，其间每隔 15 min 颠倒混匀一次。

超声破碎细胞，13 000 r/min 离心 30 min，上清液转移到一个干净的管子中，加入 1/10 体积的 100%三氯乙酸和 0.2% DTT 沉淀蛋白质，冰上放置 30 min，13 000 r/min 离心 15 min，去上清液，沉淀用 80%丙酮和 100%丙酮分别洗涤三遍，沉淀置冰上干燥 2～3 h，加 400 μL 提取缓冲液溶解蛋白质，加入 20 U 核酸酶，37℃孵育 30 min 去除核酸污染，13 000 r/min 离心 30 min，上清液转移至干净的离心管中，测定蛋白质的浓度，4℃短期保存或液氮速冻后-80℃保存备用。

2. 第一向等电聚焦电泳

（1）取-20℃冷冻保存的水化上样缓冲液一管（500 μL /管），置室温溶解。

（2）在小管中加入 0.005 g DTT，Bio-Lyte 4～6、5～7 各 2.5 μL，充分混匀。

（3）从小管中移出 400 μL 水化上样缓冲液，加入 100 μL 样品，充分混匀。

（4）取-20℃冷冻保存的 IPG 预制胶条（本实验中以 7 cm pH=4～7 为例），室温中放置 10 min。

（5）沿着聚焦盘或水化盘中槽的边缘从左到右线性加入第（3）步的样品溶液 150 μL。在槽两端各留 1 cm 左右，不要加样，中间的样品液一定要连续均匀（不要产生气泡，否则影响胶条中蛋白质的分布）。

（6）将所有的蛋白质样品加入聚焦盘中，然后用镊子轻轻地去除预制 IPG 胶条上的保护层。

（7）分清胶条的正负极，轻轻地将 IPG 胶条胶面朝下置于聚焦盘或水化盘中样品溶液上，使得胶条的正极（标有+）对应聚焦盘的正极，确保胶条与电极紧密接触（不要使样品溶液沾染到胶条背面的塑料支撑膜上，因为这些溶液不会被胶条吸收。同样还要注意不要使胶条下面的溶液产生气泡。如果已经产生气泡，用镊子轻轻地提起胶条的一端，上下移动胶条，直到气泡被赶出）。

（8）在每根胶条上涂覆 1 mL 矿物油，缓慢地沿着胶条使矿物油一滴一滴加在塑料支撑膜上，防止胶条水化过程中液体的蒸发。

（9）对好正、负极，盖上盖子。接通电源，设置等电聚焦程序，胶条先在 20℃ 50 V 条件下水化 12～16 h 后进入等电聚焦阶段，按表 7-9 设置等电聚焦程序。

表 7-9　等电聚焦程序

阶段	电压	升/降压方式	时间	作用
S1	50 V	—	12～16 h	主动水化
S2	250 V	线性	30 min	除盐
S3	500 V	快速	30 min	除盐
S4	4 000 V	线性	3 h	升压
S5	4 000 V	快速	20 000 Vh	聚焦
S6	500 V	快速	任意时间	保持

设置好上述参数后，选择所放置的胶条数，设置胶条的极限电流 50 μA/根，设置等电聚焦时的温度为 20℃。

(10) 聚焦结束的胶条，应立即进行平衡和第二向 SDS-PAGE。如有特殊原因不能立即进行，可将胶条连同样品水化盘一起置于－80℃保存。

3. 第二向 SDS-PAGE

(1) 配制 12%的聚丙烯酰胺凝胶两块。根据胶条大小选择电泳槽，如 7 cm 胶条用 Mini Protean 4 电泳槽，而 11～18 cm 胶条都要用 Protean Ⅱ XL 电泳槽，按表 7-10 配制 12%的聚丙烯酰胺凝胶，将溶液分别注入玻璃板夹层中，上部留 1 cm 的空间，用 MilliQ 水、乙醇或水饱和正丁醇封住胶面，保持胶面平整，聚合反应 30 min。待凝胶与上方液体分层后，表明凝胶已基本聚合完成。

表 7-10　第二向 SDS-PAGE 分离胶的配方

试剂	Mini Protean 4		Protean Ⅱ XL	
	2 块胶	4 块胶	1 块胶	2 块胶
ddH_2O	3.295 mL	6.59 mL	19.77 mL	39.54 mL
30% Acr-Bis	4.0 mL	8.0 mL	24 mL	48 mL
1.5 mol/L Tris (pH=8.8)	2.5 mL	5.0 mL	15 mL	30 mL
10% SDS	100 μL	200 μL	600 μL	1.2 mL
10% APS	100 μL	200 μL	600 μL	1.2 mL
TEMED	5 μL	10 μL	30 μL	60 μL
总体积	10 mL	20 mL	60 mL	120 mL

(2) 待凝胶凝固后，倒去分离胶表面的 MilliQ 水、乙醇或水饱和正丁醇，蒸馏水冲洗胶面两次，再用电泳缓冲液冲洗一次。

(3) 聚焦好的胶条胶面朝上放置于干的厚滤纸上，另取干的厚滤纸用超纯水（MilliQ 水）浸湿，挤去多余水分，直接置于胶条上，轻轻吸干胶条上的矿物油及多余样品（操作要轻柔，避免损坏凝胶表面），这样可以减少凝胶染色时纵条纹的出现（如果是从－80℃冰箱中取出的胶条，要先室温放置 10 min 解冻）。

(4) 将聚焦好的胶条取出，支撑面朝下胶面朝上放入一个干净的水化槽中，每个槽 1 根胶条，加入平衡缓冲液 I，置水平摇床缓慢摇晃 15 min。

(5) 将步骤(4)平衡好的胶条取出在电泳缓冲液中轻轻几下去除残留的平衡缓冲液Ⅰ，支撑面朝下胶面朝上放入一个干净的水化槽中，加入平衡缓冲液Ⅱ，置水平摇床缓慢摇晃 15 min。

(6) 用滤纸吸去聚丙烯酰胺凝胶上方玻璃板间多余的液体。将处理好的第二向凝胶放在桌面上，长玻璃板在下，短玻璃板朝上，凝胶的顶部对着自己。

(7) 将低熔点琼脂糖封胶液加热溶解。

(8) 将 5×电泳缓冲液稀释 5 倍成 1×电泳缓冲液，赶去缓冲液表面的气泡。

(9) 第二次平衡结束后，彻底倒掉或吸掉样品水化盘中的胶条平衡缓冲液Ⅱ，并用滤纸吸收多余的平衡液（将胶条竖在滤纸上，以免损失蛋白或损坏凝胶表面）。

(10) 将 IPG 胶条从样品水化盘中移出，用镊子夹住胶条的一端使胶面完全浸没在 1×电泳缓冲液中。然后将胶条胶面朝上放在凝胶的长玻璃板上。其余胶条同样操作。

(11) 将放有胶条的聚丙烯酰胺凝胶转移到灌胶架上，短玻璃板一面对着自己。在凝胶的上方加入低熔点琼脂糖封胶液。

(12) 用镊子、压舌板或是平头的针头，轻轻地将胶条向下推，使之与聚丙烯酰胺凝胶胶面完全接触。注意不要在胶条下方产生任何气泡。在用镊子、压舌板或平头针头推胶条时，要注意是推动凝胶背面的支撑膜，不要碰到胶面。

(13) 放置 5 min，使低熔点琼脂糖封胶液彻底凝固，将凝胶转移至电泳槽中。

(14) 在电泳槽中加入 1×电泳缓冲液，接通电源，起始时用低电流（5 mA/gel/7 cm）或低电压，待样品完全走出 IPG 胶条，浓缩成一条线后，再加大电流（或电压）（15～20 mA/gel/7 cm），待溴酚蓝指示剂到达凝胶底部边缘时即可停止电泳。

(15) 电泳结束后，轻轻撬开两层玻璃，取出凝胶，并切角以作记号（戴手套，防止污染胶面），去离子水洗涤 10 min。

(16) 凝胶置于考马斯亮蓝染色液中，水平摇床轻轻摇晃过夜，然后用脱色液脱色 3～4 次，每次 1 h，直至背景色较浅为止。

(17) 图像扫描并分析。

小心地将凝胶转移到扫描仪的玻璃板上，避免产生气泡和水痕，设置 300 dpi 的分辨率扫描，得到的图像用专业软件进行分析。

(18) 切割感兴趣的蛋白质点进行质谱分析或氨基酸末端测序。

五、实验结果与数据分析

1. 详细记录实验时间与实验步骤

2. 参考结果图（图 7-11）

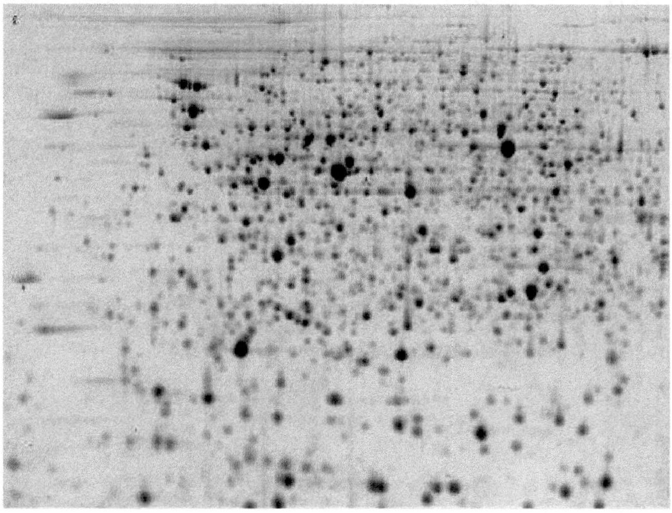

图 7-11　蛋白质双向电泳图

六、问题与讨论

1. 什么是蛋白质双向电泳技术？第一向和第二向电泳分别是根据什么原理分离蛋白质的？

2. 从第一向转入第二向电泳时为什么一定要进行凝胶平衡？是不是平衡的时间越长越好？

七、注意事项

1. 样品制备是实验能否成功的关键，结果图中出现的很多问题可能都是样品制备不当造成的，如尿素不纯可能会导致图片出现很多蛋白斑点串；盐离子浓度过高，尿素、DTT 或去污剂浓度过低，样品中含有不溶性蛋白质等都会导致图片横纹严重；样品制备错误导致图片上基本没有蛋白质斑点等。但是对于不同的样品，没有固定可行的蛋白质制备方法，要根据样品性质和文献报道的方法来进行优化，找到合适可行的蛋白质制备方法。

2. 过硫酸铵易失效，制胶时如果用了失效的过硫酸铵，会出现胶溶液难以凝固的现象。一般过硫酸铵固体要置于 4℃保存，过硫酸铵溶液最好现配现用，4℃保存的过硫酸铵液体建议 2 周内用完，否则弃之。

3. BioRad 的等电聚焦盘有个盖子，为了固定胶条，这个盖子上设计了对应的突起，以便压住胶条。由于虹吸作用，矿物油会通过这个突起汇到相邻的空水化槽中，从而降低有胶条的水化槽中的矿物油液面。若胶条暴露在空气中，很可能会使等电聚焦失败。为了防止上述情况的发生，可以在相邻的空水化槽里，也加入适量(约 80%)的矿物油。

4. 蛋白质的上样量对实验结果影响也很大，上样量过小可能出现蛋白质点少，上样量过大又可能出现横纹。胶条大小不同上样量不同，染色方法不同上样量也不同，例如 17 cm 的胶条，银染的话一般上样量为 150 μg 蛋白质，而考马斯亮蓝染色的话，上样量则需达到

500～1 000 μg。不同的样品，上样量不同，含蛋白质种类多的样品，上样量应适当多一些，这样每个点才能有足够的蛋白质供检测。不同的实验目的，上样量也不同，如为了得到整张清晰的蛋白质图片，上样量以各个蛋白质点均清晰可见，且无横纹为宜；如为了鉴定差异性蛋白质点，则只要差异蛋白质点清晰且有足够蛋白质可供后续分析即可。

参考文献

[1] 解天民.环境分析化学实验室技术与运营管理[M].北京:中国环境科学出版社,2008.

[2]《空气和废气监测分析方法指南》编委会. 空气和废气监测分析方法指南:上册[M]. 北京:中国环境科学出版社,2006.

[3]《空气和废气监测分析方法指南》编委会. 空气和废气监测分析方法指南:下册[M]. 北京:中国环境出版社,2014.

[4] Bell D C, Thomas W K, Murtagh K M, et al. DNA Base Identification by Electron Microscopy[J]. Microscopy and Microanalysis, 2012, 18(5): 1049-1053.

[5] Doi H, Takahara T, Minamoto T, et al. Droplet Digital Polymerase Chain Reaction (PCR) Outperforms RealTime PCR in the Detection of Environmental DNA from an Invasive Fish Species [J].Environmental Science & Technology, 2015, 49(9): 5601-5608.

[6] Eid J, Fehr A, Gray J, et al. Real-Time DNA Sequencing from Single Polymerase Molecules[J]. Science. 2009, 323(5910): 133-138.

[7] Elizabeth H D, Jaime L T, Rafael T. Polycyclic aromatic hydrocarbons (PAHs) in lake sediments record historic fire events: Validation using HPLC-fluorescence detection[J]. Organic Geochemistry. 2012(45):7-17.

[8] EPA Method 200.7 Determination of Metals and Trace Elements in Water and Wastes by Inductively Coupled Plasma-Atomic Emission Spectrometry[S/OL]. [2018-06-06]. https://www.epa.gov/sites/production/files/2015-06/documents/epa-200.7.pdf.

[9] EPA Method 3010A. Acid Digestion of Aqueous Samples and Extracts for Total Metals for Analysis by FLAA or ICP Spectroscopy[S/OL]. [2018-06-06].https://www.epa.gov/sites/production/files/2015-12/documents/3010a.pdf.

[10] EPA Method 3010A. Acid Digestion of Waters for Total Recoverable or Dissolved Metals for Analysis by FLAA or ICP Spectroscopy[S/OL]. [2018-06-06].https://www.epa.gov/sites/production/files/2015-12/documents/3005a.pdf.

[11] EPA Method 3050B. Acid Digestion of Sediments, Sludges, and Soils[S/OL]. [2018-06-06]. https://www.epa.gov/sites/production/files/2015-12/documents/3050b.pdf.

[12] EPA Method 3051A. Microwave Assisted Acid Digestion of Sediments, Sludges, and Soils[S/OL]. [2018-06-06]. https://www.epa.gov/sites/production/files/2015-12/documents/3051a.pdf.

[13] EPA Method 6020B. Inductively Coupled Plasma-Mass Spectrometry[S/OL]. [2018-06-06]. https://www.epa.gov/sites/production/files/2015-12/documents/3051a.pdf.

[14] EPA. 2001. A small systems guide to the total coliform rule: monitoring drinking water to protect

public health[S/OL]. [2018 - 06 - 06]. http://www.epa.gov/ogwdw/disinfection/tcr/pdfs/small-tcr.pdf.

[15] Fittipaldi M, Nocker A, Codony F. Progress in Understanding Preferential Detection of Live Cells Using Viability Dyes in Combination with DNA Amplification[J]. Journal of Microbiological Methods. 2012, 91(2): 276-289.

[16] Harris T D, Buzby P R, Babcock H, et al. Single-molecule DNA Sequencing of a Viral Genome[J]. Science. 2008, 320(5872): 106-109.

[17] Kembel S W, Jones E, Kline J, et al. Architectural Design Influences the Diversity and Structure of the Built Environment Microbiome[J]. The ISME Journal. 2012, 5(8): 1469-1479.

[18] Meadow J F, Altrichter A E, Kembel S W, et al. Indoor Airborne Bacterial Communities Are Influenced by Ventilation, Occupancy, and Outdoor Air Source[J]. Indoor Air. 2013, 24(1): 41-48.

[19] Muyzer G, de Waal E C, Uitterlinden A G. Profiling of Complex Microbial Populations by Denaturing Gradient Gel Electrophoresis Analysis of Polymerase Chain Reaction-amplified Genes Coding for 16S rRNA[J]. Applied and Environmental Microbiology. 1993, 59(3): 695-700.

[20] Schena M, Shalon D, Davis R W, et al. Quantitative Monitoring of Gene Expression Patterns with a Complementary DNA Microarray[J]. Science. 1995, 270(5235): 467-470.

[21] Wang Y Y. Quantification of the filterability of freshwater bacteria through 0.45, 0.22, and 0.1 μm pore size filters and shape-dependent enrichment of filterable bacterial communities[J]. Environmental Science and Technology, 2007, 41(20): 7080-7086.

[22] Wu R. Nucleotide Sequence Analysis of DNA. I. Partial Sequence of the Cohesive Ends of Bacteriophage Lambda and 186 DNA[J]. Journal of Molecular Biology. 1970, 51(3): 501-521.

[23] 蔡小舒，苏明旭，沈建琪，等.颗粒粒度测量技术及应用[M].北京：化学工业出版社，2010.

[24] 陈国松，陈昌云.仪器分析实验[M].南京：南京大学出版社，2009.

[25] 陈皓，刘颖，刘海玲，等.超高效液相色谱法检测土壤中的多环芳烃[J].色谱，2008，26(6)：769-771.

[26] 陈玲，赵建夫.环境监测[M].北京：化学工业出版社，2014.

[27] 陈玲，郜洪文. 现代环境分析技术[M]. 北京：科学出版社，2008.

[28] 陈陪榕，李景虹，邓勃.现代仪器分析实验与技术[M]. 北京：清华大学出版社，2006.

[29] 陈瑛，任南琪，李永峰，等. 微生物荧光原位杂交(FISH)实验技术[J].哈尔滨工业大学学报. 2008，40(4)：546-549.

[30] 戴晓虎，薛勇刚，刘华杰，等.基于固相萃取及高效液相色谱—荧光检测分析的污泥中氟喹诺酮类抗生素研究方法的开发[J].环境科学，2016，37(4)：1553-1561.

[31] 邓勃.应用原子吸收与原子荧光光谱分析[M].北京：化学工业出版社，2003.

[32] 范云场，胡正良，陈梅兰，等.离子液体液—液萃取—高效液相色谱测定水中酚类化合物[J].分析化学，2008(9)：1157-1161.

[33] 傅建熙.有机化学[M]. 北京：高等教育出版社，2000.

[34] 高庚申，徐兰，安裕敏. 紫外—荧光检测器高效液相色谱法测定 PM2.5 中 16 种多环芳烃[J].环境污染与防治，2013，35(5)：53-57.

[35] 高立红，史亚利，刘杰民，等. 污水中氟喹诺酮类抗生素的分析方法[J]. 环境化学，2010，29

(05):948-953.

[36] 郭明才,陈金东,李蔚,等.原子吸收光谱分析应用指南[M].青岛:中国海洋大学出版社,2012.

[37] 国家环境保护总局,《空气和废气监测分析方法》编委会. 空气和废气监测分析方法[M]. 4 版.北京:中国环境科学出版社,2003.

[38] 国家环境保护总局,《水和废水监测分析方法》编委会. 水和废水监测分析方法[M]. 4 版.北京:中国环境科学出版社,2002.

[39] 国家环境保护总局,《水和废水监测分析方法》编委会.水和废水监测分析方法[M].4 版.北京:中国环境科学出版社,2002.

[40] 郝瑞霞 ,曹可心,邓亦文. 三维荧光光谱法表征污水中溶解性有机污染物[J].分析试验室,2007,26(10):41-44.

[41] 侯万国,孙德军,张春光.应用胶体化学[M].北京:科学出版社,1998.

[42] 黄艳艳,孙雪莉,朱海涛,等. HPLC 在水环境监测中的应用及现状分析[J].环境科学导刊,2012,31(2):95-99.

[43] 黄应平. 环境分析实验[M]. 武汉:华中师范大学出版社,2011.

[44] 贾瑗,胡建英,孙建仙,等.环境中的医药品与个人护理品[J].化学进展,2009,21(2):389-398.

[45] 解天民.水中常见有机污染物的分析方法——国外先进方法转化[M].北京:中国环境科学出版社,2009.

[46] 李子扬,陈永亨.多溴联苯醚的环境行为及其生态毒理效应[J]. 科学技术与工程,2011,11(1):97-104.

[47] 梁敬魁.粉末衍射法测定晶体结构:上、下册[M].北京:科学出版社,2003.

[48] 林峥,麦碧娴,张干,等.沉积物中多环芳烃和有机氯农药定量分析的质量保证和质量控制[J]. 环境化学,1999,18(2):115-121.

[49] 刘汉霞,张庆华,江桂斌.多溴联苯醚及其环境问题[J]. 化学进展,2005,17(3):554-562.

[50] 刘虎威. 气相色谱方法及应用[M]. 2 版.北京:化学工业出版社,2007.

[51] 刘华杰.热水解预处理厌氧消化对污泥中抗生素降解的研究[D].上海:同济大学,2014.

[52] 马礼敦. X 射线粉末衍射仪用试样的制作[J].上海计量测试,2008,35(5):23-26.

[53] 马礼敦.近代 X 射线多晶体衍射—实验技术与数据分析[M].北京:化工出版社,2003.

[54] 牟世芬,刘克纳,丁晓静. 离子色谱方法及应用[M]. 2 版.北京:化学工业出版社,2005.

[55] 倪进治,王军,李小燕,等. 超高效液相色谱荧光检测器测定土壤中多环芳烃[J]. 分析实验室,2010,29(5):25-28.

[56] 彭希珑,何宗健,刘小真,等. 高效液相色谱法测定 PM2.5 中 16 种多环芳烃[J]. 环境科学与技术,2009,32(9):132-139.

[57] 钱薇,倪进治,骆永明,等.高效液相色谱—荧光检测法测定土壤中的多环芳烃[J].色谱,2007,25(2):221-225.

[58] 钱晓荣,郁桂云.仪器分析实验教程[M].上海:华东理工大学出版社,2009.

[59] 乔亏,汪家军,付荣. 高校化学实验室安全教育手册[M]. 青岛:中国海洋大学出版社,2018.

[60] 宋晓娜,于涛,张远,等.利用三维荧光技术分析太湖水体溶解性有机质的分布特征及来源[J].环境科学学报,2010, 30(11) : 2321-2331.

[61] 孙秀梅，梅光明，陈雪昌，等.高效液相色谱(土壤和沉积物 酚类化合物的测定 气相色谱法)荧光检测法测定水产品中 15 种多环芳烃[J].南方水产科学，2012，8(3)：48-53.

[62] 唐孝炎，张远航，邵敏. 大气环境化学[M]. 2 版.北京：高等教育出版社，2006.

[63] 汪聪慧.有机质谱技术与方法[M]. 北京：中国轻工业出版社，2011.

[64] 王丹红，吴文晞，李捷，等. QuEChERS/高效液相色谱测定食品中 15 种多环芳烃[J].福建分析测试. 2013，22(6)：17-20.

[65] 王小如.电感耦合等离子体质谱应用实例[M].北京：化学工业出版社：2005.

[66] 王亚韡，蔡亚岐，江桂斌.斯德哥尔摩公约新增持久性有机污染物的一些研究进展[J]. 中国科学：化学，2010，40(2)：99-123.

[67] 王亚韡，傅建捷，江桂斌.短链氯化石蜡及其环境污染现状与毒性效应研究[J]. 北京大学学报(自然科学版)，2014，50(2)：369-378.

[68] 温桂清.环境仪器分析实验[M].桂林：广西师范大学出版社，2013.

[69] 翁诗甫.傅里叶变换红外光谱仪[M].北京：化学工业出版社，2005.

[70] 吴瑾光.近代傅里叶变换红外光谱技术及应用[M].北京：科学技术文献出版社.1994.

[71] 武汉大学化学与分子科学学院实验中心.仪器分析实验[M].武汉：武汉大学出版社，2005.

[72] 夏清海. 氟喹诺酮类抗生素分析新方法及其应用的研究[D].昆明：昆明理工大学，2014.

[73] 徐淳，徐建华，张剑波.中国短链氯化石蜡排放清单和预测[J]. 北京大学学报(自然科学版)，2014，50(2)：369-378.

[74] 许行义.气相色谱在环境监测中的应用[M]. 北京：化学工业出版社，2012.

[75] 薛佳. 环境样品中 16 种多环芳烃分析方法研究[J]. 福建地质，2012(4)：358-367.

[76] 闫小华，张毕奎，李焕德，等. 紫外检测器—荧光检测器串联的 HPLC 法测定火力发电厂环境中的多环芳烃[J].色谱，2000，18(5)：432-435.

[77] 严平，杨晓帆.高效液相色谱测定废水中的苯酚[J].西南民族大学学报(自然科学版)，2009，35(6)：1224-1227.

[78] 杨帆，翟毓秀，任丹丹，等. 高效液相色谱—荧光/紫外串联测定海洋沉积物中 16 种多环芳烃[J].渔业科学进展.2013，34(5)：104-111.

[79] 于世林. 高效液相色谱方法及应用[M]. 2 版.北京：化学工业出版社，2005.

[80] 余素林，吴晓磊，钱易. 环境微生物群落分析的 T - RFLP 技术及其优化措施[J].应用与环境生物学报. 2006，12(6)：861-868.

[81] 俞慎，王敏，洪有为.环境介质中的抗生素及其微生物生态效应[J]. 生态学报，2011，31(15)：4437-4446.

[82] 张剑荣，余晓冬，屠一锋.仪器分析实验[M].2 版.北京：科学出版社，2009.

[83] 张利飞，黄业茹，董亮.多溴联苯醚在中国的污染现状研究进展[J]. 环境化学，2010，29(9)：787-795.

[84] 张晓敏. 仪器分析[M]. 杭州：浙江大学出版社，2012.

[85] 章强，辛琦，朱静敏，等.中国主要水域抗生素污染现状及其生态环境效应研究进展[J]. 环境化学，2014，33(7)：1075-1083.

[86] 赵晓祥，张小凡. 环境微生物技术[M]. 北京：化学工业出版社，2015.

[87] 赵阳国，王爱杰，任南琪，等. SSCP 技术分析不同废水处理系统中微生物群落结构[J].环境科学.

2006，27(7)：1429-1433.

[88] 赵裕栋，周俊，何璟. 土壤微生物总DNA提取方法的优化[J].微生物学报. 2012，59(9)：1143-1150.

[89] 中华人民共和国国家环境保护标准.土壤和沉积物 酚类化合物的测定 气相色谱法.环境保护部：HJ 703—2014[S]. 北京：中国环境科学出版社，2014.

[90] 中华人民共和国国家环境保护标准.水质酚类化合物的测定气相色谱—质谱法.环境保护部：HJ 744—2015[S]. 北京：中国环境科学出版社，2015.

[91] 周艳，孙学珊，魏利鹏. 实验室安全指导手册[M]. 天津：天津科学技术出版社，2017.

附录　仪器分析技术在环境监测方法标准中的应用

附表1　水质监测方法标准

序号	分析项目	分析方法	方法来源
1	水质　六六六、滴滴涕的测定	气相色谱法	GB 7492-87
2	水质　铜、锌、铅、镉的测定	原子吸收分光光度法	GB 7475-87
3	水质　苯系物的测定	气相色谱法	GB 11890-89
4	水质　钙和镁的测定	原子吸收分光光度法	GB 11905-89
5	水质　钾和钠的测定	火焰原子吸收分光光度法	GB 11904-89
6	水质　镍的测定	火焰原子吸收分光光度法	GB 11912-89
7	水质　铁、锰的测定	火焰原子吸收分光光度法	GB 11911-89
8	水质　银的测定	火焰原子吸收分光光度法	GB 11907-89
9	水质　硫酸盐的测定	火焰原子吸收分光光度法	GB 13196-91
10	水质　硝基苯、硝基甲苯、硝基氯苯、二硝基甲苯的测定	气相色谱法	GB 13194-91
11	水质　有机磷农药的测定	气相色谱法	GB 13192-91
12	水质　铁(Ⅱ,Ⅲ)氰络合物的测定	原子吸收分光光度法	GB/T 13898-92
13	水和土壤质量　有机磷农药的测定	气相色谱法	GB/T 14552-93
14	水质　烷基汞的测定	气相色谱法	GB/T 14204-93
15	水质　硒的测定	石墨炉原子吸收分光光度法	GB/T 15505-1995
16	环境 甲基汞的测定	气相色谱法	GB/T 17132-1997
17	水质　铍的测定	石墨炉原子吸收分光光度法	HJ/T 59-2000
18	水质　丙烯腈的测定	气相色谱法	HJ/T 73-2001
19	水质　可吸附有机卤素的测定	离子色谱法	HJ/T 83-2001
20	水质　邻苯二甲酸二甲(二丁、二辛)酯的测定	液相色谱法	HJ/T 72-2001
21	水质　氯苯的测定	气相色谱法	HJ/T 74-2001
22	水质　无极阴离子的测定	离子色谱法	HJ/T 84-2001
23	水质　汞的测定	冷原子荧光法	HJ/T 341-2007
24	水质　二噁英类的测定	同位素稀释高分辨气相色谱-高分辨质谱法	HJ 77.1-2008
25	水质　多环芳烃的测定	液液萃取和固相萃取高效液相色谱法	HJ 478-2009
26	水质　五氯酚的测定	气相色谱法	HJ 591-2010
27	水质　硝基苯类化合物的测定	气相色谱法	HJ 592-2010
28	水质　钡的测定	火焰原子吸收分光光度法	HJ 603-2011

（续表）

序号	分析项目	分析方法	方法来源
29	水质　钡的测定	石墨炉原子吸收分光光度法	HJ 602-2011
30	水质　梯恩梯、黑索今、地恩梯的测定	气相色谱法	HJ 600-2011
31	水质　总汞的测定	冷原子吸收分光光度法	HJ 597-2011
32	水质　阿特拉津的测定	高效液相色谱法	HJ 587-2010
33	水质　挥发性卤代烃的测定	顶空气相色谱法	HJ 620-2011
34	水质　挥发性有机物的测定	吹扫捕集/气相色谱-质谱法	HJ 639-2012
35	水质　氯苯类化合物的测定	气相色谱法	HJ 621-2011
36	水质　石油类和动植物油类的测定	红外分光光度法	HJ 637-2012
37	水质　钒的测定	石墨炉原子吸收分光光度法	HJ 673-2013
38	水质　酚类化合物的测定	液液萃取/气相色谱法	HJ 676-2013
39	水质　金属总量的消解	微波消解法	HJ 678-2013
40	水质　金属总量的消解	硝酸消解法	HJ 677-2013
41	水质　硝基苯类化合物的测定	液-液萃取/固相萃取-气相色谱法	HJ 648-2013
42	水质　65 种元素的测定	电感耦合等离子体质谱法	HJ 700-2014
43	水质　百菌清和溴氰菊酯的测定	气相色谱法	HJ 698-2014
44	水质　丙烯酰胺的测定	气相色谱法	HJ 697-2014
45	水质　多氯联苯的测定	气相色谱-质谱法	HJ 715-2014
46	水质　汞、砷、硒、铋和锑的测定	原子荧光法	HJ 694-2014
47	水质　挥发性有机物的测定	吹扫捕集/气相色谱法	HJ 686-2014
48	水质　松节油的测定	气相色谱法	HJ 696-2014
49	水质　有机氯农药和氯苯类化合物的测定	气相色谱-质谱法	HJ 699-2014
50	水质　32 种元素的测定	电感耦合等离子体发射光谱法	HJ 776-2015
51	水质　阿特拉津的测定	气相色谱法	HJ 754-2015
52	水质　百菌清和除虫菊酯类农药的测定	气相色谱-质谱法	HJ 753-2015
53	水质　苯氧羧酸类除草剂的测定	液相色谱/串联质谱法	HJ 770-2015
54	水质　碘化物的测定	离子色谱法	HJ 778-2015
55	水质　酚类化合物的测定	气相色谱-质谱法	HJ 744-2015
56	水质　铬的测定	火焰原子吸收分光光度法	HJ 757-2015
57	水质　卤代乙酸类化合物的测定	气相色谱法	HJ 758-2015
58	水质　铊的测定	石墨炉原子吸收分光光度法	HJ 748-2015

（续表）

序号	分析项目	分析方法	方法来源
59	水质　硝基苯类化合物的测定	气相色谱-质谱法	HJ 716-2014
60	水质　钼和钛的测定	石墨炉原子吸收分光光度法	HJ 807-2016
61	水质　挥发性有机物的测定	顶空/气相色谱-质谱法	HJ 810-2016
62	水质　丙烯腈和丙烯醛的测定	吹扫捕集/气相色谱法	HJ 806-2016
63	水质　可溶性阳离子（Li^{+}、Na^{+}、NH_4^{+}、K^{+}、Ca^{2+}、Mg^{2+}）的测定	离子色谱法	HJ 812-2016
64	水质　无极阴离子（F^{-}、Cl^{-}、NO_2^{-}、Br^{-}、NO_3^{-}、PO_4^{3-}、SO_3^{2-}、SO_4^{2-}）的测定	离子色谱法	HJ 84-2016
65	水质　亚硝胺类化合物的测定	气相色谱法	HJ 809-2016
66	水质　乙腈的测定	吹扫捕集/气相色谱法	HJ 788-2016
67	水质　乙腈的测定	直接进样/气相色谱法	HJ 789-2016
68	水质　氨基甲酸酯类农药的测定	超高效液相色谱-三重四级杆质谱法	HJ 827-2017
69	水质　苯胺类化合物的测定	气相色谱-质谱法	HJ 822-2017
70	水质　松节油的测定	吹扫捕集/气相色谱-质谱法	HJ 866-2017
71	水质　挥发性石油烃（C_6-C_9）的测定	吹扫捕集/气相色谱法	HJ 893-2017
72	水质　甲醇和丙酮的测定	顶空/气相色谱法	HJ 895-2017
73	水质　叶绿素 a 的测定	分光光度法	HJ 897-2017
74	水质　丁基黄原酸的测定	吹扫捕集/气相色谱-质谱法	HJ 896-2017
75	水质　可萃取性石油烃（C_{10}-C_{40}）的测定	气相色谱法	HJ 894-2017
76	水质　多溴二苯醚的测定	气相色谱-质谱法	HJ 909-2017
77	水质　百草枯和杀草快的测定	固相萃取-高效液相色谱法	HJ 914-2017
78	水质　灭多威和灭多威肟的测定	液相色谱法	HJ 851-2017
79	水质　硝磺草酮的测定	液相色谱法	HJ 850-2017
80	水质　乙撑硫脲的测定	液相色谱法	HJ 849-2017
81	水质　钴的测定	火焰原子吸收分光光度法	HJ 957-2018
82	水质　钴的测定	石墨炉原子吸收分光光度法	HJ 958-2018
83	水质　四乙基铅的测定	顶空/气相色谱-质谱法	HJ 959-2018
84	水质　石油类的测定	紫外分光光度法（试行）	HJ 970-2018
85	水质　烷基汞的测定	吹扫捕集/气相色谱-冷原子荧光光谱法	HJ 977-2018
86	水质　丁基黄原酸的测定	液相色谱-三重四极杆串联质谱法	HJ 1002-2018

（续表）

序号	分析项目	分析方法	方法来源
87	水质　联苯胺的测定	高效液相色谱法	HJ 1017-2019
88	水质　磺酰脲类农药的测定	高效液相色谱法	HJ 1018-2019
89	氨氮水质在线自动监测仪技术要求及检测方法	光度法	HJ101-2019
90	六价铬水质自动在线监测仪技术要求及检测方法	光度法	HJ 609-2019
91	水质　苯系物的测定	顶空/气相色谱法	HJ 1067-2019
92	水质　锑的测定	火焰原子吸收分光光度法	HJ 1046-2019
93	水质　锑的测定	石墨炉原子吸收分光光度法	HJ 1047-2019
94	水质　17 种苯胺类化合物的测定	液相色谱-三重四极杆质谱法	HJ 1048-2019
95	水质　4 种硝基酚类化合物的测定	液相色谱-三重四极杆质谱法	HJ 1049-2019
96	水质　氯酸盐、亚氯酸盐、溴酸盐、二氯乙酸和三氯乙酸的测定	离子色谱法	HJ 1050-2019
97	水质　15 种氯代除草剂的测定	气相色谱法	HJ 1070-2019
98	水质　吡啶的测定	顶空/气相色谱法	HJ 1072-2019
99	水质　草甘膦的测定	高效液相色谱法	HJ 1071-2019
100	水质　萘酚的测定	高效液相色谱法	HJ 1073-2019
101	水质　三丁基锡等 4 种有机锡化合物的测定	液相色谱-电感耦合等离子体质谱法	HJ 1074-2019

附表 2　土壤质量监测方法标准

序号	分析项目	分析方法	方法来源
1	土壤质量　六六六和滴滴涕的测定	气相色谱法	GB/T 14550-93
2	土壤环境质量标准	萃取-火焰原子吸收法	GB 15618-1995
3	土壤质量　铅、镉的测定	石墨炉原子吸收分光光度法	GB/T 17141-1997
4	土壤质量　总汞的测定	冷原子吸收分光光度法	GB/T 17136-1997
5	土壤质量　总砷的测定	二乙基二硫代氨基甲酸银分光光度法	GB/T 17134-1997
6	土壤质量　镍的测定	火焰原子吸收分光光度法	GB/T 17139-1997
7	土壤质量　铜、锌的测定	火焰原子吸收分光光度法	GB/T 17138-1997
8	土壤质量　铅、镉的测定	KI-MIBK 萃取火焰原子吸收分光光度法	GB/T 17140-1997
9	土壤质量　总砷的测定	硼氢化钾-硝酸银分光光度法	GB/T 17135-1997
10	食用农产品产地环境质量评价标准	石墨炉原子吸收分光光度法、冷原子吸收分光光度法等	HJ 332-2006

（续表）

序号	分析项目	分析方法	方法来源
11	温室蔬菜产地环境质量评价标准	石墨炉原子吸收分光光度法、冷原子吸收分光光度法等	HJ 333-2006
12	展览会用地土壤环境质量评价标准	等离子体发射光谱法、火焰原子吸收分光光度法、气相色谱法等	HJ 350-2007
13	土壤和沉积物　二噁英类的测定	同位素稀释高分辨气相色谱-高分辨质谱法	HJ 77.4-2008
14	土壤　总铬的测定	火焰原子吸收分光光度法	HJ 491-2009
15	土壤和沉积物　挥发性有机物的测定	吹扫捕集/气相色谱-质谱法	HJ 605-2011
16	土壤　干物质和水分的测定	重量法	HJ 613-2011
17	土壤　毒鼠强的测定	气相色谱法	HJ 614-2011
18	土壤　有机碳的测定	重铬酸钾氧化-分光光度法	HJ 615-2011
19	土壤　可交换酸度的测定	氯化钡提取-滴定法	HJ 631-2011
20	土壤　总磷的测定	碱熔-钼锑抗分光光度法	HJ 632-2011
21	土壤　氨氮、亚硝酸盐氮、硝酸盐氮的测定	氯化钾溶液提取-分光光度法	HJ 634-2012
22	土壤　水溶性和酸溶性硫酸盐的测定	重量法	HJ 635-2012
23	土壤和沉积物　挥发性有机物的测定	顶空/气相色谱-质谱法	HJ 642-2013
24	土壤　可交换酸度的测定	氯化钾提取-滴定法	HJ 649-2013
25	土壤、沉积物　二噁英类的测定	同位素稀释/高分辨气相色谱-低分辨质谱法	HJ 650-2013
26	土壤　有机碳的测定	燃烧氧化-滴定法	HJ 658-2013
27	土壤和沉积物　丙烯醛、丙烯腈、乙腈的测定	顶空-气相色谱法	HJ 679-2013
28	土壤和沉积物　汞、砷、硒、铋、锑的测定	微波消解/原子荧光法	HJ 680-2013
29	土壤　有机碳的测定	燃烧氧化-非分散红外法	HJ 695-2014
30	土壤　有效磷的测定	碳酸氢钠浸提-钼锑抗分光光度法	HJ 704-2014
31	土壤和沉积物　酚类化合物的测定	气相色谱法	HJ 703-2014
32	土壤质量　全氮的测定	凯氏法	HJ 717-2014
33	土壤和沉积物　挥发性卤代烃的测定	吹扫捕集/气相色谱-质谱法	HJ 735-2015
34	土壤和沉积物　挥发性卤代烃的测定	顶空/气相色谱-质谱法	HJ 736-2015
35	土壤和沉积物　铍的测定	石墨炉原子吸收分光光度法	HJ 737-2015
36	土壤和沉积物　挥发性有机物的测定	顶空/气相色谱法	HJ 741-2015
37	土壤和沉积物　挥发性芳香烃的测定	顶空/气相色谱法	HJ 742-2015
38	土壤和沉积物　多氯联苯的测定	气相色谱-质谱法	HJ 743-2015

（续表）

序号	分析项目	分析方法	方法来源
39	土壤　氰化物和总氰化物的测定	分光光度法	HJ 745-2015
40	土壤　氧化还原电位的测定	电位法	HJ 746-2015
41	土壤和沉积物　多环芳烃的测定	高效液相色谱法	HJ 784-2016
42	土壤和沉积物　有机物的提取	加压流体萃取法	HJ 783-2016
43	土壤　电导率的测定	电极法	HJ 802-2016
44	土壤和沉积物 12 种金属元素的测定	王水提取-电感耦合等离子体质谱法	HJ 803-2016
45	土壤 8 种有效态元素的测定	二乙烯三胺五乙酸浸提-电感耦合等离子体发射光谱法	HJ 804-2016
46	土壤和沉积物　多环芳烃的测定	气相色谱-质谱法	HJ 805-2016
47	土壤和沉积物　半挥发性有机物的测定	气相色谱-质谱法	HJ 834-2017
48	土壤和沉积物　金属元素总量的消解	微波消解法	HJ 832-2017
49	土壤和沉积物　硫化物的测定	亚甲基蓝分光光度法	HJ 833-2017
50	土壤和沉积物　有机氯农药的测定	气相色谱-质谱法	HJ 835-2017
51	土壤　水溶性氟化物和总氟化物的测定	离子选择电极法	HJ 873-2017
52	土壤　阳离子交换量的测定	三氯化六氨合钴浸提-分光光度法	HJ 889-2017
53	土壤和沉积物　多氯联苯混合物的测定	气相色谱法	HJ 890-2017
54	土壤和沉积物　多氯联苯的测定	气相色谱法	HJ 922-2017
55	土壤和沉积物　总汞的测定	催化热解-冷原子吸收分光光度法	HJ 923-2017
56	土壤和沉积物　有机物的提取	超声波萃取法	HJ 911-2017
57	土壤和沉积物　有机氯农药的测定	气相色谱法	HJ 921-2017
58	土壤和沉积物　多溴二苯醚的测定	气相色谱-质谱法	HJ 952-2018
59	土壤和沉积物　氨基甲酸酯类农药的测定	高效液相色谱-三重四极杆质谱法	HJ 961-2018
60	土壤和沉积物　氨基甲酸酯类农药的测定	柱后衍生-高效液相色谱法	HJ 960-2018
61	土壤和沉积物　11 种元素的测定	碱熔-电感耦合等离子体发射光谱法	HJ 974-2018
62	土壤和沉积物　醛、酮类化合物的测定	高效液相色谱法	HJ 997-2018
63	土壤和沉积物　石油烃（C_6-C_9）的测定	吹扫捕集/气相色谱法	HJ 1020-2019
64	土壤和沉积物　石油烃（C_{10}-C_{40}）的测定	气相色谱法	HJ 1021-2019
65	土壤和沉积物　铜、锌、铅、镍、铬的测定	火焰原子吸收分光光度法	HJ 491-2019
66	土壤和沉积物　苯氧羧酸类农药的测定	高效液相色谱法	HJ 1022-2019
67	土壤和沉积物　有机磷类和拟除虫菊酯类等 47 种农药的测定	气相色谱-质谱法	HJ 1023-2019

（续表）

序号	分析项目	分析方法	方法来源
68	土壤　石油类的测定	红外分光光度法	HJ 1051-2019
69	土壤和沉积物 11 种三嗪类农药的测定	高效液相色谱法	HJ 1052-2019
70	土壤和沉积物 8 种酰胺类农药的测定	气相色谱-质谱法	HJ 1053-2019
71	土壤和沉积物　二硫代氨基甲酸酯(盐)类农药总量的测定	顶空/气相色谱法	HJ 1054-2019
72	土壤和沉积物　草甘膦的测定	高效液相色谱法	HJ 1055-2019
73	土壤和沉积物　钴的测定	火焰原子吸收分光光度法	HJ 1081-2019
74	土壤和沉积物　六价铬的测定	碱溶液提取-火焰原子吸收分光光度法	HJ 1082-2019
75	土壤和沉积物　铊的测定	石墨炉原子吸收分光光度法	HJ 1080-2019

附表 3　固体废物监测方法标准

序号	分析项目	分析方法	方法来源
1	固体废物　总铬的测定	二苯碳酰二肼分光光度法	GB/T 15555.5-1995
2	固体废物　镍的测定	直接吸入火焰原子吸收分光光度法	GB/T 15555.9-1995
3	固体废物　腐蚀性测定	玻璃电极法	GB/T 15555.12-1995
4	固体废物　氟化物的测定	离子选择性电极法	GB/T 15555.11-1995
5	固体废物　镍的测定	丁二酮肟分光光度法	GB/T 15555.10-1995
6	固体废物　总汞的测定	冷原子吸收分光光度法	GB/T 15555.1-1995
7	固体废物　铜、锌、铅、镉的测定	原子吸收分光光度法	GB/T 15555.2-1995
8	固体废物　砷的测定	二乙基二硫代氨基甲酸银分光光度法	GB/T 15555.3-1995
9	固体废物　六价铬的测定	二苯碳酰二肼分光光度法	GB/T 15555.4-1995
10	固体废物　总铬的测定	直接吸入火焰原子吸收分光光度法	GB/T 15555.6-1995
11	固体废物　六价铬的测定	硫酸亚铁铵滴定法	GB/T 15555.7-1995
12	固体废物　总铬的测定	硫酸亚铁铵滴定法	GB/T 15555.8-1995
13	固体废物　浸出毒性浸出方法	翻转法	GB 5086.1-1997
14	固体废物　浸出毒性浸出方法	硫酸硝酸法	HJ/T 299-2007
15	固体废物　浸出毒性浸出方法	醋酸缓冲溶液法	HJ/T 300-2007
16	危险废物(含医疗废物)焚烧处置设施二噁英排放监测技术规范	过滤和吸附	HJ/T 365-2007
17	固体废物　二噁英类的测定	同位素稀释高分辨气相色谱-高分辨质谱法	HJ 77.3-2008
18	固体废物　浸出毒性浸出方法	水平振荡法	HJ 557-2010

（续表）

序号	分析项目	分析方法	方法来源
19	固体废物 挥发性有机物的测定	顶空/气相色谱-质谱法	HJ 643-2013
20	固体废物 六价铬的测定	碱消解/火焰原子吸收分光光度法	HJ 687-2014
21	固体废物 汞、砷、硒、铋、锑的测定	微波消解/原子荧光法	HJ 702-2014
22	固体废物 酚类化合物的测定	气相色谱法	HJ 711-2014
23	固体废物 总磷的测定	偏钼酸铵分光光度法	HJ 712-2014
24	固体废物 挥发性卤代烃的测定	吹扫捕集/气相色谱-质谱法	HJ 713-2014
25	固体废物 挥发性卤代烃的测定	顶空/气相色谱-质谱法	HJ 714-2014
26	固体废物 总铬的测定	火焰原子吸收分光光度法	HJ 749-2015
27	固体废物 总铬的测定	石墨炉原子吸收分光光度法	HJ 750-2015
28	固体废物 镍和铜的测定	火焰原子吸收分光光度法	HJ 751-2015
29	固体废物 铍、镍、铜和钼的测定	石墨炉原子吸收分光光度法	HJ 752-2015
30	固体废物 挥发性有机物的测定	顶空-气相色谱法	HJ 760-2015
31	固体废物 有机质的测定	灼烧减量法	HJ 761-2015
32	固体废物 有机物的提取	微波萃取法	HJ 765-2015
33	固体废物 金属元素的测定	电感耦合等离子体质谱法	HJ 766-2015
34	固体废物 钡的测定	石墨炉原子吸收分光光度法	HJ 767-2015
35	固体废物 有机磷农药的测定	气相色谱法	HJ 768-2015
36	固体废物 22 种金属元素的测定	电感耦合等离子体发射光谱法	HJ 781-2016
37	固体废物 有机物的提取	加压流体萃取法	HJ 782-2016
38	固体废物 铅、锌和镉的测定	火焰原子吸收分光光度法	HJ 786-2016
39	固体废物 铅和镉的测定	石墨炉原子吸收分光光度法	HJ 787-2016
40	固体废物 丙烯醛、丙烯腈和乙腈的测定	顶空-气相色谱法	HJ 874-2017
41	固体废物 多氯联苯的测定	气相色谱-质谱法	HJ 891-2017
42	固体废物 多环芳烃的测定	高效液相色谱法	HJ 892-2017
43	固体废物 有机氯农药的测定	气相色谱-质谱法	HJ 912-2017
44	固体废物 多环芳烃的测定	气相色谱-质谱法	HJ 950-2018
45	固体废物 半挥发性有机物的测定	气相色谱-质谱法	HJ 951-2018
46	固体废物 有机磷类和拟除虫菊酯类等 47 种农药的测定	气相色谱-质谱法	HJ 963-2018
47	固体废物 苯系物的测定	顶空/气相色谱-质谱法	HJ 976-2018

（续表）

序号	分析项目	分析方法	方法来源
48	固体废物　氨基甲酸酯类农药的测定	柱后衍生-高效液相色谱法	HJ 1025-2019
49	固体废物　氨基甲酸酯类农药的测定	高效液相色谱-三重四极杆质谱法	HJ 1026-2019

附表 4　大气质量监测方法标准

序号	分析项目	分析方法	方法来源
1	车内挥发性有机物和醛酮类物质采样测定方法	热脱附/毛细管气相色谱/质谱联用仪	HJ/T 400-2007
2	室内空气质量标准	毛细管气相色谱法等	GB/T 18883-2002
3	恶臭污染物排放标准	气相色谱法等	GB 14554-93
4	大气固定污染源 氟化物的测定	离子选择电极法	HJ/T 67-2001
5	大气固定污染源 氯苯类化合物的测定	气相色谱法	HJ/T 66-2001
6	大气固定污染源 锡的测定	石墨炉原子吸收分光光度法	HJ/T 65-2001
7	大气固定污染源 镉的测定	对-偶氮苯重氮氨基偶氮苯磺酸分光光度法	HJ/T 64.3-2001
8	大气固定污染源 镉的测定	石墨炉原子吸收分光光度法	HJ/T 64.2-2001
9	大气固定污染源 镉的测定	火焰原子吸收分光光度法	HJ/T 64.1-2001
10	大气固定污染源 镍的测定	丁二酮肟-正丁醇萃取分光光度法	HJ/T 63.3-2001
11	大气固定污染源 镍的测定	石墨炉原子吸收分光光度法	HJ/T 63.2-2001
12	大气固定污染源 镍的测定	火焰原子吸收分光光度法	HJ/T 63.1-2001
13	大气固定污染源 苯胺类的测定	气相色谱法	HJ/T 68-2001
14	固定污染源排气中氮氧化物的测定	紫外分光光度法	HJ/T 42-1999
15	固定污染源排气中氮氧化物的测定	盐酸萘乙二胺分光光度法	HJ/T 43-1999
16	固定污染源排气中光气的测定	苯胺紫外分光光度法	HJ/T 31-1999
17	固定污染源排气中酚类化合物的测定	4-氨基安替比林分光光度法	HJ/T 32-1999
18	固定污染源排气中甲醇的测定	气相色谱法	HJ/T 33-1999
19	固定污染源排气中一氧化碳的测定	非色散红外吸收法	HJ/T 44-1999

(续表)

序号	分析项目	分析方法	方法来源
20	固定污染源排气中氯乙烯的测定	气相色谱法	HJ/T 34-1999
21	固定污染源排气中乙醛的测定	气相色谱法	HJ/T 35-1999
22	固定污染源排气中丙烯醛的测定	气相色谱法	HJ/T 36-1999
23	固定污染源排气中丙烯腈的测定	气相色谱法	HJ/T 37-1999
24	固定污染源排气中二氧化硫的测定	定电位电解法	HJ/T 57-2000
25	固定污染源排气中非甲烷总烃的测定	气相色谱法	HJ/T 38-1999
26	固定污染源排气中氯苯类的测定	气相色谱法	HJ/T 39-1999
27	固定污染源排气中苯并(a)芘的测定	高效液相色谱法	HJ/T 40-1999
28	固定污染源排气中石棉尘的测定	镜检法	HJ/T 41-1999
29	空气质量　苯胺类的测定	盐酸萘乙二胺分光光度法	GB/T 15502-1995
30	空气质量　硝基苯类(一硝基和二硝基化合物)的测定	锌还原-盐酸萘乙二胺分光光度法	GB/T 15501-1995
31	环境空气　苯并[a]芘的测定	高效液相色谱法	GB/T 15439-1995
32	环境空气　二氧化氮的测定	Saltzman 法	GB/T 15435-1995
33	环境空气　总悬浮颗粒物的测定	重量法	GB/T 15432-1995
34	空气质量　甲醛的测定	乙酰丙酮分光光度法	GB/T 15516-1995
35	空气质量　氨的测定	离子选择电极法	GB/T 14669-93
36	空气质量　氨的测定	纳氏试剂比色法	GB/T 14668-93
37	环境空气　降尘的测定	重量法	GB/T15265-94
38	环境空气　铅的测定	火焰原子吸收分光光度法	GB/T 15264-94
39	空气质量　氨的测定	次氯酸钠-水杨酸分光光度法	GB/T 14679-93
40	空气质量　硫化氢、甲硫醇、甲硫醚和二甲二硫的测定	气相色谱法	GB/T 14678-93
41	空气质量　三甲胺的测定	气相色谱法	GB/T 14676-93
42	空气质量　二硫化碳的测定	二乙胺分光光度法	GB/T 14680-93
43	大气降水中氯化物的测定	硫氰酸汞高铁光度法	GB 13580.9-92
44	大气降水中硫酸盐测定	硫酸钡浊度法和铬酸钡-二苯碳酰二肼光度法	GB 13580.6-92
45	大气降水中亚硝酸盐测定	N-(1-萘基)-乙二胺光度法	GB 13580.7-92
46	大气降水中氟、氯、亚硝酸盐、硝酸盐、硫酸盐的测定	离子色谱法	GB 13580.5-92
47	大气降水 pH 值的测定	电极法	GB 13580.4-92

（续表）

序号	分析项目	分析方法	方法来源
48	大气降水中硝酸盐测定	紫外光度法和镉柱还原法	GB 13580.8-92
49	大气降水中氟化物的测定	新氟试剂光度法	GB 13580.10-92
50	大气降水中钙镁的测定	原子吸收分光光度法	GB 13580.13-92
51	大气降水中钠、钾的测定	原子吸收分光光度法	GB 13580.12-92
52	大气降水中铵盐的测定	钠氏试剂光度法和次氯酸钠-水杨酸光度法	GB 13580.11-92
53	空气质量　一氧化碳的测定	非分散红外法	GB 9801-88
54	工业废气　耗氧值和氧化氮的测定	重铬酸钾氧化、萘乙二胺比色法	GB 4921-85
55	硫酸浓缩尾气硫酸雾的测定	铬酸钡比色法	GB 4920-85
56	空气质量　飘尘中苯并(a)芘的测定	乙酰化滤纸层析荧光分光光度法	GB 8971-88
57	环境空气和废气　二噁英类的测定	同位素稀释高分辨气相色谱-高分辨质谱法	HJ 77.2-2008
58	环境空气　氮氧化物 (一氧化氮和二氧化氮)的测定	盐酸萘乙二胺分光光度法	HJ 479-2009
59	环境空气　氟化物的测定	滤膜采样氟离子选择电极法	HJ 480-2009
60	环境空气　氟化物的测定	石灰滤纸采样氟离子选择电极法	HJ 481-2009
61	环境空气　二氧化硫的测定	甲醛吸收-副玫瑰苯胺分光光度法	HJ 482-2009
62	环境空气　二氧化硫的测定	四氯汞盐吸收-副玫瑰苯胺分光光度法	HJ 483-2009
63	环境空气　臭氧的测定	靛蓝二磺酸钠分光光度法	HJ 504-2009
64	环境空气和废气　氨的测定	纳氏试剂分光光度法	HJ 533-2009
65	环境空气　氨的测定	次氯酸钠-水杨酸分光光度法	HJ 534-2009
66	固定污染源废气　铅的测定	火焰原子吸收分光光度法	HJ 538-2009
67	环境空气　铅的测定	石墨炉原子吸收分光光度法	HJ 539-2009
68	环境空气和废气　砷的测定	二乙基二硫代氨基甲酸银分光光度法	HJ 540-2009
69	黄磷生产废气　气态砷的测定	二乙基二硫代氨基甲酸银分光光度法	HJ 541-2009
70	环境空气　汞的测定	巯基棉富集-冷原子荧光分光光度法	HJ 542-2009
71	固定污染源废气　汞的测定	冷原子吸收分光光度法	HJ 543-2009
72	固定污染源废气　硫酸雾的测定	离子色谱法	HJ 544-2009
73	固定污染源废气	气态总磷的测定　喹钼柠酮容量法	HJ 545-2009
74	环境空气　五氧化二磷的测定	抗坏血酸还原-钼蓝分光光度法	HJ 546-2009
75	固定污染源废气　氯气的测定	碘量法	HJ 547-2009
76	固定污染源废气　氯化氢的测定	硝酸银容量法	HJ 548-2009

（续表）

序号	分析项目	分析方法	方法来源
77	环境空气和废气　氯化氢的测定	离子色谱法	HJ 549-2009
78	环境空气　苯系物的测定	固体吸附/热脱附-气相色谱法	HJ 583-2010
79	环境空气　苯系物的测定	活性炭吸附/二硫化碳解吸-气相色谱法	HJ 584-2010
80	环境空气　臭氧的测定	紫外光度法	HJ 590-2010
81	环境空气　总烃的测定	气相色谱法	HJ 604-2011
82	环境空气　PM10 和 PM2.5 的测定	重量法	HJ 618-2011
83	固定污染源废气　二氧化硫的测定	非分散红外吸收法	HJ 629-2011
84	环境空气　酚类化合物的测定	高效液相色谱法	HJ 638-2012
85	环境空气　挥发性卤代烃的测定	活性炭吸附-二硫化碳解吸/气相色谱法	HJ 645-2013
86	环境空气　挥发性有机物的测定	吸附管采样-热脱附/气相色谱-质谱法	HJ 644-2013
87	环境空气和废气　气相和颗粒物中多环芳烃的测定	气相色谱-质谱法	HJ 646-2013
88	环境空气和废气　气相和颗粒物中多环芳烃的测定	高效液相色谱法	HJ 647-2013
89	空气和废气　颗粒物中铅等金属元素的测定	电感耦合等离子体质谱法	HJ 657-2013
90	固定污染源排气　氮氧化物的测定	酸碱滴定法	HJ 675-2013
91	空气　醛、酮类化合物的测定	高效液相色谱法	HJ 683-2014
92	固定污染源废气　铍的测定	石墨炉原子吸收分光光度法	HJ 684-2014
93	固定污染源废气　铅的测定	火焰原子吸收分光光度法	HJ 685-2014
94	固定污染源废气　氟化氢的测定	离子色谱法	HJ 688-2013
95	固定污染源废气　苯可溶物的测定	索氏提取-重量法	HJ 690-2014
96	固定污染源废气　氮氧化物的测定	非分散红外吸收法	HJ 692-2014
97	固定污染源废气　氮氧化物的测定	定电位电解法	HJ 693-2014
98	固定污染源废气　挥发性有机物的采样	气袋法	HJ 732-2014
99	固定污染源废气　挥发性有机物的测定	固相吸附-热脱附/气相色谱-质谱法	HJ 734-2014
100	环境空气　硝基苯类化合物的测定	气相色谱-质谱法	HJ 739-2015
101	环境空气　硝基苯类化合物的测定	气相色谱法	HJ 738-2015
102	环境空气　挥发性有机物的测定	罐采样/气相色谱-质谱法	HJ 759-2015
103	环境空气　铅的测定	石墨炉原子吸收分光光度法	HJ 539-2015
104	空气和废气　颗粒物中金属元素的测定	电感耦合等离子体发射光谱法	HJ 777-2015

（续表）

序号	分析项目	分析方法	方法来源
105	环境空气　六价铬的测定	柱后衍生离子色谱法	HJ 779-2015
106	固定污染源废气　硫酸雾的测定	离子色谱法	HJ 544-2016
107	固定污染源废气　氯化氢的测定	硝酸银容量法	HJ 548-2016
108	环境空气和废气　氯化氢的测定	离子色谱法	HJ 549-2016
109	环境空气　颗粒物中水溶性阴离子(F^-、Cl^-、Br^-、NO_2^-、NO_3^-、PO_4^{3-}、SO_3^{2-}、SO_4^{2-})的测定	离子色谱法	HJ 799-2016
110	环境空气　颗粒物中水溶性阳离子(Li^+、Na^+、NH_4^+、K^+、Ca^{2+}、Mg^{2+})的测定	离子色谱法	HJ 800-2016
111	环境空气和废气　酰胺类化合物的测定	液相色谱法	HJ 801-2016
112	固定污染源废气　砷的测定	二乙基二硫代氨基甲酸银分光光度法	HJ 540-2016
113	环境空气　指示性毒杀芬的测定	气相色谱-质谱法	HJ 852-2017
114	环境空气　酞酸酯类的测定	高效液相色谱法	HJ 868-2017
115	环境空气　氯气等有毒有害气体的应急监测	电化学传感器法	HJ 872-201
116	固定污染源废气　二氧化硫的测定	定电位电解法	HJ 57-2017
117	固定污染源废气　二氧化碳的测定	非分散红外吸收法	HJ 870-2017
118	固定污染源废气　酞酸酯类的测定	气相色谱法	HJ 869-2017
119	环境空气　酞酸酯类的测定	气相色谱-质谱法	HJ 867-2017
120	环境空气　多氯联苯混合物的测定	气相色谱法	HJ 904-2017
121	环境空气　有机氯农药的测定	气相色谱法	HJ 901-2017
122	环境空气　多氯联苯的测定	气相色谱法	HJ 903-2017
123	环境空气　多氯联苯的测定	气相色谱-质谱法	HJ 902-2017
124	环境空气　有机氯农药的测定	气相色谱-质谱法	HJ 900-2017
125	环境空气　总烃、甲烷和非甲烷总烃的测定	直接进样-气相色谱法	HJ 604-2017
126	固定污染源废气　气态汞的测定	活性炭吸附/热裂解原子吸收分光光度法	HJ 917-2017
127	固定污染源废气　总烃、甲烷和非甲烷总烃的测定	气相色谱法	HJ 38-2017
128	环境空气　挥发性有机物的测定	便携式傅里叶红外仪法	HJ 919-2017
129	环境空气　气态汞的测定	金膜富集/冷原子吸收分光光度法	HJ 910-2017
130	环境空气　挥发性有机物的测定	便携式傅里叶红外仪法	HJ 919-2017
131	环境空气　挥发性有机物的测定	便携式傅里叶红外仪法	HJ 919-2017
132	环境空气　无机有害气体的应急监测	便携式傅里叶红外仪法	HJ 920-2017

（续表）

序号	分析项目	分析方法	方法来源
133	环境空气　氟化物的测定	滤膜采样/氟离子选择电极法	HJ 955-2018
134	环境空气　苯并[a]芘的测定	高效液相色谱法	HJ 956-2018
135	环境空气降水中有机酸(乙酸、甲酸和草酸)的测定	离子色谱法	HJ 1004-2018
136	固定污染源废气挥发性卤代烃的测定	气相色谱法	HJ 1006-2018
137	固定污染源废气碱雾的测定电感耦合等离子体发射光谱法	电感耦合等离子体发射光谱法	HJ 1007-2018
138	环境空气和废气　挥发性有机物组分的测定	傅里叶红外监测仪	HJ 1011-2018
139	环境空气挥发性有机物的测定	气相色谱法	HJ 1010-2018
140	环境空气和废气　总烃、甲烷和非甲烷总烃便携式监测仪技术要求及检测方法	气相色谱法	HJ 1012-2018
141	固定污染源废气非甲烷总烃连续监测系统技术要求及检测方法	气相色谱法	HJ 1013-2018
142	组合聚醚中　HCFC-22、CFC-11 和 HCFC-141b 等消耗臭氧层物质的测定	顶空/气相色谱-质谱法	HJ 1057-2019
143	固定污染源废气　溴化氢的测定	离子色谱法	HJ 1040-2019
144	固定污染源废气　三甲胺的测定	抑制型离子色谱法	HJ 1041-2019
145	环境空气和废气　三甲胺的测定溶液	吸收-顶空/气相色谱法	HJ 1042-2019
146	环境空气　二氧化硫的自动测定	紫外荧光法	HJ 1044-2019
147	固定污染源废气　氟化氢的测定	离子色谱法	HJ 688-2019
148	固定污染源废气　甲硫醇等 8 种含硫有机化合物的测定	气袋采样-预浓缩/气相色谱-质谱法	HJ 1078-2019
149	固定污染源废气　氯苯类化合物的测定	气相色谱法	HJ 1079-2019
150	固定污染源废气　油烟和油雾的测定	红外分光光度法	HJ 1077-2019
151	环境空气　氨、甲胺、二甲胺和三甲胺的测定	离子色谱法	HJ 1076-2019